Gerd Theißen

Max Eyth

Landtechnik-Pionier und Dichter der Tat

Zum 100. Todestag des Gründers der DLG

Max Eyth Verlag

profi
MAGAZIN FÜR PROFESSIONELLE AGRARTECHNIK

Impressum

Landwirtschaftsverlag GmbH, 48084 Münster

© Landwirtschaftsverlag GmbH, Münster-Hiltrup, 2006

Lektorat: Dorothea Raspe, Münster

Gestaltung: KreaTec – Grafik, Konzeption und Datenmanagement
            im Landwirtschaftsverlag GmbH, Münster

Druck: LV-Druck im Landwirtschaftsverlag GmbH

ISBN 978-3-7843-3416-5

Inhalt

Vorwort

„Ja, das wilde Leben, dem ich mich in die Arme geworfen, hat ein Häkchen! Und wenn ich nach Jahr und Tag vielleicht auf einen Athemzug wieder Albluft genieße oder Jagstwasser trinke, finde ich die alte liebe Heimat wie anders! Großgewachsen, fremdgeworden, aufgeheirathet, todt. – Meine rechte Heimat wird Ägypten nie. Es ist zu warm."

Gerade einmal 28 Jahre alt ist Max Eyth, als er diese Zeilen, die in seinem „Wanderbuch" veröffentlicht wurden, im Juni 1864 an die Eltern schreibt. Ein knappes Jahr, in dem er reichliche Erfahrungen gesammelt hatte, war er da schon in Ägypten. Als Chefingenieur auf den mehrere tausend Hektar großen Gütern des Prinzen Halim Pascha brachte er die technische Ausstattung unter widrigen Umständen auf den neuesten Stand. Das war eine schwierige und schweißtreibende Arbeit – doch diese scheute Max Eyth nie, auch wenn ihm das Zeichnen und Konstruieren nicht selten lieber war.

Natürlich wüssten wir nichts von Max Eyths Arbeit, wenn er dies nicht alles aufgeschrieben hätte – ein Glücksfall. So erweist sich der Briefschreiber Eyth als Geschichtsschreiber. Seine Aufzeichnungen, oft mit ironischen Seitenhieben versehen, sind heute ein Stück Technikgeschichte. Max Eyth schrieb jedoch fast nie – von seinen später veröffentlichten Vorträgen abgesehen – Sachliteratur, sondern vor allem Lyrik und Prosa. Das macht den Menschen Max Eyth, den Dichteringenieur, noch interessanter.

Warum hat sich Max Eyth nicht allein auf die Technik konzentriert oder auf die Literatur? Wäre aus ihm vielleicht ein Gottlieb Daimler geworden oder ein Theodor Fontane – beide Zeitgenossen Eyths, die heute noch in der Öffentlichkeit weit bekannter sind?

Das Leben Max Eyths und sein Selbstverständnis sind nur vor dem geschichtlichen Hintergrund zu verstehen. Er selbst hat diesen Hintergrund bereits als Schüler sehr bewusst wahrgenommen. Sein Geburtsjahr fällt in die Zeit, in der die Romantik nachklingt – gerade in Württemberg. Hölderlin lebt noch in seinem „Turm" in Tübingen, Goethe ist erst wenige Jahre tot. Eyth wächst in einer Zeit des Aufbruchs auf, in der Deutschland vom Nationalgefühl erfasst wird. Die industrielle Revolution und der allmähliche Übergang vom Agrarstaat zum Industriestaat haben begonnen. All dies nimmt der junge Eyth wahr und er wird davon beeinflusst.

Max Eyth hat das Leben geführt, das er leben wollte. Er war in hohem Maße unabhängig. Natürlich gehörte auch Glück dazu, denn er war zeitlebens von Kriegen, Notlagen oder Geldmangel verschont geblieben. Die Eltern überließen ihm die Berufswahl, obwohl sie ihren Sohn lieber als Theologen oder Philologen gesehen hätten. Die Freiheit wollte sich Max Eyth von niemandem nehmen lassen. Sich in einer Ehe zu binden kam nicht in Frage, obwohl er sich des Öfteren verliebt hat. Eyths Biografin Lili Du Bois-Reymond stellt zu Recht fest, dass Max Eyth wohl kaum so viel Energie für die Verbreitung des Dampfpflügens und für die Gründung der Deutschen Landwirtschafts-Gesellschaft gehabt hätte, wäre er verheiratet gewesen. Auch das zeichnerische und schriftstellerische Werk dürfte geringer ausgefallen sein.

„Jeder Nerv des Menschen ist Egoismus", schrieb Max Eyth. Das ist eine recht strenge Formulierung, die er aber durchaus auf sich selbst bezog. „Ich bin – ich glaube in nicht ganz gewöhnlichem Grade –, was die Engländer von Menschen und Maschinen selfcontained heißen. Meine Freunde schimpfen darüber, und mit Recht. Es ist die Basis des höchsten Egoismus. Aber ein behaglicher Fehler, der über vieles hinweghilft, was andere ärgert."

Immerhin stellte Eyth seinen so verstandenen Egoismus in den Dienst verschiedenster Projekte. Max Eyth war ein Mann der Tat. Als solcher handelte und schrieb er. Natürlich war sein Lebensweg eingebunden in die Umstände jener Zeit. Das Leben beruht auf Zufällen (andere meinen, auf Vorsehung). Wäre Max Eyth in England nicht auf die Landmaschinenausstellung gegangen und hätte er nicht John Fowler kennen gelernt, hätte Eyth in der deutschen Landwirtschaft oder in der Landtechnik wahrscheinlich nie eine Rolle gespielt. Über solche Zufälle ließe sich lange spekulieren. Unbestritten aber ist die Leistung des Schriftstellers und DLG-Gründers Max Eyth, dessen Sterbedatum sich 2006 zum hundertsten Mal jährt.   *Gerd Theißen*

Aufbruch in die Welt der Technik

Max Eyth als Schüler mit Zeichenutensilien vor dem Kloster Schöntal.

Julie Eyth – Aphorismen

Weltweisheit: Die Systeme der Weltweisen sind eine Gliederung unzähliger Gelenke an einer großen Kette. Seit Jahrtausenden mehren sich die Ringe. Jeder ist in sich selbst ein fertiges Ganzes, doch auf der anderen Seite angereiht an den vorigen, die andere einer neuen Entwicklung darbietend. Endlich wird auch diese Kette abgeschlossen werden. Was wird sie sein? Eine Kette, keine Freiheit!

Millionen und Nullen: In der Jugend singt man: „Seid umschlugen, Millionen!" Wenn man älter wird und sieht, wie wir – vielleicht nicht getäuscht worden sind, wohl aber sooft uns selbst getäuscht haben, dann streicht man eine Null um die andere. Aber – wenn nur das rechte Eins noch übrig bleibt!

Freiheitsgefühl: Gewiß kann sich der Mensch nie freier fühlen, als wenn er unter einem Drucke lebt, den er um des Guten willen selbst auf sich genommen hat und nun mit edler Verleugnung trägt.

Arbeit: Die Arbeit ist gut, aber, wenn sie übertrieben wird, so verzehrt sie. Suche dir in allem Gedränge deine innere Ruhe zu bewahren. Du sollst nicht ruhen, wie ein Vulkan, erst wenn er ausgebrannt ist.

Kindheit und Jugend in Schwaben

Leicht hügelig streckt sich das schwäbische Unterland mit seinen bewaldeten Kuppen von Kirchheim hinunter zur vorderen Alb bis Urach; unweit ragt der Teckberg mit der wuchtigen Burg auf, dahinter der Breitenstein und abseits in südlicher Richtung der noch höhere Hohenneuffen mit der einst so stolzen Festung. Eine Stunde dauert ein Fußmarsch längs der Lauter nach Westen, bis Wendlingen erreicht ist, wo das Bächlein in den Neckar mündet. Und östlicherseits, noch hinter Göppingen, steht die Ruine der ehemaligen Kaiserburg der Hohenstaufen.

Dies ist die Heimat von Eduard Friedrich Maximilian Eyth, der von Kind an nur Max gerufen wird.

Dass Max Eyth einmal eine der wichtigsten Persönlichkeiten der deutschen Landwirtschaft wird, ist bei seiner Geburt am 6. Mai des Jahres 1836, mittags um halb zwei, nicht im Ansatz zu erahnen – ganz im Gegenteil. Zwar ist seine Umgebung in der Kleinstadt Kirchheim unter Teck, dreißig Kilometer südöstlich von Stuttgart, zu jener Zeit landwirtschaftlich geprägt und der kleine Max wird seine Umgebung wahrnehmen wie die meisten Knaben seiner Zeit. Doch die landwirtschaftliche Praxis liegt ihm während seiner gesamten Jugend- und Studienzeit so fern wie die Länder, die er einmal bereisen soll: England und Ägypten, Russland und Rumänien, Nord- und Südamerika und viele andere.

Das Elternhaus hat mit der Landwirtschaft keine Berührung. Der Vater Dr. Eduard Eyth, geboren 1809 in Heilbronn, unterrichtet in Kirchheim neben dem Kornhaus und unweit des prächtigen Rat-

Der Vater Eduard Eyth (r.), Leiter des Evangelisch-Theologischen Seminars in Schöntal, unterhielt Kontakte zu Schriftstellerkreisen.

Die Mutter Julie Eyth (l.) war schriftstellerisch begabt und gab anonym den erfolgreichen Aphorismenband „Bilder ohne Rahmen" heraus.

hauses als Präzeptor an der Lateinschule. Solche Schulen, in denen der Lateinunterricht zwar wichtig, aber nicht das einzige Fach ist, sind in der Regel Kindern der städtischen Ober- und Mittelschicht vorbehalten. 1843 wird Eduard Eyth als Ephorus (Leiter) des Evangelisch-Theologischen Seminars nach Schöntal nordöstlich von Heilbronn versetzt und die Familie zieht mit in das Klostergebäude ein. Dort lehrt Eduard Eyth Griechisch und Geschichte. Georg Kittel, ein Vetter Max Eyths, beschreibt Eduard Eyth knapp fünfzig Jahre nach dessen Tod als einen „grundgelehrten Mann und in der Welt der Griechen und Römer zu Hause, wie es selten einer gewesen ist".

Eduard Eyth, der schon früh halb erblindete, ist ein stämmiger Mann und besitzt eine tiefe, pietistisch geprägte Frömmigkeit. Er liebt die Musik, vor allem die Beethovens, schreibt Gedichte, unterhält Briefwechsel mit den Schriftstellern Gustav Schwab und Justinus Kerner und verkehrt im Jugendkreis des Dichters Ludwig Uhland. Im Jahr 1843 bringt Eduard Eyth sogar eine eigene Gedichtsammlung als Buch heraus. Er stirbt 1884 in Neu-Ulm.

Nicht weniger den Künsten zugetan und sogar noch begabter ist die Mutter Julie Eyth, geborene Capoll, die 1816 zur Welt gekommen ist. Der Neffe Georg Kittel beschreibt sie als „hochbegabte feinsinnige Frau, an der Max mit großer Liebe hing". Julie Eyth, wie ihr Mann tief religiös, lebt vor allem

Max Eyths Geburtshaus in Kirchheim unter Teck. Unter der Wohnung im ersten Stock befand sich die Lateinschule.

für die Familie und entspricht damit dem geltenden Sittenbild der ersten Hälfte des 19. Jahrhunderts. Gleichwohl nimmt sie sich Zeit, eigene Gedanken zur Familie und ihrem Umfeld aufzuschreiben.

Sie ist dabei so produktiv, dass ihr Gatte vorschlägt, die teils aphoristischen Aufzeichnungen zu veröffentlichen. Aber erst nach langem Zureden erklärt sich Julie Eyth 1852 bereit, ihre Sprüche zu veröffentlichen. Sie ist zu diesem Zeitpunkt 36 Jahre alt. Allerdings will sie nicht als Autorin genannt werden. Das erscheint ihr allzu eitel, waren die Gedanken schließlich nie dazu geschrieben worden, in einem Buch gedruckt zu werden. Statt unter ihrem

Allgemeine technische Erfindungen (1804–1845)

1804   Richard Trevithick baut eine Dampflokomotive
1804   Erfindung der Blattfeder
1807   Erste brauchbare Lokomotive von Hedley
1807   Erste Gasbeleuchtung in London
1810   Peter Durand entwickelt eine Konservendose
1819   Dampfer Savannah überquert den Atlantik
1823   Dezimalwaage
1821   Erstes Zahnradwechselgetriebe
1828   Differenzial erfunden
1829   Erster Elektromotor
1833   Erste deutsche Eisenbahn von Nürnberg nach Fürth eröffnet
1835   Solymon Merrick erfindet den Engländer (verstellbarer Schraubenschlüssel)
1838   Erste Heiß-Vulkanisation von Gummi durch Goodyear
1839   Brennstoffzelle von Sir William Robert Grove
1845   Atlantikdampfer „Great Britain" komplett aus Stahl gebaut
1845   Erstes Patent auf Luftreifen für Thomson

Die drei Jahre jüngere Schwester Julie heiratet in erster Ehe den Pfarrer Conz aus Jebenhausen, mit dem sie sieben Kinder hat.

Namen erscheint das Büchlein „Bilder ohne Rahmen" mit dem Zusatz „Aus den Papieren einer Ungenannten", das in acht Auflagen bis in die siebziger Jahre des 19. Jahrhunderts erscheint und eines der erfolgreichsten Bücher dieser Art ist. Sie werden sogar ins Schwedische und Dänische übersetzt. Aber erst nach dem Tod des Vaters gibt Max Eyth bekannt, dass seine Mutter die Autorin dieses bekannten Buchs einer „Unbekannten" ist. Julie Eyth stirbt 1904, zwei Jahre vor ihrem Sohn Max, in Neu-Ulm im Alter von 88 Jahren.

Im Mai 1839 wird in Kirchheim die Schwester Julie geboren. Sie heiratet den Pfarrer Conz aus Jebenhausen bei Göppingen, mit dem sie sieben Kinder hat. Ihr Mann, der zwölf Jahre älter ist als sie, stirbt bereits mit 50 Jahren im Jahr 1877. Julie ist zu der Zeit gerade 38 Jahre alt. Sie heiratet ein zweites Mal und stirbt mit 57 Jahren im August 1896 in Herrenalb während eines Kuraufenthalts.

Im März 1851 wird in Schöntal der Bruder Eduard Wilhelm geboren. Wie sein Bruder Max ist er dichterisch und musisch begabt und gilt als „vorzüglicher Violinspieler" (Heege). Von einer geisteswissenschaftlichen Ausbildung will aber auch

Eduard, geboren 1851, wird nach der Teilnahme am Deutsch-Französischen Krieg Maschinenbau-Ingenieur wie sein Bruder Max.

er nichts wissen, sondern besucht ebenfalls das Polytechnikum in Stuttgart und schließt die Ausbildung als Ingenieur ab. Nach der Teilnahme am Deutsch-Französischen Krieg 1870/71 arbeitet auch er wie sein Bruder Max als Ingenieur für den englischen Dampfpflughersteller John Fowler in Leeds. Zeitweise arbeiten Max und Eduard sogar zusammen. Das Schicksal meint es jedoch nicht gut mit dem jüngeren Bruder. Eduard Eyth stirbt am 6. Mai 1875, an Max Eyths Geburtstag, als junger Mann von 24 Jahren während einer Reise im Auftrag Fowlers auf der Plantage San Jorge bei Sacra la Granada auf Kuba. Die Todesursache ist vermutlich Gelbfieber.[1]

Max Eyths Großvater väterlicherseits, Friedrich Gottlieb Eyth (1785–1864), ist Professor an einem Gymnasium in Heilbronn. Er besitzt Humor, so Georg Kittel, zeigt bis ins hohe Alter „jugendliche Frische" und schreibt ebenfalls Gelegenheitsgedichte. Er sei anspruchslos gewesen und gegenüber anderen wohl-

Die Großeltern väterlicherseits: Friedrich und Christiane Eyth. Der Großvater ist Professor am Gymnasium in Heilbronn.

Die Großeltern mütterlicherseits: Max und Wilhelmine von Capoll. Sie vererbten die schriftstellerischen Talente an ihre Tochter Julie und ihre Enkel Max und Eduard.

wollend und hilfsbereit. Im Jahr 1858 gründet er zusammen mit seinem Bruder, dem Dekan Christoph Ludwig Eyth, in Vaihingen a.d. Enz, nordwestlich von Stuttgart, die Eyth'sche Jubiläumsstiftung, die Stipendien für Studierende bereitstellt und bedürftige Familienmitglieder unterstützt.

Georg Kittel verfolgte die väterliche Linie der Ahnen bis 1550 zurück. Rudolf Heege, ein verwandter Nachkomme, erwähnt, dass die Eyths aus Österreich eingewandert sind und die Männer zunächst Bergleute waren. Danach kommen andere Berufe ins Spiel; darunter Tuchmacher, Kübler (Fassbauer), Küfer (Kellermeister) und Kürschner (Pelzverarbeiter), Rebstockwirt und Buchbindermeister. Akademische Berufe üben erst der Großvater Friedrich Gottlieb Eyth, der Vater Eduard Eyth und der entfernte Verwandte Karl Traugott Eyth (geb. 1856, Professor in Karlsruhe) aus.

Seinen Rufnamen verdankt Max Eyth seinem Großvater mütterlicherseits Maximilian Christoph Capoll. Geboren wird Maximilian Capoll 1783 in Ulm, wo dessen Vater im Rathaus die Stelle eines „Wirklichen Rates", eines hohen Beamtenpostens, bekleidete. Maximilian Capoll erlernt seinen Beruf zunächst bei einer Finanzverwaltung in Bayern und wechselt später als Wirtschaftsprüfer nach Stutt-

gart. 1827 wird er, mittlerweile zum Oberzollverwalter befördert, nach Heilbronn versetzt. Maximilian Capoll heiratet 1815 Wilhelmine Sick, eine Tochter des Hofsilberarbeiters Sick in Stuttgart. Der Ehe entstammen drei Kinder: Julie (Max Eyths Mutter), geboren 1816, sowie Wilhelmine und Amalie. Maximilian Capoll stirbt im Juli 1831, gerade einmal 49 Jahre alt, in Heilbronn an Typhus.

Max wird als erstes Kind von Julie und Eduard Eyth mitten in der Biedermeierzeit in Kirchheim geboren. Das kleine, idyllische Städtchen liegt mitten im Königreich Württemberg, das seinerzeit von König Wilhelm I. regiert wird.

Die Familie Eyth, von Konfession evangelisch und dem Pietismus nahestehend, ist durch die angesehene Stellung Eduard Eyths zwar nicht reich, aber gut situiert. Sie wohnt in Kirchheim im Obergeschoss der Lateinschule, lebt in einem bescheidenen Wohlstand und gehört dem Bildungsbürgertum an, das sie geradezu beispielhaft repräsentiert. Im Haus wird musiziert, Max lernt das Klavierspielen und kommt mit der klassischen Literatur in Berührung, ehe er sie in Schöntal pauken muss. Aquarellieren gehört nicht nur zur Ausbildung, sondern zur Gestaltung der freien Zeit, die sinnvoll verbracht werden soll.

Im Dachgeschoss des Hauses wohnen zehn bis fünfzehn Lateinschüler, deren Heimatorte zu weit entfernt von der Schule liegen, um täglich den Hin- und Rückweg zu gehen. So bleiben sie im Schulhaus wohnen und werden von der Frau des Lehrers verköstigt. Das dürfte auch eine der Aufgaben von Julie Eyth gewesen sein.

Kontakte außerhalb der näheren Umgebung Kirchheims sind schon aufgrund der Art der Fortbewegung beschränkt. Das Reisen ist in den dreißiger und vierziger Jahren des 19. Jahrhunderts noch beschwerlich. Kurze Wegstrecken von mehreren Kilometern werden nicht selten zu Fuß zurückgelegt, längere auf dem Pferd oder in der Kutsche. Erst ein Jahr vor Max' Geburt hat die erste Eisenbahn

Das Geburtshaus von Max Eyth in Kirchheim unter Teck, in seinem letzten Lebensjahr gezeichnet.

Die Eisenbahn revolutioniert den Verkehr und die Industrie: Der Potsdamer Bahnhof in Berlin wird 1838 eröffnet.

Eisenbahn und Kutsche an der Brücke von Brenta: zwei Generationen lang das gleichermaßen genutzte Verkehrsmittel.

Der Pietismus

Der Pietismus (lat. pietas = Frömmigkeit) war eine Bewegung innerhalb des Protestantismus, die im 17. Jahrhundert einsetzte und sich gegen die lutheranische Orthodoxie wandte. Nicht das strenge, rationale Denken bei der Auslegung der Glaubensaussagen stand im Vordergrund, sondern ein an die Bibel angelehntes praktisches Christentum. Frömmigkeit und tätige Nächstenliebe sowie regelmäßiges Bibelstudium kennzeichneten den Pietismus im täglichen Leben. Die Verbreitung des Bibeltextes unter der Bevölkerung ist einer der Verdienste des Pietismus.

Es entstand sogar ein spezieller württembergischer Pietismus, der den Bibeltext wörtlich als göttliche Offenbarung ansah. Einer der Repräsentanten des württembergischen Pietismus war Johann Albrecht Bengel (1687–1752), der wegen seiner textkritischen Auslegung des Neuen Testaments Bedeutung erlangte, wobei er wissenschaftlichen Anspruch und praktisch-erbauliche Anwendung miteinander verband.

Großen Einfluss hatte der Pietismus im 18. Jahrhundert in Deutschland auf die Geistesgeschichte sowie auf die gesellschaftliche und pädagogische Entwicklung. Auch in literarischen Formen wie dem Bildungsroman, dem Tagebuch oder der Autobiografie sind die Einflüsse durch die Hervorhebung von Reflexion, Subjektivität und Individualismus sichtbar. Wichtige Anstöße gab der Pietismus auch der weltlichen Erlebnis- und Bekenntnisdichtung.

Die Familie Eyth lässt deutlich erkennen, dass sie vom Pietismus beeinflusst war, zum Beispiel durch die fromme Haltung der Eltern, ihre literarische Neigung und das soziale Engagement des Großvaters.

in Deutschland zwischen Nürnberg und Fürth ihre Jungfernfahrt absolviert. Die erste Bahnstrecke in Württemberg, fertig gestellt 1845, verläuft von Canstatt bis Untertürkheim, eine Strecke von etwa drei Kilometern. Ein Jahr später fährt die Bahn bis Ludwigsburg, rund 15 Kilometer von Untertürkheim entfernt.

Auch wenn sich der Eisenbahnverkehr in den nächsten Jahren rasant entwickeln wird, hat das Streckennetz der deutschen Eisenbahnen im Jahr 1845 gerade einmal eine Länge von etwa 2.200 Kilometern; fünf Jahre später sind es rund 7.500 Kilometer.

Das Biedermeier

Als Biedermeier wird die Stilepoche zwischen 1815 und 1848 bezeichnet, die Zeit zwischen dem Wiener Kongress, auf dem Europa nach den Befreiungskriegen gegen Napoleon neu geordnet wurde, und der deutschen Revolution im März 1848. Allerdings werden für diese Zeit häufiger die Begriffe Restaurationsperiode und Vormärz verwendet, werden sie der politischen Stimmung und Situation in Deutschland jener Zeit doch eher gerecht.

Der Begriff des Biedermeier geht zurück auf Ludwig Eichrodt (1827–1892), der von Beruf Oberamtrichter war und sich auch als humoristischer Schriftsteller betätigte. Er schrieb ab 1855 in den „Fliegenden Blättern" parodierende „Gedichte des schwäbischen Schullehrers Gottlieb Biedermaier und seines Freundes Horatius Treuherz". Der Name Biedermaier ist zusammengesetzt aus den Namen von zwei Gedichten Viktor von Scheffels aus den Jahren 1848 „Biedermanns Abendgemütlichkeit" und „Bummelmaiers Klage" und beschreibt den unpolitischen Kleinbürger. In einem Gedicht (Ausschnitt) schildert Eichrodt die Haltung des Gottlieb Biedermaier:

„Ich sag nicht so und sag nicht so,
denn wenn ich so sagt oder so,
so könnt man später sagen,
ich hätt so oder so gesagt,
und packte mich, Gott sei's geklagt, beim Kragen!"

Ursprünglich war der Begriff des Biedermeier (als Stilbegriff mit „ei" geschrieben) auf die politische Haltung gemünzt. Anfang des 20. Jahrhunderts bezeichnete er auch die Epoche für die Mode und Wohnkultur jener Zeit zwischen 1815 und 1848. Im Bereich der Literatur wird das Biedermeier auf Werke bezogen, bei denen Achtung vor der überkommenen Ordnung, private Zurückgezogenheit, Melancholie, Verzicht und Resignation vorherrschen. Zu Vertretern dieser Richtung werden Adalbert Stifter, Annette von Droste-Hülshoff, Franz Grillparzer, Eduard Mörike und Otto Ludwig gezählt.

Populäre Maler des Biedermeier sind Carl Spitzweg („Der arme Poet", „Der Bücherwurm") und Ludwig Richter („Überfahrt am Schreckenstein").

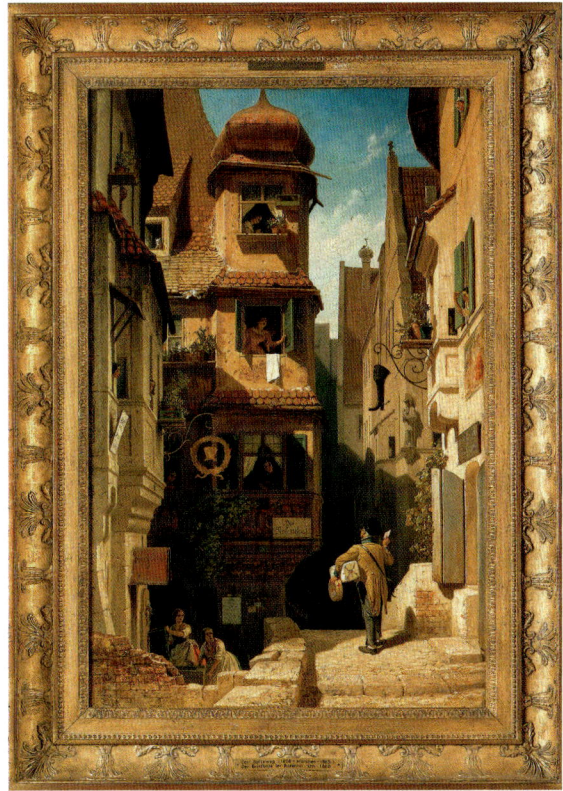

Der Maler des Biedermeier Carl Spitzweg setzte Kleinbürger und Sonderlinge ins Bild: Briefbote im Rosenthal (um 1858).

Schriftsteller und Werke zwischen 1818 und 1867

Franz Grillparzer (1791–1872)
Sappho (1818)
Das Goldene Vlies (1821)
Die Jüdin von Toledo (1855)

Adalbert Stifter (1805–1868)
Bergkristall (1845)
Der Nachsommer (1857)
Witiko (1867)

Eduard Mörike (1804–1875)
Gedichte (1838)
Mozart auf der Reise nach Prag (1835)

Annette von Droste-Hülshoff (1797–1849)
Die Judenbuche (1842)

Ludwig Börne (1796–1837)
Briefe aus Paris (1823 – 1824)

Heinrich Heine (1797–1856)
Deutschland. Ein Wintermärchen (1844)

Georg Büchner (1813–1837)
Dantons Tod (1835)
Woyzeck (1879 gedruckt)
Leonce und Lena (1836 entstanden)

» Egoismus ist der Grundzug einer gesunden Volksentwicklung, aber ein gesunder Egoismus sieht im Glück des Nachbarn kein Unglück. «

Tumult der Demokraten vor dem Hotel des Ministerpräsidenten von Auerwald in der Wilhelmstraße in Berlin am 21. August 1848: Die Märzrevolution ergreift alle deutschen Staaten.

die politischen Verhältnisse der Zeit vor der französischen Revolution wiederherzustellen.

Es rumort überall. Einerseits lesen die Menschen mit Begeisterung die Gedichte von Eduard Mörike, die Prosa von Annette von Droste-Hülshoff oder greifen nach den Bildern von Carl Spitzweg und Caspar David Friedrich. Doch die Jugend begehrt auf, verlangt mehr politische Freiheit. Ein Teil der Jugend schließt sich zur Bewegung „Junges Deutschland" zusammen, deren bekannteste literarische Vertreter Heinrich Heine und Ludwig Börne werden. Ihren Höhepunkt erlebt die Bewegung in den Jahren nach der Juli-Revolution in Frankreich im Jahr 1830 (Sturz König Karls X., Thronbesteigung des Bürgerkönigs Louis Philippe), dem Hambacher Fest 1832 und dem Verbot ihrer Schriften im Jahr 1835. Die nationalen und liberalen Kräfte fordern in dieser Epoche weiterhin unter anderem Pressefreiheit, Schwurgerichte und die Befreiung der Bauern, wo sie noch nicht vollzogen ist. Doch die regierenden politischen Kräfte erweisen sich als reformunfähig. Die politische Emanzipation des Bildungs- und Besitzbürgertums wird gebremst.

Unruhige Zeiten – Der Vormärz

Biedermeierlich unpolitisch mag es Ende der dreißiger Jahre auch in den Max' näherer Umgebung zugehen. Doch umso stürmischer tobt die Politik. Fast ganz Europa ist in Unruhe. Die deutschen Staaten, zeitweise bis zu 39 Einzelstaaten, sind seit dem Wiener Kongress im Jahr 1815 im Deutschen Rheinbund zusammengefasst. Äußerlich herrscht in den Ländern des Bundes Frieden. Er wird jedoch durch politische Repressionen erzwungen. In allen europäischen Staaten wird in dieser Zeit versucht,

Die Schulzeit beginnt

Max Eyth wächst in Schöntal an der Jagst auf, wohin die Familie 1840 gezogen ist. Schöntal ist nur wenige Kilometer entfernt von Jagsthausen mit der Götzenburg, wo Götz von Berlichingen, der Ritter mit der eisernen Hand, 1480 geboren wurde. Eyth selbst beschreibt Schöntal als kleines „Nestchen von wenigen Häusern in einem waldreichen

Als Max vier Jahre alt war, zog die Familie Eyth nach Schöntal. Von 1841 bis 1852 besuchte Max die Klosterschule.

*Schöntal
(Max Eyth, 1856).*

Winkel an der Jagst, im weltabgeschiedensten Teil Württembergs"[2]. Damit hatte Eyth zweifellos Recht. Die nächste größere Stadt ist das 36 Kilometer entfernte Heilbronn, wo der Großvater am Gymnasium unter anderem Lateinisch und Hebräisch lehrt. Der kleine Max geht indessen im Kloster Schöntal zur Schule, einem der vier Evangelisch-Theologischen Seminare in Württemberg. Elf Jahre, von 1841 bis 1852, ist Eyth junior Schüler im Kloster Schöntal.

Auf dem Stundenplan stehen vor allem Latein und Griechisch, außerdem Hebräisch, Religion, Geschichte, Französisch und Physik. Die Zukunft von Max scheint vorgezeichnet schon vor dem Tag, an dem er in diese Schule eintritt. Denn am Evangelischen-Theologischen Seminar werden die späteren Geistlichen Württembergs ausgebildet. Max soll dem Wunsch seiner Eltern gemäß „den Weg beschreiten [...], den Vater und Großvater gegangen waren, und den jede fromme Mutter ihrem Erstlinge wünscht"[3]. Theologie oder Philologie soll demnach das Leben Max Eyths bestimmen.

War Max Eyth ein guter Schüler? Zweifellos ja – seine Zeugnisse weisen ihn stets als fleißigen Schüler mit gutem Betragen aus. Seine Zeugnisnoten als Seminarist in Schöntal vom 14. April 1851: Fleiß gut bis sehr gut, Französisch sehr gut, Religion sehr gut, Geometrie sehr gut, Arithmetik gut, Geographie sehr gut bis gut, Geschichte gut. Kleine Ausrutscher gibt es nur in Latein und Schönschreiben.

Das Niveau hält der junge Eyth auch im folgenden Jahr. Zum Beispiel Geometrie sehr gut, Algebra gut bis sehr gut, Physik gut bis sehr gut, Fleiß sehr

gut, Betragen gut. Auch die Leistungen in der polytechnischen Schule weisen keinen Bruch zu früheren Ergebnissen auf. Das Zeugnis vom 3. Oktober 1855 bescheinigt dem Studenten Fleiß gut bis sehr gut, Arithmetik sehr gut, Zeichnen sehr gut, Französisch sehr gut, Geometrie gut bis sehr gut, Physik sehr gut und Trigonometrie gut bis sehr gut. Seine Leistungen werden gekrönt beim Abschluss seines Studiums mit dem ersten Preis in höherer Mathematik und praktischem Maschinenzeichnen.

Er selbst äußert sich vage, bezeichnet sich nur als „nicht allzu hoffnungsvolles Söhnchen" seines Vaters – eine kokette Untertreibung. Im Unterricht schweifen seine Gedanken allerdings manches Mal ab. Er zeichnet seltsame „Dreiecke" und „Hunde" an den Heftrand, erkennen die Lehrer doch nicht, dass sich Max in Gedanken in Ägypten wähnt. Er träumt vom Orient, von den Pyramiden und der Sphinx. Dass sich ein Junge seines Alters mit dem Orient befasst, ist nicht ungewöhnlich. Denn Ägypten ist in Mode, und wer kulturell interessiert ist, kommt fast zwangsläufig mit Themen über Ägypten oder dem Morgenland in Berührung.

Erst wenige Jahre zuvor sind die Reiseberichte von Hermann Fürst von Pückler-Muskau erschienen, der den Norden Afrikas und den Orient bereist hatte und Gast von Mehmed Ali war, dem mächtigen Herrscher von Ägypten. Max Eyth wird einmal in die Dienste des Sohnes dieses charismatischen Mannes treten.

Aber es wird noch fast zwanzig Jahre dauern, bis er die Pyramiden von Gizeh besteigen und auf einem der größten landwirtschaftlichen Güter Ägyp-

» Ironie ist kein tiefgehendes Motiv, wenn sie gut ist – so etwa wie ein angesäuerter Humor –, und kein gutes, wenn sie tief geht. «

Polytechnische Schule.

Semester-Zeugniß für Max Eyth.   [Zweites] Halbjahr 1856.

Lehrfächer.	Kenntnisse.	Fleiß.	Sitten.	Versäumte.
1. Analysis, niedere.	rg			
2. Analysis, höhere.	rg			
3. Bau-Constructionslehre.				
4. Bau-Constructions-Entwürfe.				
5. Baugeschichte, ältere.				
6. Baugeschichte, neuere.				
7. Bau- u. Feuerpolizeigesetze, Baurecht.				
8. Baukostenberechnung.				
9. Baukunde, Hoch-.				
10. Baukunst, antike.				
11. Baumaterialienlehre.				
12. Bauzeichnen.	g			
13. Botanik.	zg			
14. Chemie, allgemeine.	zg			
15. Chemische Uebungen.				
16. Deutsche Sprache.	rg			
17. Englische Sprache.	zg			
18. Feuerungskunde.	rg	rg	g	3 w

Lehrfächer.	Kenntnisse.	Fleiß.	Sitten.	Versäumte.
19. Figurenzeichnen.	g	g	g	
20. Französische Sprache.	zg			
21. Geometrie, analytische.	rg			
22. Geometrie, beschreibende.	rg			
23. Geometrie, praktische.	g			
24. Geschichte, ält. mit Geographie.	zg			
25. Geschichte, mittlere.	zg			
26. Geschichte, neuere.	zg			
27. Handelsgeographie.				
28. Handels- und Wechselrecht.				
29. Ingenieurfach, Vortrag.	rg	g	g	
30. Ingenieurfach, Zeichnen u. Entw.				
31. Italienische Sprache.				
32. Kaufmännische Arithmetik.				
33. Kfm. Buchf. u. deutsche Corresp.				
34. Kfm. Corresp. in franz. Sprache.				
35. Kfm. Corresp. in englischer Spr.				
36. Kfm. Waarenkunde.				

Lehrfächer.	Kenntnisse.	Fleiß.	Sitten.	Versäumte.
37. Maschinenbau.	rg	rg	g	
38. Maschinenconstruction.	rg	rg	g	
39. Maschinenmodelliren.	g	gut		
40. Maschinenzeichnen.				
41. Mechanik, allgemeine.	rg			
42. Mechanik, specielle.	rg			
43. Mineralogie u. Geognosie.	g			
44. Mineralogische Uebungen.				
45. Ornamentenzeichnen.				
46. Ornamentenmodelliren.				
47. Physik.	rg			
48. Physikalische Uebungen.				
49. Pflanzenzeichnen.	g			
50. Religion.	g			
51. Schönschreiben.				
52. Technologie, mechanische.	g	g	g	
53. Trigonometrie.	zg			
54. Zoologie.	g			

Bemerkungen.

Stuttgart, im [Dezember] 1856.   Vorsteheramt.
[Unterschrift]

NB. Die mit lateinischer Schrift eingetragenen Noten sind die
Zeugnisse der vorangehenden 7 Semester.
Scala der Zeugnisse in Württemberg:
recht gut, gut, ziemlich gut, 0 (mit Zwischenstufen.)

Max Eyths Zeugnisse weisen durchweg gute Noten auf.

tens mit der Einführung der neuesten Technik der Agrikultur mehrere Jahre Arbeit finden wird.

Vorerst aber büffelt Max in Schöntal weiter Latein und Hebräisch. Eines Tages im Frühling des Jahres 1845 tritt das ein, was man Schicksal nennen kann. Jedenfalls prägt das kommende Erlebnis den Klosterschüler derart, dass es sein Leben in eine neue Richtung lenken wird. Max Eyth schildert dieses Erlebnis in seinem Buch „Im Strom unserer Zeit" Jahrzehnte später sehr ausführlich:

„Ein schmaler, waldiger Bergrücken trennt bei Schöntal das Jagst- vom Kochertal. Das nächste

Schriftsteller des Biedermeier: Joseph von Eichendorff (r.) schrieb „Aus dem Leben eines Taugenichts" (1826).

Der Lyriker Nikolaus Lenau als kranker Mann (1850): Max Eyth zitierte oft aus seinen Gedichten.

am Kocher gelegene Dörfchen ist Ernsbach, wo seit alter Zeit, von der Wasserkraft des kleinen Flusses getrieben, ein Eisenhammer in Tätigkeit ist: die einzige Spur industriellen Lebens, die weit und breit in jener von allem Verkehr abgeschnittenen Gegend anzutreffen war. Ich mochte neun Jahre zählen, als ich meinen Vater bei einem Besuch des Besitzers jenes bescheidenen Hammerwerks begleiten durfte und mit weitaufgerissenen Augen die Wunder anstarrte, die mir dort zum erstenmal entgegentraten. Der dickköpfige, eifrige Hammer, das sprühende Eisen, das geheimnisvolle, leuchtende Zylindergebläse, das ganze Leben und Lärmen in der schwarzen Werkstätte erfüllte mich mit einem wunderlichen Gemisch von Schauder und Entzücken. Ich wußte nicht, was ich mit den wirren Gedanken in meinem kleinen Kopf und mit dem mächtigen, tatendurstigen Gefühl in meinem kleinen Herzen anfangen sollte und ging an der Seite meines Vaters, dem ich nicht erklären konnte, was ich selbst nicht verstand, schweigend durch den Wald, den wir auf unserem Heimweg zu durchqueren hatten. Er dachte wohl, daß dieser Besuch nicht wiederholt werden dürfe, denn beim Konstruieren von Cornelius Nepos [römischer Geschichtsschreiber, 100–27 v.Chr.] am folgenden Morgen war ich vernagelter – dies war der übliche Kunstausdruck – als je."[4]

Die tiefen Eindrücke, die die schweren Maschinen, die Hitze des rotglühenden Eisens, der Lärm des stampfenden Hammers und der scharfe Rauch in der Schmiede auf den Neunjährigen machen, lassen ihn nicht mehr los. Schon vierzehn Tage später, an einem sonnigen Frühlingsnachmittag, soll er sich wieder einmal Cornelius Nepos widmen. Der Vater rät seinem Sohn, „das Angenehme mit dem Nützlichen zu verbinden" und sich zur ungestörten Lektüre in den nahen Wald zu begeben. Obwohl ihm der Lernstoff wenig behagt, stimmt Max zu, ist in Gedanken aber schon wieder in der hämmernden Schmiede von Ernsbach.

Nachdem Max das Buch im Wald unter einem Stein verborgen hat, macht er sich auf den Weg über Wiesen und Felder zur Schmiede ins Ernsbach, immerhin eine Wegstrecke von fünf, sechs Kilometern.

„Ein liebliches Bild: das Dörfchen mit den braunen Dächern an dem kleinen, da und dort aufblitzenden Flüßchen, die schmale Talsohle in frischem Wiesengrün, jenseits die schroff ansteigenden Hügel, bedeckt von waldumkränzten Feldern, darüber am Horizont die blauen Langenburger Berge, aus bekannter sonniger Ferne herüberwinkend. In der ganzen idyllischen Landschaft fesselte mich jedoch nichts als dort unten, am Ende des Dorfes ein trüber, braungrauer Fleck – schmutzig hätten andere ihn wohl genannt –, hinter dem einige größere Gebäude kaum zu erkennen waren. Es war Rauch, der schwer und dick aus zwei plumpen kurzen Schornsteinen quoll, der Rauch meiner Hammerschmiede."[5] Und wieder hört er das pochende „Tapp, tapp, tapp, tapp, hastig und dumpf, zwei Minuten lang"[6].

Plötzlich wird Max jedoch jäh aus seinen Gedanken auf seinem Beobachtungsposten herausgerissen. Der Landjäger steht über ihm und stellt ihn zur Rede, schimpft ihn einen Ausreißer, den er wieder zurück nach Schöntal bringen werde. Und so wird Max, bespritzt und verschmutzt von der nassen Erde des Waldwegs, wie ein Verbrecher zurück zum Kloster in Schöntal geführt. Mit welcher Strafe ihn die Eltern für den unerlaubten Ausflug belegen, lässt Max Eyth in seiner Schilderung dieses Erlebnisses offen, aber ein Entschluss ist gefasst:

„Ob ich auf der Bergkante über dem Kochertal oder erst im weiteren Verlauf jenes Nachmittags Ingenieur wurde, weiß ich nicht genau. Aber an jenem Tag geschah's, und das Tapptapp meines fernen eisernen Freundes ist mir eine Art Wahlspruch geworden, der sich in guten und bösen Zeiten leidlich bewährt hat."[7]

Sieben Jahre Schulzeit im Kloster Schöntal liegen aber noch vor dem angehenden Ingenieur. Das Interesse an der Technik hat er während der langen Zeit nie verloren. Im Gegenteil – er beginnt, die ersten Maschinen selbst zu konstruieren: Eisenhämmer aus Holz, die der kleine Max heimlich draußen aufstellt und die seine Schulkameraden zunächst bewundern, aber dann mit Steinwürfen zerstören. In späteren Schuljahren begeistert sich Max auch für die Mathematik, gefördert durch einen verständnisvollen Lehrer, einen Mathematiker.

„Diesem Manne verdanke ich mehr als das stille Glück meiner reiferen Knabenjahre. Schon nach den ersten Lektionen war mein Entzücken über das, was sich mir hier auftat, grenzenlos. Freudig-schlaflose Nächte lang schob ich gerade Linien und Kreisbögen und später Ellipsen und Hyperbeln im Kopfe hin und her, um selbsterfundene Probleme zu lösen, und mit jedem Tag mehr versank für mich die klassische Welt in schönem wesenlosen Scheine."[8]

Damit sind Theologie und Philologie erledigt – so scheint es. Aber ganz kann Max die Literatur doch nicht unberührt gelassen haben. Denn am Ende der Schulzeit ist er sich gar nicht sicher: Soll er Techniker oder Schriftsteller werden? Dass Max überhaupt die Wahl hat, dankt er seinem Vater sein Leben lang.

Hierbei muss auch berücksichtigt werden, dass

Neue Industriezentren entstehen: Eisenwalzwerk in Hagen um 1860.

Beginnende Industrialisierung: die Hartkort'sche Fabrik auf Burg Wetter um 1834 (Gemälde von Alfred Rethel).

Heimkehrende Schäfer: Karl Schlesinger huldigt der bäuerlichen Idylle (1863).

Heilbronn: der alte Kran (Max Eyth, 1854).

Allgemeine technische Erfindungen im 18. Jahrhundert

1706	Direktwirkende Dampfpumpe von Denise Papin
1712	Newcomens Kolbendruckmaschine wird im Bergbau eingesetzt
1740	Gussstahl von Huntsman
1769	Erstes Patent für die von James Watt verbesserte (nun direkt wirkende) Newcomen-Maschine
1769	Erstes experimentelles Dampfauto von Cugnot
1778	James Watt baut eine verbesserte Dampfmaschine und läutet damit die Dampf-Ära ein
1782	Doppelt wirkende Dampfmaschine von James Watt
1783	Heißluftballon der Brüder Montgolfier
1784	Patent auf mechanischen Webstuhl von Cartwright
1784	Erste Lampen mit Holzkohlegas betrieben
1785	Erster bemannter Flug im Wasserstoffballon durch de Rozier; dieser stirbt später bei dem Versuch, den Ärmelkanal mit einer Kombination aus einem Heißluft- und Wasserstoffballon zu überqueren. Der Ballon fing Feuer und stürzte noch über Frankreich ab.
1790	Werkzeug: David Wilkinson baut eine Maschine zur Produktion von Stahlschrauben in den USA
1799	Erfindung der Kreissäge

der Ingenieurberuf zu jener Zeit in Deutschland nichts gilt und keinerlei gesellschaftliches Prestige genießt. Max hat von Talent und Bildung her alle Möglichkeiten, einen geisteswissenschaftlichen Beruf zu erlernen. Insofern bedeutet der Wunsch, Ingenieur zu werden, durchaus, gesellschaftlich einen Schritt zurückzutreten.

Das ist in England ganz anders. Dort haben die Naturwissenschaften, der Maschinenbau und der Ingenieurberuf eine weitaus längere Tradition und sind bereits gesellschaftlich anerkannt, wenn nicht sogar bewundert.

„Obgleich Philologe von altem Schrot und Korn, war mein Vater ein ungewöhnlich verständiger Mann, dem ich das Beste verdanke, was der Mensch dem Menschen geben kann: meine Freiheit."[9]

Und Max nutzt diese Freiheit: Er entscheidet sich für die Technik. Der Faszination der neuen Zeit kann sich der 16-jährige Max nicht entziehen. Ob es Berufung oder Interesse ist, was ihn zur Technik zieht, ist eine Frage des Standpunktes. Bei ihm mag es Interesse sein. Der Vater sieht darin vielleicht — im religiösen Sinne — die Berufung des Sohnes, der er sich nicht entgegenstellen will.

Trotz aller Technikbegeisterung möchte Max auch von der Literatur nicht lassen. Zeitlebens schreibt er von nun an ungezählte Briefe, Gedichte, Kurzgeschichten und größere Erzählwerke. Aber erst im

„Natur und Freiheit"

Aus einem Vortrag Max Eyths, den er als 18-Jähriger in der Verbindung „Stauffia" hielt.

„Tiefversteckt unter unzähligen Decken und Schichten, die selten durchbrochen werden, liegt etwas in uns, wer wollte es leugnen, das nicht auf dieser Erde gewachsen ist. Was verhindert mich, zu glauben, daß es etwas von jenem ewigen, heiligen Wesen ist, das über dem All steht? Wie wäre es endlich denkbar, daß die Menschheit, die seit Jahrtausenden im Schlamm der Schuld und der Frevel watet, noch immer nicht versunken, daß trotz der hundert Generationen, die schon dahin sind, mit Bruderblut befleckt und mit Schande bedeckt, noch immer in jedem einzelnen dieser unvertilgliche Keim des Guten wieder auflebt, ebenso frisch und lebendig, wie bei seinen Vätern? Wie wäre es möglich, daß sich die Menschheit auf dieser Stufe erhalten würde, wenn nicht das ewige Prinzip des Reinen, Guten in jedem einzelnen wirkte und lebte? Und man mag sagen, was man will: der Mensch ist nicht schlechter geworden. Er ist unterdrückt, dieser göttliche Funke, er ist manchmal im Erlöschen, aber er lebt noch, solange wir suchen nach Freiheit!

Dieses Gefühl der Freiheit, dieses sicherste Zeichen der unterdrückten Göttlichkeit des menschlichen Wesens, die im Endlichen wirkt und schafft und es verbindet mit der Unendlichkeit, ist's, das auch in uns lebt und gut macht und uns hält, bis die Bande fallen, und der Geist zurückkehren wird, von wo er gekommen.

Denn im Anfang war die Freiheit, und die Freiheit war bei Gott, und Gott ist die Freiheit!" *

* Der letzte Satz ist eine Abwandlung des 1. Verses im 1. Kapitel des Johannes-Evangeliums: „Im Anfang war das Wort, und das Wort war bei Gott, und Gott war das Wort."

Ab 1852 besucht *Max Eyth die Polytechnische Schule in Stuttgart, die Vorläuferin der Technischen Universität.*

An der Polytechnischen Schule in Stuttgart

Im Oktober 1852 beginnt Max Eyth, er ist sechzehn Jahre alt, sein Studium an der Polytechnischen Schule in Stuttgart, der Vorläuferin der heutigen Universität. Fünf Jahre später übrigens besucht der spätere Motorenkonstrukteur Gottlieb Daimler, zwei Jahre früher geboren als Eyth, dieselbe Schule. Max Eyth selbst verliert später nicht viele Worte über diese Zeit. Doch er erwähnt die gründliche Ausbildung, namentlich in Mathematik, ohne recht zu wissen, wie sie einmal in der Praxis verwendet wird. Die Studenten trägt ein „ernsthaftes und lebhaftes Gefühl, daß wir jungen Leute einer großen Zukunft entgegingen, von der die Alten um uns her, die uns im allgemeinen mitleidig belächelten, keine Ahnung hatten"[10].

Auf dem Stundenplan stehen 1853 Geometrie, Niedere Analysis, Trigonometrie, Französisch, Planzeichnen, Figurenzeichnen. Dann kommen Allgemeine Mechanik, Höhere Analysis und sogar Zoologie hinzu. 1855 besteht der Unterricht unter anderem aus Maschinenbau und Maschinenkonstruktion, Ingenieurfach, Technologie, Freihandzeichnen und Maschinenmodellieren. Max Eyth ist fleißig und fällt durch gute Leistungen auf. Aber er genießt auch die angenehmen Seiten des Studentenlebens. Mit den anderen Studenten versteht er sich gut.

Lange überlegt er, ob er der studentischen Verbindung, der Stauffia, beitritt. Denn er ist sich darüber im Klaren, dass er sich damit für immer binden wird. Trotzdem ist es im Herbst 1853 so weit. „Ich bin nun Stauffe", teilt er seiner Mutter mit. Ganz ungetrübt ist jedoch seine Meinung über die Verbindung nicht. Die Abschiede von Studenten, die der

Alter von sechzig Jahren beginnt seine eigentliche Schriftstellerkarriere.

Ganz nebenbei stellt sich auch sein zeichnerisches Talent heraus. Er skizziert sein Elternhaus und Landschaften, malt Aquarelle von Landschaften und Städten. Am Ende seines Lebens verzeichnet der Nachlass weit über tausend Aquarelle und Zeichnungen.

„Mit der Leier auf dem Tornister": Max Eyths Vorbild Theodor Körner als Angehöriger des Freikorps Lützow im Kampf gegen Napoleon (Gemälde von Georg Friedrich Kersting, 1815).

» Die Natur ist immer neu, wenn das Auge frisch bleibt. «

Stauffia angehören, werden mit viel Alkohol gefeiert. Als Fuchs hat Eyth an diesen Abenden stets teilzunehmen. „Jedenfalls war es mir nicht zu verdenken, wenn ich die wahre Natur, den wahren Charakter eines Menschen mit dieser angetrunkenen verwechselte. Dazu kam noch manches andre. Die idealen, schwärmerischen Bilder, die mich erfüllten, als ich zuerst mit der Gesellschaft in Berührung kam, hatten manchen derben Puff bekommen, und die Farben mit denen ich damals malte, waren scheint's nicht von Öl, sondern aus Wasser. [...] Kurz, ich stand manchmal vor meinen verwischten und zerfetzten Gemälden und hätte weinen können vor Schmerz und Wuth."[11]

Zu seiner Aufnahme hält Max Eyth, wie es üblich ist, eine Antrittsrede, in der er seine Ernüchterung über seine früheren Ideale über die Stauffen-Gesellschaft ausdrückt. Immerhin glaubt er, unter ihnen Freunde finden zu können. Eyths ehrliche Rede kommt wider seine Erwartung bei den Stauffen gut an und bringt ihm schließlich sogar den Posten des „Kneipzeitungsredakteurs" ein, eine Ehre, die einem so jungen Stauffen bisher noch nicht zuteil wurde.

So ganz übel kann ihm das „Stallleben" (so der Stauffen-Jargon) aber im Lauf der Zeit nicht gefallen haben. Sie unternehmen gemeinsame Exkursionen „bei denen er ‚ziemlich geschrien, viel gelacht und die ganze Welt gerngehabt' hat"[12].

Das Vergnügen kommt also in seiner Studentenzeit nicht zu kurz. Er nimmt außerdem Klavierstunden, obgleich ihm dazu oft zu wenig Zeit bleibt, da er seine Studienbücher ordentlich führen und die Notizen

des Unterrichts regelmäßig nachtragen möchte. Er besucht das Theater und nimmt sogar Tanzstunden, was ihm jedoch nicht sehr behagt. „Ich tanze nur noch principiell, wozu ich leider eine gewisse Art von Tanzinstrumenten gebrauchen muß, so man gewöhnlich Fräulein nennt. O wie ist mir dieses fade, leere Wesen, dieses Getriebe umeinander herum, diese Unterhaltung, diese steifen, gehaltlosen Sitten und Manieren zum Ekel! Wenn ich so herumrase, [...] muß

Die Polytechnische Schule in Stuttgart im 19. Jahrhundert

Die Polytechnische Schule, die Vorläuferin der Universität Stuttgart (seit 1967), hatte ihren Ursprung in der 1829 gegründeten Real- und Gewerbeschule in der Königsstraße 12 in Stuttgart. Ziel war es, den Schülern in den Zeiten der beginnenden Industrialisierung in Württemberg für ihre späteren Berufe im kaufmännischen, handwerklichen oder industriellen Bereich eine allgemeine technische Vorbildung zu ermöglichen. Zum Unterrichtsstoff gehörten Chemie, Physik, Geometrie, Differenzial- und Integralrechnung, Zeichnen (Maschinen- und Freihandzeichnen), Mechanik, Maschinenlehre, Buch- und Geschäftsführung. Als Fremdsprachen wurden Englisch und Französisch gelehrt.

1832 wurden die Real- und Gewerbeschule getrennt. Die Gewerbeschule wiederum wurde 1840 in Polytechnische Schule umbenannt.

Als Max Eyth die Polytechnische Schule besuchte (1852–1856), dauerte die Studienzeit vier Jahre. Die Ausbildung gliederte sich nach den angestrebten Berufsgruppen auf: mechanisch-technische Berufe (z.B. Architekten, Mechaniker), chemisch-technische Berufe (z.B. Pharmazeuten, Berg- und Hüttenleute), Lehrer für Real- und Oberrealschulen und Kaufleute.

Die Polytechnische Schule strebte danach, ihre Reputation durch die Anstellung hochqualifizierter Hauptlehrer weiter zu stärken. So wurden Fachkräfte, die in Paris und Karlsruhe ausgebildet worden waren, nach Stuttgart geholt. Die École Polytechnique in Paris war seinerzeit die führende technische Hochschule. Ein Absolvent der École Polytechnique, Johann Gottlieb Tulla, gründete 1807 in Karlsruhe eine Schule für Bauingenieure, die schnell zur führenden Einrichtung ihrer Art wurde. 1825 avancierte sie zur Polytechnischen Schule, im 20. Jahrhundert zur Technischen Hochschule.

Ab den sechziger Jahren des 19. Jahrhunderts wurden an der Polytechnischen Schule in Stuttgart in immer kürzeren Zeitabständen bedeutende Reformen durchgeführt. 1862 wurden die untere und obere Abteilung mit den vier Fachschulen für Architektur, Bau- und Ingenieurwesen, Maschinenbau und chemische Technik eingerichtet. 1870 folgte die Erweiterung um eine mathematisch-naturwissenschaftliche und eine allgemeinbildende Fachschule. 1876 wurde die Polytechnische Schule in Polytechnikum umbenannt. Fächerstruktur und Ausbildung hatten jetzt eher den Charakter, wie er an Hochschulen üblich war. 1882 wurde das Fachgebiet Elektrotechnik eingeführt. Zwei Jahre später erfolgte die Umbenennung in Königlich Technische Hochschule Stuttgart. Ab 1895 wurde die Hochschule erheblich ausgebaut. Der wirtschaftliche Aufschwung ermöglichte den Bau neuer Gebäude. Zur Jahrhundertwende erhielt die Hochschule das Promotionsrecht zum Dr.-Ing.

---

ich immer an einen Kalmücken oder Beduinen, der einsam in der Abendgluth der Steppe die öden Flächen durchjagt, denken, und da wird mir's so ägyptisch sehnsüchtig zu Muth, daß ich meiner Tänzerin manchesmal auf den Fuß trete."[13]

Zwei Jahre später sieht er seine Beziehung zu jungen Frauen freilich anders und er verliebt sich in Lina Kaim, nach eigenen Worten seine erste Liebe. Er begreife nicht, „wie er an dem Mädchen irr werden konnte." Für Max ist es nicht nur Liebelei und Lina fühlt sich ebenfalls zu Max hingezogen. Und doch endet die Verbindung schon einige Monate später, was Max einigen Kummer bereitet.

Im Frühjahr 1854 beschäftigt den 18-jährigen Studenten die große Politik. Im Jahr zuvor begann der Krim-Konflikt. Russland unter der Regierung von Zar Nikolaus I. will seinen Einfluss im Schwarzmeerraum erweitern und sucht den Konflikt mit dem Osmanischen Reich. Russland gibt vor, die unter türkischer Herrschaft lebenden Christen, rund ein Drittel der Gesamtbevölkerung, schützen zu wollen, und stellt hohe Forderungen an die türkische Regierung. Als Druckmittel besetzt Russland 1853 die Donaufürstentümer Walachei und Moldau, die Kernländer des heutigen Rumänien. England, das selbst seinen Einfluss im östlichen Mittelmeerraum zu vergrößern versucht und dies leichter mit einer starken türkischen Regierung zu verwirklichen glaubt, stellt sich an die Seite des türkischen Sultans Abd ül Medjid I. Gemeinsam erklären England und Frankreich im März 1854 Russland den Krieg, der erst im September 1855 in der Schlacht bei Sewastopol auf der Krim-Halbinsel, fünfzig Kilometer von Jalta entfernt, mit einem Sieg über die russischen Truppen entschieden wird.

Max Eyth und seine Mitstudenten sind zwar nicht von diesem Krieg betroffen, doch er bezieht die kriegerischen Konflikte durchaus in seine eigenen Zukunftserwartungen ein, wie er in einem Brief an seine Mutter im März 1854 mit hohem Pathos schreibt:

» Die größte Lebensaufgabe ist die eigene. «

[Handschriftliches Gedicht in alter deutscher Kurrentschrift, mit Überschrift „Am Schraubstock, feilend" und Unterschrift]

Am Schraubstock, feilend: Frühes Gedicht, während der Zeit seiner ersten Arbeitsstelle geschrieben (Handschrift von Max Eyth).

Brief an den Vater

Heilbronn, 7. Dezember 1856

Lieber Vater!
Diesmal extra an Dich, der Du mir in der letzten Zeit so viel zu schreiben – und nach allen Richtungen für mich zu sorgen gehabt hast. –

Daß du nicht haben willst, dass ich mich auf zwei Jahre verbindlich mache, freut mich seit den letzten Tagen; die Arbeiten, die vorkommen, sind gegenwärtig der Art, dass, wenn es so fortgeht, ich wenig mehr dabei profitiere, als dass ich Abends müd bin. Doch kann sich das ändern und jedenfalls darf ich froh sein, vorderhand überhaupt angekommen zu sein. –

Ich versichere Dich, es machte mich nicht mißmuthig. Im Gegentheil. Man hat Zeit für manchen Gedanken. Ich habe schon einen ganzen Romanzencyklus lyrischer Natur „Im Schraubstock" in der Arbeit. Ein rußiges Brieftäschlein und ein Bleistift spuckt gespenstig hie und da eine Minute zwischen Feile und Meißel. [...] Nebenbei ist mir auch klar geworden, was meine literarische Bestimmung ist. Es gilt einmal dem Fabrik- und Maschinenwesen eine poetische Stellung zu erkämpfen. Das will ich. Man hat genug mit Rittern und Nonnen, mit Commerzienräthen und Köhlern zu thun gehabt. Die Leute sehen den poetischen Wald vor Bäumen nicht. Ich seh' ihn und stecke Gott Lob mitten drin! –

Wenn du meinst, meine Handschrift werde allmählich bodenlos, so glaub's nicht. Ich habe schon eine Seite zu viel geschrieben für meine gegenwärtigen bedrängten Umstände.

Alles Übrige mündlich
Immer Euer Max

Brief an die Familie

Eßlingen, 10. Mai 1857

Lieben Leute!
Ich weiß nicht, was es ist – meine Feder will heute nicht fließen. Da sitz ich unter dem offenen Fenster und der helle Frühlings-Sonntags-Morgen sieht, singt, pfeift und blüht zu mir herein und ich denke an Euch. Und dann fällt mir ein, dass ich 21 Jahre alt bin und sonst nichts – zum erstenmal gedruckter Poet, Schlosserlehrling à 30 Groschen, das etwa noch! Was doch das Leben ironisch sein kann. – Doch draußen pfeift's und blüht's fröhlich fort, die ganze Welt eine grünende Hoffnung. Wenn ich noch eine Zeitlang hinaussehe – pfeife ich mit.

Mein Gott! Was hält denn draußen so munter, als die Liebe. Was hat die unbeschreibliche glückliche Sorglosigkeit über die ganze herrliche Natur ausgebreitet, deren Blüthen eine einzige Nacht abstreifen kann, als der unbewußte Glauben an diese Liebe. Und das arme Menschenherz sieht's blühen, hört's singen und denkt und sorgt und will nicht glauben. – Es sollte wohl wollen! Es muß! Eure Liebe lernt mich an die glauben, welche die ganze Welt umfasst und auch mich.

Ich habe meinen Geburtstag verklopft, wie jeden andern Tag. Ich werde wohl noch einen verklopfen. Es thut nichts! Ist immer noch besser, als ein verklopftes Leben, ein verbummeltes, ein verlumptes und was es noch für Leben gibt.

Berg
(Max Eyth, 1857).

„In der Ferne donnern die Kanonen, schlagen die Kugeln in die blutende Männerbrust, wühlt der Tod. Träumerisch, bange sehen wir hinter den finsteren Horizont den Pulverdampf aufsteigen, hören die dumpfen Schüße näher und näher rollen und verschweigen's uns wohl nimmer: sei's ein paar Jährlein, so ruft diese furchtbare Stimme auch uns zu: es ist ernst! Ja, Liebs, es kann ernst werden über Nacht; es wird, es muß ernst werden, bis ich vollends ein Mann bin. Hinten in der Türkei hat der Tod seine Prachtrappen eingeschirrt in seinen Krönungswagen und schwingt seine Geißel, um in wildem Zug Europa, die Welt zu durchjagen. Er will vielleicht Männer finden auf deutscher Erde. Ich wollte, ich könnte ihm jetzt schon meine Brust keck und stolz entgegenwerfen. [...] Wer weiß, ob ich nicht in 4 oder 5 Jahren Kanonier bin oder so was und pulverschwarz und vom Blut meiner gefallenden Kameraden bespritzt hinter meiner Kanone stehe und sie richte und neben mir in der zerschossenen Schanze die Bomben des Feindes wühlen. [...] Ich studiere gegenwärtig Haubitzen und Mörser, Kettenkugeln und Kartätschen. Auch das könnte mir einmal gut kommen."[14]

Das Wanderleben beginnt

Vier Jahre, bis September 1856, dauert die „feuchtfröhliche" Studienzeit an der Polytechnischen Schule. An das Studium schließt sich ein Praxisjahr an, das ungleich schwerer zu ertragen ist: „mit zusammengebissenen Zähnen [...] am Schraubstock,

Chronik der Firma Gotthilf Kuhn

Max Eyths zweite Anstellung von Januar 1857 bis März 1861

1852 Gründung der Firma durch Gotthilf Kuhn (1819–1890) in Berg bei Stuttgart, der ersten Maschinenbaufirma in Württemberg. Die mechanische Werkstätte wurde noch im selben Jahr um eine Kesselschmiede erweitert. Das Unternehmen beschäftigte im ersten Jahr 36 Mitarbeiter.

1857 Inbetriebnahme einer Gießerei.

1859 Aufnahme der Geschäftsbeziehungen mit den Württembergischen Staatseisenbahnen. Auslieferung eines fahrbaren Lokomobils. Bau von mehreren Schmalspurlokomotiven. Der Lokbau wurde jedoch nicht weiterverfolgt. Die Zahl der Beschäftigten stieg auf 248. Um die Jahrhundertwende beschäftigte Kuhn über 1.250 Mitarbeiter.

1867 Ein großer Teil der Werksanlagen fiel einem Feuer zum Opfer. Das Unternehmen wurde neu aufgebaut und umgestaltet. Bis zur Jahrhundertwende wurden Filialbüros in Berlin, Köln, München und Frankfurt/Main eröffnet. Vertretungen gab es auch im Ausland.

1902 Wirtschaftliche Probleme führten zum Verkauf des Unternehmens an die Maschinenfabrik Esslingen (ME). Die Konstruktion und Fertigung der Dampfkessel wurde nach Esslingen verlegt.

1913 Mit dem Neubau des ME-Werks in Esslingen-Mettingen wurden die restlichen Produktionsstätten in Stuttgart-Berg geschlossen.

*Klosterkirche
Blaubeuren
(Max Eyth, 1875).*

Feierstunden
Von Max Eyth

Ein Pfiff! – Den Hammer weg, weg das Gefeil!
Stoßend und trabend
Hinaus zum Haus in stürmischer Eil!
– Feierabend! –
Noch hängt an den Bergen das Abendlicht:
Aus luftigen Höhen ein fröhlicher Gruß
O du sonnige Welt, kennst du mich nicht?
Ich grüße dich wieder aus Rauch und Ruß!

Und soll ich jetzt feilen an Wort und Schrift
Schmirgelnd und schabend,
Weil alles so glatt nicht zusammentrifft?
– Feierabend! –
Nein! Treiben will ich's trotz Eisen und Erz,
Trotz Feder und Tinte die kurze Frist,
Und singen und sagen, wie mir's ums Herz
Und wie mir der Schnabel gewachsen ist!

unnötig gequält, heilsam verhöhnt, wund an Leib und Seele"[15].

Seine erste Stelle tritt Max Eyth, mittlerweile zwanzig Jahre alt, für drei Monate, von Oktober bis Dezember 1856, bei der Hahn & Göbel Maschinenfabrik in Heilbronn an. Die erst 1854 gegründete Fabrik stellt anfangs nur einfache Maschinen her und führt lediglich Reparaturen durch. Doch bereits im Jahr 1858, mittlerweile in Maschinenbau Gesellschaft Heilbronn umbenannt, beginnt die Produktion von Tenderlokomotiven und Lokomobilen, aber da ist Max Eyth längst weitergezogen.

In seiner ersten Stelle als Schlosser geht es für den in seiner Kindheit wohlbehüteten Max rau zu. Der Rauch beißt in die Lungen, der Ruß schwärzt Gesicht und Hände, und Schweiß nässt ihm das Hemd. Der Arbeitstag dauert dreizehn Stunden – nicht ungewöhnlich in jener Zeit. Aber er beißt sich durch und denkt hoffnungsvoll an die unbekannte Zukunft und an die Aufgaben, die vor ihm liegen. Gleichwohl gibt der junge Eyth zu, dass das Handwerk seine Sache nicht ist. Die Versetzung ins Zeichenbüro empfindet er als Erlösung.

Die zweite Stelle tritt Max Eyth im Januar 1857 bei der Maschinenfabrik Gotthilf Kuhn in Berg bei Stuttgart an. Sie war im Jahr 1852 als allererste Maschinenfabrik in Württemberg gegründet worden. Das Unternehmen betreibt eine Kesselschmie-de und eine Gießerei. Die beruflichen Ansprüche an den 21-jährigen Ingenieur Max Eyth steigen nun beträchtlich. Nach einigen Monaten bei Kuhn unternimmt er bereits Geschäftsreisen zu Firmenkunden. Eine der ersten Reisen führt ihn nach Unterweißbach. Das liegt nur dreißig Kilometer von Stuttgart-Berg entfernt, ist aber damals schon eine beträchtliche Strecke, was für Eyth eine Reisezeit von acht Stunden bedeutet. Überdies ist Unterweißbach auch für den Ingenieur aus Stuttgart tiefe Provinz: „In Unterweißbach weiß man noch nichts vom neunzehnten Jahrhundert und seinen industriellen Zielen. Ein unterschlächtiges Wasserrad in einem meist vertrockneten Bach ist der Gipfel seiner mechanischen Begriffe, eine Dampfmaschine Teufelswerk."[16]

Eine solche Dampfmaschine muss der Ingenieur Eyth zusammen mit einem Hilfsmonteur bei einem Sägemüller in Unterweißbach wieder in Gang setzen. Keine leichte Arbeit, und nach Eyths eigener ironischer Beschreibung sind das Hauptergebnis dieser Arbeit zerschlagene Finger und verbrannte Hände. Aber nach zehn Tagen ist auch die Dampfmaschine wieder einsatzbereit und der Sägemüller kann wieder an die Arbeit gehen. Das erste Holzstück unter der Säge ist ein dicker Eichenblock. Fünf Stunden braucht die mit Dampf angetriebene Säge, um ihn durchzutrennen. Aber zwei bis drei Tage hätte es bedurft, wenn die Säge nur mit Wasserkraft angetrieben worden wäre. Zufrieden nach getaner Arbeit steigt Eyth in die Postkutsche und verlässt das kleine Dorf, in dem die Industrialisie-

Allgemeine technische Erfindungen (1854–1875)

1854	Heinrich Göbel konstruiert eine Glühbirne
1854	Bandsäge erfunden
1855	Bessemer-Birne für Stahlgewinnung erfunden
1859	Blei-Akkumulator von Plante
1860	Gasmaschine von Lenoir
1861	Kettenflaschenzug
1861	Telephon von J.P. Reis öffentlich vorgestellt
1865	Dampfpflug von Howard, Baumwollpflug von Max Eyth
1866	Elektro-Dynamo von Siemens
1866	„Londoner Transformatorenschlacht" zwischen Wechsel- und Gleichstrom; Drehstrom kommt hinzu
1867	Alfred Nobel erfindet das Dynamit
1867	Eisen-Betonbau durch Monier
1867	Stacheldraht von Joseph Glidden erfunden
1868	George Westinghouse erfindet die Luftdruckbremse
1875	H. Sprengel verwendet eine Glühbirne mit Vakuum
1875	Woodward & Evans lassen ihre Glühbirne patentieren, die später Edinson als Vorbild nimmt

rung erste Anfänge macht, während sie in anderen Regionen Württembergs und Deutschlands in vollem Gange ist und auch die negativen Erscheinungen unübersehbar werden.

Die Arbeit von Max Eyth ist, wie die erste Reise schon andeutet, nicht ungefährlich. Die Reparatur von Dampfkesseln hat ihre Tücken. Ist man unachtsam, kann ein Dampfkessel explodieren. Nicht immer steht auch das notwendige Werkzeug zur Verfügung, da man es nicht immer einfach in der Kutsche mitführen kann. Doch nicht nur Reparieren gehört zu den Aufgaben Eyths, sondern auch das Aufstellen neuer Dampfkessel und Dampfmaschinen, die Kuhn zum Teil auch von anderen Herstellern bezieht. Kräftiges Zupacken ist bei der Arbeit „vor Ort" stets gefordert.

Umso erstaunlicher ist, dass Max Eyth immer wieder die Muße zum Schreiben findet, seien es Briefe oder Verse.

„Ein Tischchen und einen Stuhl, Tinte, Feder und Papier, mehr braucht's nicht, um auch in einem Kesselhaus einen Brief zu schreiben oder selbst ein rührend Liedlein zu singen", schreibt Eyth im November 1859 während einer Reise in Steinen, nahe der Schweizer Grenze gelegen. Sein sonst so humorvoller Charakter wird wegen der harten und schmutzigen Arbeit nicht selten von Trübsinn erfasst, und seine ironischen Formulierungen machen auch vor dem lieben Gott nicht Halt. „O, Verlaß mich nicht, du schöne Welt über dem wechselnden Mond, wenn ich in einem Heizzug meiner Kessel liege, der zwei Fuß breit und dreizehn Zoll hoch sein mag, und mir dort die heißen Tropfen in den Nacken fallen. Verlaß mich nicht, wenn mein Gewissen anfängt über dich zu schelten und zu fluchen, und wenn ich selbst dich treulos verlasse.

Wahr ist's, ich stehe knietief im kräftigenden Schmutz des praktischen Lebens und lerne Kummer und Sorgen auf dem Brot essen. Zum Glück wächst hier ein Wein, der selbst Pumpernickel hinunterspült. Auch machen eine andre Luft, andre Berge, andere Menschen um mich her vieles erträglicher."

Eigentlich zieht es den jungen Ingenieur Eyth längst woandershin. Schon im Mai 1859 schreibt er an seine Mutter, dass er durch die Verbindung zu einem Firmendirektor Empfehlungen für Bewerbungen bei Unternehmen in Belgien erhalten könnte. Zwei Jahre sei er schon bei der Firma Kuhn in Berg und er will so schnell wie möglich weg. Belgien sei dagegen fast das Zentrum der Industrie des Kontinents und auch England sei nicht weit. Doch der junge Eyth muss sich gedulden. Die Belgienpläne laufen ins Leere und er wird noch fast ein Jahr bei Kuhn bleiben.

Aber nicht nur Arbeit, Wein und Berge interessieren den 23-jährigen Ingenieur. Eyth schreibt fleißig und schickt seine Manuskripte an Verleger. Ein Zeichen, dass er es mit der Schriftstellerei ernst nimmt, auch wenn er sich dabei selbst hinterfragt. „Ich bin kein Dichter" heißt ein Gedicht jener Zeit – und er ist doch einer, wie er im letzten Vers einräumt.

Immer schwingt der ironische Ton in seinen Aufzeichnungen mit und lässt den Leser manches Mal im Unklaren über seine tatsächlichen Stimmungen und Meinungen.

Aber auch die Welt um ihn herum nimmt er durchaus interessiert wahr. Nicht zuletzt darum, weil er seine Existenz durch die politischen Wirren, die immer mit Kriegsgefahr verbunden sind, durchaus gefährdet sieht. Die europäische Politik dringt auch bis Stuttgart-Berg vor, und Eyth sind patriotische Gefühle nicht fremd. Wenn es sein muss, würde er auch in den Krieg ziehen. Österreich und Italien (mit Frankreich an seiner Seite) liefern sich im

>> Wir sind geschaffen, in der Richtung zu sehen, in der wir sehen können: vorwärts. In der Zukunft liegt die Aufgabe der Menschheit, nicht in der Vergangenheit. <<

Aus einem Brief von Max Eyth vom 12. Dezember 1859

Ich bin kein Dichter

Ich bin kein Dichter und ich kann's nicht fassen,
Wie man das Heiligste, was man empfunden,
Wie man sein Lieben all und all sein Hassen
Kann dastehn sehn, in Saffian* gebunden.

Selbst nicht um Ruhm und Ehre möchte' ich werben
Mit dem, was ich in stiller Nacht gelitten,
Mit meiner Liebe Blühn, mit ihrem Sterben
Und mit des Herzens heimlich leisem Bitten.

Ich bin kein Dichter, kann nicht Handel treiben
Mit dem, was mir die Musen freundlich gaben;
Verschlossen soll mein Herz und einsam bleiben,
Bis man's mit seinen Blüten wird begraben.

Doch nein! – Ich will die frohen und die herben,
Will jedem gerne meine Lieder schenken,
Kann ich damit ein treues Herz erwerben
Und, wenn ich geh, ein freundliches Gedenken.

* pflanzlich gegerbtes, farbiges Ziegenleder

Sommer 1859 in der Lombardei blutige Schlachten. Doch nach dem Willen seiner Eltern soll Max kein Soldat werden. Sie wollen ihren ältesten Sohn vom Kriegsdienst loskaufen. Max schreibt im Mai 1859 in einem Brief:

„Wenn nur der Krieg nicht wäre oder Napoleon [der III.]. Ich glaube ich wäre schon unterwegs. Aber es ist traurig: auch wir in Berg spüren allmählich den allgemeinen Druck und das nicht wenig. Du willst mich loskaufen, lieber Vater. Seit der Zeit ist die Thronrede gehalten worden, die zwar nichts in der Sache ändert, aber ich bitte dich doch, dringend, ernstlich: thu's nicht! Bricht der Krieg aus, so ist's mit dem Maschinenbau auch aus und von einer einigermaßen vernünftigen Carriere ist gar keine Rede. Stockt ja jetzt schon alles wegen der Lumperei. Ich läge nicht in Unterweißbach, wenn Italien zufrieden wäre. Gegen Napoleon, gegen das Impertinente Frankreich würde ich von Herzen gern mitziehen. Der Krieg und wieder meine Mathematik eröffnet mir so viel und viel mehr Aussicht, als in diesem Fall der allgemeinen europäischen Confusionen eine friedliche Laufbahn: Thu's nicht! Bleibt Frieden, so ist's unnöthig und ärgerlich, da es wohl in gegenwärtiger Zeit eine theure Affäre sein dürfte, – bricht's los, so

braucht Wirtemberg allein 64 weitere Lieutenants. Bedenke den Stolz einer Mutter, Deine Freude, den Respekt Peters und der ganzen Umgegend, wenn ich als Lieutenant nach Schönthal käme."[17]

Aber Max Eyth wird nie Soldat werden. Lili Du Bois-Reymond zitiert in ihrer Biografie einen Schulfreund Eyths, der sich über die Mutter äußert: „Sie hatte sich durch die Erträge ihrer schriftstellerischen Tätigkeit soviel erspart, daß sie dadurch ihren Sohn vom Militär nach damaliger Sitte loskaufen konnte."[18]

Demnach kann man davon ausgehen, dass Max Eyth tatsächlich losgekauft worden ist und dass sich die Eltern in dieser Angelegenheit einig gewesen sind, ihren Sohn nicht zum Militär gehen zu lassen. Doch auch später noch äußert sich Eyth so, dass er sich doch gerne von seinem Vaterland in die Pflicht nehmen ließe.

Fast vier Jahre bleibt Eyth als Ingenieur bei Kuhn in Berg. So unangenehm die Arbeit auch zuweilen ist – die Arbeit am Zeichenbrett und das Konstruieren fesseln ihn. Das Zeichnen, so schreibt er, kann ein tiefes, stilles Vergnügen sein, das Konstruieren aber ein hoher aufregender Genuss.

Eyths Fähigkeiten werden vom Firmenchef überaus geschätzt. Und darum wählt er Eyth als mittlerweile erfahrenen Ingenieur aus, als es darum geht, eine neue technische Erfindung aus Frankreich für die Firma Kuhn nutzbar zu machen: die Lenoir'sche Gasmaschine.

Der französische Mechaniker Jean Joseph Etienne Lenoir (1822–1900) stellte 1860 den ersten betriebsfähigen Gasmotor vor, der später in größerem Umfang gebaut wurde. Im Jahr 1863 erprobte Lenoir seinen Gasmotor sogar als Antrieb für eine Kutsche.

Doch von Entwicklungen dieser Art sind die Maschinenbauer im Jahr 1860 noch weit entfernt. Zunächst will die Firma Kuhn die Lenoir'sche Gasmaschine nachbauen und damit steht sie nicht allein unter Deutschlands Maschinenbauern. Auf dem Werksgelände wird eine „fensterlose Bretterbude" errichtet, die nur der leitende Ingenieur Eyth und zwei Monteure betreten dürfen. Nach welchen Ideen oder Vorlagen die Gasmaschine von Kuhn konstruiert und gebaut wird, ist nicht überliefert. Jedenfalls wird sie in wenigen Monaten entwickelt und gebaut – nur funktioniert sie nicht. Nach etlichen Fehlversuchen wird Eyth nach Paris entsandt – ein Spionageauftrag, von seinem Chef zwar so nicht gesagt, aber nicht anders gemeint. Und Eyth macht sich im September 1860 auf den Weg.

„Aus drei bis vier Tagen sind zehn gworden, und meine Furcht, Paris nur im Fluge sehen zu können,

Brief an die Mutter

Frühjahr 1859

Liebs!

Eure lieben Briefe trafen mich in der glücklichen Stimmung, mit der man die halbgewonnenen Leiden von ein paar Wochen zusammenpackt, und an die Engelhardt'sche Buchhandlung in Freiberg adressiert. Ich war deshalb sehr erstaunt, zu Anfang des väterlichen Sendschreibens den Nachhall eines Droh- und Brandbriefes zu hören, den ich zwar nicht erhalten, aber zum mindesten auch nicht verdient zu haben glaubte. Doch tröstete ich mich schnell bei dem Gedanken, daß auch Ihr getröstet waret und las und packte weiter.

Außer diesem kurzen Intermezzo hab ich eigentlich wenig Grund zu glücklichen Stimmungen. Der Horizont der großen Welt verdüstert sich von Tag zu Tag (Oesterreichisch-italienischer Krieg!)*, und der unsrer kleinen Privat-Weltchen von Stunde zu Stunde. Ja „Stünde ich im Feld" so wäre das die Luft, in der mir wohl wäre, wie dem Fisch im Wasser, wenn's wettert. Aber so blick ich mit ein klein wenig Sorgen auf meine civilen Hosen und kann kaum absehen, wie ich mich mit ihnen durch die nächsten schweren Zeiten laufen soll. – – – Letzten Sonntag war ich in Esslingen bei Görlachs's. 's war ein heiterer Tag, der Morgen namentlich, an dem ich mit Gutekunst durch die Wälder von Gablenberg, Sillenbuch über Heumaden und Stuttgart nach Esslingen gieng, die Frühlingssonne im Herzen und eine Batzenwurst in der Tasche. Da draußen bleibt sich's doch immer gleich schön – Grashalm und Blume, Baum und Bach gleich göttlich, solange die Menschen nicht dreinpfuschen mit ihren groben Pfoten und ihrem gröberen Geist. Vor Zeiten hätt' ich unter ähnlichen Umständen ein Gedicht gemacht. Ich bin nächstens froh, daß mir's nimmer Bedürfnis ist, aus Ehrgeiz und Eitelkeit mein Herz anatomisch präpariert den Leuten unter die Nase zu reiben. 's ist doch eigentlich das Gedichtemachen, so wie man's jetzt macht – für Cotta** oder für einen ästetischen Thee – eine Perfidie gegen das eigene Innere, die bei wenig Dichtern unbestraft bleiben kann. Lenau*** hat sein ganzes Inneres herausgekehrt. Es blieb ihm nichts als der Wahnsinn.

Ja, wenn ich ausrücken müsste mit den Krüppeln und Lahmen vom Jahr 36, dann werd' ich Divisionsdichter und so unbequem es sein mag, schnall ich die Leier hinten auf den Tornister à la Körner****. O du Deutschland, laß marschieren.

Krieg zwischen Österreich und Napoleon III. (Bündnis zwischen Italien und Frankreich). Bei den Schlachten in Magenta (westlich von Mailand) am 4. Juni 1859 und Solferino (südlich vom Gardasee) am 24. Juni 1859 erlitt Österreich schwere Niederlagen. Im Raum Solferino trafen die verbündeten französischen und piemontesisch-sardischen auf die österreichischen Truppen, wobei jede Seite rund 150.000 Mann zählte. Nach dem Durchbruch durch ihre zentrale Stellung gaben die Österreicher auf. Im Juli 1859 schloss Napoleon III. den Frieden von Villafranca, durch den Österreich die Lombardei verlor.

Die Schlacht bei Solferino forderte über 22.000 Tote und Verwundete. Diese Schlacht gab den Anstoß zur Gründung des Roten Kreuzes. Die Initiative dazu ging von dem Schweizer Kaufmann Henry Dunant (1828–1920) aus, der Augenzeuge der Schlacht war.

** *Verlag in Stuttgart*

*** *Nikolaus Lenau, eigentlicher Name: N. Franz Niembsch Edler von Strehlenau (1802–1850), österreichischer Schriftsteller. Im Jahr 1831 bereiste Lenau Schwaben und nahm Kontakt zur schwäbischen Dichterschule (Schwab, Uhland) auf. Nach einem körperlichen seelischen Zusammenbruch 1844 lebte er bis zu seinem Tod in Heilanstalten.*

**** *Karl Theodor Körner (1791–1813), deutscher Schriftsteller, u.a. Hoftheaterdichter in Wien. Er verkehrte mit W. v. Humboldt, K.W.F. Schlegel und Eichendorff. Körner wurde als Dichter der Befreiungskriege gegen die französische Fremdherrschaft (1813–1815) gefeiert. 1813 schloss er sich dem Ende März aufgestellten Lützow'schen Freikorps an. Er fiel am 26. August im Kampf bei Gadebusch zwischen Lübeck und Schwerin. Körners Gelegenheitsgedichte wurden nach seinem Tod unter dem Titel „Leyer und Schwert" veröffentlicht.*

Brief an die Mutter

Berg, den 30ten April 1860

Liebes Liebs!
Meine letzten Sonntage habe ich leider ziemlich langweilig verbummelt. Der 1. Frühling will nicht recht losbrechen, es regnet und schneit zeitweise noch durcheinander; die Menschen machen böse Gesichter und gerathen in schlechte Gesellschaft. Morgen, wenn's irgend angeht, will ich über die Katharinenlinde nach Esslingen.

Du siehst, wie ich mich verschreibe; wie ich den Kopf nicht beisammen habe. Eben auch wieder einmal keine Ruh bei Tag und Nacht. 's ist Samstag Abend. Meine Reitknechte sind nach Stuttgart hinauf; ich bin hier geblieben, meines Briefs wegen, und jetzt gehen mir 3 Schieber zumal im Kopf herum – ein dunkler, wirrer Gedanke, der mich nicht losläßt, bis er klar geworden. O Freiheit!

Was ist eigentlich mehr Knechtschaft: Wenn man seine Ketten schüttelt und zerreißen möchte, oder wenn man sich halb wohl drin fühlt und mit ihnen liebäugelt? Denn Ketten sind's doch, was den Menschen an alle den schwarzen, schmutzigen Ruß und Staub fesselt, den er seinen Beruf nennt.

Aber er ist nun mal dazu geschaffen. Damit ist alles gesagt. Und – täglich lerne ich der bittern Wahrheit offener ins Gesicht sehen – er ist nicht dazu geschaffen, gemüthlich wirklich glücklich zu sein. Es ist eine Anmaßung, wenn er's verlangt, eine Thorheit, wenn er darnach strebt. Ruhe – ich meine thätige Ruhe – und wenn sie auch der gleich sieht, ist des Mannes Pflicht. Mehr wird der Beste nicht erreichen. –
Auf Wiedersehen!
Immer Euer Max.

Wem Gott will rechte Gunst erweisen

Wem Gott will rechte Gunst erweisen,
Den schickt er in die weite Welt,
Dem will er seine Wunder weisen
In Feld und Wald und Strom und Feld.

Die Trägen, die zu Hause liegen,
Erquicket nicht das Morgenrot,
Sie wissen nur vom Kinderwiegen
Von Sorgen, Last und Not um Brot.

Die Bächlein von den Bergen springen,
Die Lerchen schwirren hoch vor Lust,
Das sollt' ich nicht mit ihnen singen
Aus voller Kehl' und frischer Brust?

Den lieben Gott laß ich nur walten;
Der Bächlein, Lerchen, Wald und Feld
Und Erd' und Himmel will erhalten,
Hat auch mein' Sach' aufs best' bestellt!

(aus: Josepf von Eichendorff „Aus dem Leben eines Taugenichts", 1826)

war unbegründet. Ich wäre bald auf den Boulevards so heimisch geworden wie in den Fabrikvierteln des Faubourg St. Antoine oder im Quartier latin, dem eigentlichen Tummelplatz meiner Leiden und Freuden. So groß sie ist, findet man sich doch in dieser Weltstadt leicht zurecht, und nie habe ich es hier bereut, manchmal auf Irrwege geraten zu sein. Denn Paris ist schön."

So groß und so schön, dass sie einen nachhaltigen Eindruck bei Max Eyth zurücklässt, seinen Geschmack am Reisen weckt. Doch bevor es so weit ist, wird nach der „Begutachtung" der Lenoir'schen Gasmaschine tatsächlich eine zweite Version von Kuhn gebaut, die auch die Aufgaben auf dem Prüfstand zufriedenstellend absolviert.

Doch die Entwicklung steht noch ganz am Anfang. Eine praxisreife Ausführung ist längst noch nicht in Sicht. Aber das soll nicht mehr die Aufgabe für Max Eyth sein. Er kündigt im März 1860 seine Stellung bei der Firma Gottlieb Kuhn. Erst später lernt er aus den letzten Erfahrungen bei Kuhn, „dass man Erfindungen nicht macht, indem man um die Bude andrer herumschleicht".

Auf dem Weg nach England

„... hinter mir die Heimat, und vor mir die blaue Zukunft." So sieht Max Eyth seine Lage im April 1860, als er sich von der schwäbischen Provinz nach Londen aufmacht. England, seit Jahrzehnten führend in Industrie und Maschinenbau, war seinerzeit das Ziel vieler Ingenieure. Eyth hatte seine sichere Stellung bei Kuhn auf der Suche nach neuen Herausforderungen aufgegeben. Doch der Weg führt Eyth nicht direkt zum Ziel. Er nimmt sich vor, die deutsche Schwerindustrie an Rhein und Ruhr kennen zu lernen. Immerhin liegt sie fast auf der Wegstrecke. So fährt er über Heidelberg, Mainz und Bonn nach Köln. Mit einem guten Zeugnis und mehreren Empfehlungsschreiben in den Händen, die ihm bei seiner Reise manches Fabriktor öffnen und neue Kontakte ermöglichen, erhält er Einblicke in die führenden Maschinenfabriken Deutschlands.

Er besucht die Friedrich-Wilhelmshütte bei Siegburg, die Maschinenfabrik Köln, Hütten und Hochöfen in Hochdahl und eine Marmorschleiferei im Neandertal bei Düsseldorf. In Elberfeld (heute Teil von Wuppertal) besichtigt er Betriebe der Weberei-, Spinnerei- und Tuchindustrie, macht außerdem lehrreiche Ausflüge nach Solingen, Remscheid und

Lennep. Hagen ist für Eyth geradezu ein „Nest der Eisenindustrie", wo er mit einem zufällig getroffenen Landsmann aus Württemberg zwei Tage umherstreift. Weiter geht die Reise nach Witten und Dortmund. Zu Fuß geht er von dort nach Hörde, „eine der großartigsten Anlagen in Deutschland. Mit achtungsvollem Staunen näherte ich mich den vier qualmenden Hochöfen, dem tosenden, sausenden, klopfenden Puddel- und Walzwerk."

An einem Abend erreicht der Reisende Oberhausen, nach seinem Empfinden „ein fast unheimlicher Ort! Mitten in öder Heide eine Anzahl weit zerstreuter palastähnlicher Gebäude mit himmelhohen Schornsteinen, Zechen, Zinkfabriken, Eisenwerken. Es war zu spät, um noch etwas Nützliches zu unternehmen. Ein Gang bei wunderbar klarem Himmel über Heidekraut, das in allen Richtungen von Schienen durchschnitten ist, durch Eichenwälder, hinter denen die Hochöfen sausen, war mir für eine Stunde wenigstens ebenso viel wert."

Am nächsten Tag fährt Eyth nach Sterkrade, nördlich von Oberhausen, und besucht mit einem Empfehlungsschreiben der Saline Friedrichshall die dortige Maschinenfabrik und lernt dabei „eine Großartigkeit der Verhältnisse kennen", die er aus seiner Heimat nicht kennt. Stationen der nächsten Tage sind Oberhausen mit den dortigen Hochöfen, Puddelwerken und einem neuen Walzwerk. Schließlich reist er weiter nach Ruhrort und noch am Abend erreicht er Köln. Von dort geht es am nächsten Tag weiter Richtung Belgien. Auch hier nutzt er die Zeit, um die Berg- und Hüttenwerke in Lüttich zu besuchen. Weitere Stationen sind Brüssel, Gent und Brügge. In Belgien hatte er ebenfalls beste Kontakte, sogar zum Chef du département de l'industrie im Innenministerium.

In Gent gerät er mitten in einen Arbeiteraufstand. „Die ganze Stadt war in Aufregung, die meisten Fabriken standen still. Nichts ahnend, Baedecker in der Hand, durchstreifte ich noch am späten Abend die Fabrikviertel, in denen 45.000 Menschen mit Weben, Spinnen und Spitzenklöppeln ihre Leben fristen, und wunderte mich über die wilde Gebärdensprache, sonderlich der Damen; doch verfehlte ich zu meinem Bedauern den nicht unblutigen Zusammenstoß der Hauptbanden mit der Garde civil der Stadt."

Am 5. Mai kommt er schließlich in Antwerpen an. Da sich Hoffnungen auf weitere Kontakte nicht erfüllten, brauchte die Weiterreise nach England nicht aufgeschoben zu werden. Am nächsten Tag, dem 6. Mai 1861, also seinem Geburtstag, sollte es so weit sein. Mit der Abendsonne segelt der nun 25-Jährige, den Hafen von Antwerpen hinter sich lassend, die Schelde hinaus auf die Nordsee. Wer ist der junge Mann, der sich nach England aufmacht, um dort bei einem Maschinenbauunternehmen eine Anstellung zu finden, und Herausforderungen sucht, die er in Deutschland nicht zu finden meint? Auch in den Fabriken an Rhein und Ruhr, in der Region, die einmal das Ruhrgebiet heißen sollte, oder in der Schwerindustrie Schlesiens hätte der Ingenieur mit der hervorragenden Bildung und seinen theoretischen und praktischen Kenntnissen im Kesselbau und in der Dampfmaschinentechnik eine Anstellung gefunden.

Zweifellos reizt Eyth das Ausland. Von Erfahrung her kann dieser Reiz kaum rühren, eher von der Literatur, die er in den Bücherregalen seines Vaters fand, und von den Reisen, die er während seiner Tätigkeit für Kuhn unternahm. Doch selbst diese Trips sind ihm zu wenig. Letztlich empfand er die Arbeit für die Firma in Stuttgart als Fessel, obgleich er dort weiterhin gute Aussichten als Ingenieur bei dem prosperierenden Unternehmen gehabt hätte. Aber da ist noch mehr, was ihn reizt. England war schon während seiner Studienzeit das Mekka für alle Maschinenbauer. Und diesen Traum will er sich erfüllen. In seinen Briefen ist nirgends zu lesen, ob ihn jemand in diesem Wunsch bestärkte oder bremste. Er jedenfalls will die Welt kennen lernen, und geht man von der Einstellung des Vaters aus, dem Sohn stets die Freiheit in seinen Entscheidungen zu lassen, so wie er sich vor fast zehn Jahren für die Polytechnische Schule entschieden hatte, darf man annehmen, dass die Eltern zumindest Verständnis für ihren Sohn haben.

So geht der junge Schwabe auf Reisen, ein schlanker Mann von etwa hundertfünfundsiebzig Zentimetern Größe, das rotblonde Haar, das über der Stirn schon etwas schütter wird, gescheitelt. Er trägt bereits den imposanten „Kaiserbart" mit ausrasiertem Kinn, der in den fünfziger Jahren modern wurde. Die Nickelbrille lässt ihn „akademisch" wirken. Dass man seine Herkunft an Sprache und Dialekt erkennen kann, ist zu vermuten, sagt doch seine Freundin und spätere Biografin Lili Du Bois-Reymond, dass er das Schwäbische nie ganz ablegen konnte.

>> Die Zeit naht rasch ihrem Ende, in der der Technik ihr berechtigter Anteil am höheren Leben der Menschheit abgesprochen wurde. «

England und Ägypten –
Im Mekka der Dampfpflüger

Aufbruch in den Orient

Als der deutsche Ingenieur am frühen Morgen des 7. Mai 1861 nach unruhiger nächtlicher Kanalüberfahrt England erreicht und auf der Themse Richtung London dampft, mochte sein Dialekt unbemerkt bleiben. Er spricht recht gut Englisch, verfügt über gute Manieren und ist sich vielleicht nur wegen der fremden Umgebung und der neuen Eindrücke unsicher.

Als junger Mann von 25 Jahren reist Max Eyth 1861 nach England – dem technisch fortschrittlichsten Land der Welt.

„Eine fröstelnde, beklemmende Fahrt den Fluss hinauf. Reizend konnte ich die Ufer, die – grau in grau – vor mir auftauchten, die Schiffe, die schlaftrunken vor Anker lagen oder langsam anfingen sich zu bewegen, keineswegs finden. Die neue Welt, in die ich mit entsetzlich leerem Magen eintrat, begann damit über mir, nach Art der der Deutschen, ‚schwer' zu werden.

Dann kamen die Vorposten der Stadt, Greenwich, die Docks, ein buntes Gewimmel von Linien, die jeder Anordnung eines nach einem Bilde suchenden Auges Trotz bieten – alles still und lautlos – alles grau in grau.

Jetzt taucht die Stadt selbst aus dem Nebel; der Strom wird enger; man nähert sich den London- und Katharinendocks; der Tower zeichnet sich bedrohlich in das Grau der Luft; da und dort steigt der Qualm der Kamine grauer als das übrige Grau empor und bildet eine trübüberwaschene Wolke. Es ist mittlerweile sechs Uhr geworden. Das Riesenungetüm fängt an sich zu regen; ein Summen, ein schwellendes Brausen trifft das Ohr, und durch die Bögen der eben erscheinenden Londonbridge saust der erste Flussdampfer mit einer geschäftigen Schnelle, von der die Neckardampfschiffahrt bis jetzt noch nicht geträumt hat."[1]

Max Eyth trifft in England – oder richtiger Großbritannien – ein, das sich seiner technologischen und ökonomischen Führerschaft bewusst ist. Die industrielle Revolution begann in England im letzten Drittel des 18. Jahrhunderts, wobei die Erfindung

Fabrikarbeitszeit in England

Das Gesetz von 1833 erklärt, der gewöhnliche Fabrikarbeitstag solle beginnen um halb 6 Uhr morgens und enden halb 9 abends, und innerhalb dieser Schranken, einer Periode von 15 Stunden, solle es gesetzlich sein, junge Personen (d.h. Personen zwischen 13 und 18 Jahren) zu irgendeiner Zeit des Tags anzuwenden, immer vorausgesetzt, dass ein und dieselbe junge Person nicht mehr als 12 Stunden innerhalb eines Tags arbeite, mit Ausnahme gewisser speziell vorgesehener Fälle. Die 6. Sektion des Akts bestimmt, „daß im Laufe jedes Tags jeder solchen Person von beschränkter Arbeitszeit mindestens 1 ½ Stunden für Mahlzeiten eingeräumt werden sollen". Die Anwendung von Kindern unter 9 Jahren, mit später zu erwähnender Ausnahme, ward verboten, die Arbeit der Kinder von 9 bis 13 Jahren auf 8 Stunden täglich beschränkt. Nachtarbeit, d.h. nach diesem Gesetz Arbeit zwischen halb 9 Uhr abends und halb 6 Uhr morgens, ward verboten für alle Personen zwischen 9 und 18 Jahren.
(aus: Karl Marx, Das Kapital I)

der Dampfmaschine eine entscheidende Rolle spielte. Nach 1780 entstand im Großraum Manchester die erste regelrechte Industrielandschaft mit Fabriken, Straßen und Kanälen. Die zweite Phase der industriellen Revolution in Großbritannien vollzog sich in den dreißiger Jahren des 19. Jahrhunderts mit dem Ausbau der Eisen- und Stahlproduktion.

Es wurden zahlreiche Eisenbahnaktiengesellschaften gegründet. 1840 wurde das Hauptliniennetz in Betrieb genommen. 1851 fand in London die Weltausstellung statt, auf der Großbritannien der Welt seine technische Überlegenheit demonstrieren konnte. Zudem konsolidierte sich die britische Wirtschaft gegenüber den Schwankungen der ersten Jahrhunderthälfte und ein stabiles Wachstum stellte sich ein.

Doch Großbritannien war nicht nur in der Industrie, sondern auch in der Landwirtschaft führend. Die Agrarreformen, Erfolge in der Pflanzenzüchtung und in neuen Anbaumethoden führten bereits Mitte des 18. Jahrhunderts zu nicht vorstellbaren Produktionssteigerungen.

Die Industrielle Revolution

Die Industrielle Revolution beschreibt die Phase der beschleunigten technologischen, ökonomischen und sozialen Veränderungen, die in Großbritannien um 1785 begann, später auch im übrigen Westeuropa, in Nordamerika und Japan ihren Lauf nahm. Die Industrielle Revolution markiert auch den Übergang von der Agrar- in die Industriegesellschaft und damit den Beginn des industriellen Zeitalters. Den Anfang nahm die industrielle Fertigung vor allem in der Textilindustrie, der Eisenbearbeitung und im Bergbau.

Der Beginn der Industriellen Revolution wird in Deutschland um das Jahr 1850 datiert. Je nach Region und Branche hat die industrielle Fertigung auch früher angefangen. Das ist genau die Zeit, in der Max Eyth aufgewachsen ist. Eine der stärksten Wirtschaftsbranchen war die Textilproduktion. Doch letztendlich war die Güterproduktion insgesamt handwerklich geprägt, wobei die meisten Betriebe nur wenige Mitarbeiter hatten. In Großbritannien setzte die industrielle Revolution bereits in der zweiten Hälfte des 18. Jahrhunderts ein. Hierbei war eine der entscheidendsten Erfindungen die erste praxistaugliche Dampfmaschine (1765) des schottischen Ingenieurs James Watt (1736–1819), die die Güterproduktion und das Transportwesen revolutionieren sollte.

Doch eine fortschrittliche Technik allein löst noch keine Revolution aus. Denn Technik oder technische Fertigkeiten nutzte der Mensch schon sehr früh. Die Technik der Neuzeit unterscheidet sich von Steinwerkzeugen nicht qualitativ, auch wenn sie ausgefeilter, leistungsfähiger und verlässlicher ist. Entscheidend für die Technik der industriellen Revolution ist die Entstehung der analytisch-experimentellen Naturwissenschaft im 17. und 18. Jahrhundert. Technischer Erfindergeist und Kenntnisse der Naturwissenschaft ergänzten sich. Technische Geräte und Maschinen wurden nicht nur durch Probieren und Erfahrung praxistauglich. Vielmehr konnten jetzt Konstruktionen aufgrund naturwissenschaftlicher Kenntnisse berechnet werden.

Der Neuankömmling findet sich in den ersten Tagen in London schon leidlich zurecht. Er ist beeindruckt von dem Häusermeer und schätzt die grünen Parks inmitten der Stadt. Er streift durch die Straßen, besichtigt die Parlamentshäuser, besucht das Britische Museum, den Zoologischen Gar-

Der von Nasmyth 1839 entwickelte Dampfhammer (Gemälde von James Nasmyth, 1842).

Harte körperliche Arbeit im Stahlwalzwerk.

Bei Leeds, Bramley/England (Max Eyth, 1874).

Technische Errungenschaften in Großbritannien im 18. und 19. Jahrhundert

1712   Kolbendruckmaschine zur Entwässerung von Bergbaugruben von Newcomen

1733   Fliegendes Weberschiffchen

1740   Stahlherstellung im Tiegelgussverfahren nach Huntman

1764   Spinnmaschine

1769   Patentierung der Dampfmaschine durch James Watt

1778   James Watt baut eine verbesserte Dampfmaschine. Die eigentliche Zeit der Dampfmaschine beginnt.

1784   Patent auf den mechanischen Webstuhl von Cartwright

1801   Erste elektrische Lichterzeugung durch Sir Humphrey Davy

1807   Erstes brauchbares Dampfschiff „Clermont" von Fulton

1807   Puffing Billy, erste brauchbare Lokomotive von Hedley

1807   Erste Gasbeleuchtung in London

1813   Entwicklung der ersten Eisenbahn für den Personenverkehr

1820   Erste Tarmacadam-Straßen in England, heißer Teer hält Steine zusammen

1825   Erste Eisenbahnverbindung zwischen Stockton und Darlington

1831   Elektrischer Dynamo von Michael Faraday

1839   Brennstoffzelle von Sir William Robert Grove

1844   Erste Telegrafenlinie

1845   Der komplett aus Stahl gebaut Dampfer „Great Britain", ausgestattet mit Schraubenantrieb, überquert den Atlantik.

1857   Das bisher größte Passagierschiff der Welt, die „Great Eastern", mit einer Länge von 211 m läuft vom Stapel.

ten und schließlich den Kristallpalast, der für die Weltausstellung in London im Jahr 1851 im Hyde Park aufgebaut worden war, aber drei Jahre später nach Sydenham versetzt wurde.

Eyth interessiert aber nicht nur das touristische Programm. Er sucht Arbeit, denn dafür hatte er die Reise angetreten. Doch auch drei Wochen nach seiner Ankunft in London war immer noch keine Stellung gefunden. Auch Empfehlungsschreiben, die er aus Deutschland mitgebracht hatte, taten keine Wirkung. Sie „scheinen eher abschreckend zu wirken", so sein Eindruck. Und die Zeugnisse interessierten ebenfalls niemanden, dem er sich vorstellte. Zwar verliert er den Mut nicht, macht sich aber doch allmählich Gedanken, wie er auf längere Sicht seinen Lebensunterhalt verdienen kann, denn London, so stellt er fest, ist teuer.

Und dann erreichen ihn doch vielversprechende Angebote. Die Firma Johnson, Hersteller von Eisenbahnwagen, wird auf Eyth aufmerksam und gibt Probezeichnungen in Auftrag, die Eyth „mit Leib und Seele bei der Sache" in drei Tagen erledigt. Doch die Sache ist unausgegoren. Man hält Eyth, der gegen Honorar Zeichnung um Zeichnung fertigt, wochenlang hin und stellt ihn auf die Geduldsprobe. „Alles, was ich bis jetzt von England gesehen habe, geht ins Riesenhafte. Es lohnt sich deshalb wohl auch, eine riesenhafte Geduld zu pflegen, um hier an ein Ziel zu kommen."[2]

*Halle im Walzwerk Königs-
hütte – Blick auf die Walzen.
Zeichnung von Adolph von
Menzel (1875).*

Auf Stellensuche

Schließlich hat sich die Zusammenarbeit mit der Firma Johnson zerschlagen. Zwar soll eine Kupplung, die Eyth konstruiert hatte, als Prototyp gebaut werden, doch eine Stellung bei Johnson kommt nicht mehr in Frage. Nach über zwei Monaten in London entschließt sich Max Eyth, nach Norden in das Industriezentrum Manchester zu fahren. Wo er letztlich bleiben würde, ahnt er noch nicht, möglicherweise, so rechnet er sich aus, in Birmingham, Leeds, Glasgow oder Edinburgh.

Trotz zahlreicher Empfehlungsschreiben im Koffer fragt er sich, ob er im Norden nicht vom Regen in die Traufe gerät. Zudem ist er das immer wieder neue Vorstellen bei den Firmen allmählich leid, wie er in einem Brief am 11. Juli 1861 nach Hause schreibt: „Das Hausierengehen mit Empfehlungsschreiben ist – der Himmel weiß es! – der schwerste Teil meines schweren Berufes. Doch wozu soll ich Euch alle Bewegungen der sonst so gefühllosen Knorpelsubstanz, die bei mir das Herz vertritt, zergliedern, wenn ich eintrat in den fürstlichen

James Watt (1736-1819) entwickelte die Dampfmaschine zur praxistauglichen, universellen Kraftmaschine weiter.

Kirche in Hatham / England (Max Eyth, 1861).

Britannia-Brücke (Max Eyth, 1861).

Max Eyth über das Arbeiterelend in Manchester

„Was die Industrie Gutes und Böses leistet, lernt man in Manchester kennen. Den Hauptreichtum des Bezirks erzeugen die Millionen Spindeln seiner Baumwollindustrie. Reichtum! Nirgends in England habe ich bis jetzt eine so bleiche, kranke, von Elend und Unglück angefressene Bevölkerung gesehen, wie sie hier aus den niederen, rauchigen Häusern herausgrinst oder auf den engen, staubigen Gassen der ärmeren Viertel herumliegt. Freilich ist das nur die Hefe des Volks, aber die Hefe umfasst drei Viertel des Ganzen. Wenn die Engländer, selbst die ärmsten, nicht jenen eigentümlichen Reinlichkeitssinn in betreff der Wohnungen hätten, der nach unten hinsichtlich des Körpers und der Kleidung nur zu rasch verschwindet, es wäre ein Bild bodenlosen ‚Fortschritts‘! Töricht wäre es trotzdem, der Industrie einen Vorwurf daraus zu machen. Sie ist und bleibt das einzige Mittel, die 500 000 Menschen hier, die Millionen in England auch nur auf dieser Stufe des Lebens zu erhalten. Nicht die Industrie hat das häßliche geschaffen, das ihr anhaftet. Es ist eine Zukunft denkbar, in der sie sich auch aus diesem Schmutz herausarbeiten wird."

(aus Aufzeichnungen Max Eyths vom 11. August 1861, „Im Strom unserer Zeit", Band I+II, Seite 56)

Die englische Textilindustrie war auf den Import von Baumwolle aus den USA angewiesen (oben).

Negative Auswüchse der Industrialisierung: Kinderarbeit in einer optischen Fabrik (um 1870).

Park einer Villa, die einem König meiner Welt gehört – oder in das stillgeschäftige Arbeitszimmer eines Zivilingenieurs – oder in den prunklosen, kohlen- und eisenbestaubten Empffangsraum einer Fabrik? Überall fand ich jedoch eine gewinnende Höflichkeit, die wir Deutsche erst noch lernen müssen, überall dieselbe Zuvorkommenheit auch dem armen Teufel gegenüber, der nichts zu bieten hat, als seinen Kopf und seine Arme – und was ist das in einer Welt, wo man nach Tausenden von Armen und Köpfen und nach Millionen von Pfunden rechnet?"[3]

Und dennoch lässt Eyth keine Möglichkeit aus, sich überall vorzustellen, selbst wenn es zunächst aussichtslos erscheint. Den letzten Vorstellungstermin in London nimmt er bei der Metallgießerei und Maschinenfabrik von Alfred Tylor wahr. In der Geschäftigkeit des Arbeitstages hat Tylor kaum Zeit für den deutschen Ingenieur. Darum lädt er ihn am Abend zu sich nach Hause ein. Eine Anstellung steht nicht in Aussicht, doch Eyth hat Gelegenheit,

das häusliche Leben einer wohlhabenden englischen Familie kennen zu lernen: „... Mrs. Tylor, ihr blitzendes Teegerät und ihre reizenden Kinder, das herrliche Grün des Rasens im Garten, die reiche Behaglichkeit eines englischen Salons ..." Max Eyth macht Eindruck auf die Familie. Dann stellt sich heraus, dass Mrs. Tylor aus Nassau in Deutschland stammt, und zu ihrem Entzücken spielt Eyth deutsche Volkslieder auf dem Klavier. Die Stimmung ist gut, es werden neun weitere Empfehlungsbriefe aufgesetzt, und wenn Eyth im Norden keine ihm genehme Anstellung fände, solle er zurück nach London kommen. Bis sich eine Stellung fände, könne er mehrere Abende in der Woche bei den Tylors verbringen, um den Hausherrn in Deutsch zu unterrichten. Dazu sollte es nicht kommen. Als Max Eyth Ende Juli 1891 mit der Eisenbahn in Richtung Manchester fährt, kann er nicht wissen, dass er – wie der Zufall spielt – eine Anstellung finden wird, die sein weiteres Leben bis zum Ende prägt.

Ausstellung der Royal Agricultural Society in Leeds 1861. Fowler erzielte dort den Durchbruch als Dampfpflughersteller.

Eyth als Dampfpflüger bei Fowler

„Die Fahrt mit der Great-Northern-Railway nach Manchester bietet wenig Interesse. Es ist immer das gleiche, wellenförmige, frischgrüne Land, das dem schon an den Londoner Häuserhorizont gewöhnten Auge immerhin wohltut. Auf halbem Wege machen Schornsteine den Bäumen das Bild streitig. In Sheffield traute ich meinen Augen kaum. Es war die erste Zitadelle des großen industriellen Festungsviertels: Leeds, Sheffield, Manchester und Liverpool. Trotz des sonst heiteren Tages war von einem Horizont keine Rede. Im dunkeln, träge bewegten Grau der ganzen Rauchmasse fanden ohne sichtbaren Boden schwarzbräunliche Nadeln, die letzten Schornsteine, die das Auge in dem Qualm erreichen konnte. Man durchschneidet sodann, etwas aufatmend, die albartigen Berge von Nord-Derbyshire und ahnt an neuem Qualm, an einer unzähligen Menge neuer Kamine, daß Manchester nahe sein müsse."[4]

In Manchester trifft Eyth seinen früheren „Zeichengenossen" Gutekunst. Eyth soll sich bei der Firma Withworth vorstellen, doch wegen der zeitlichen Verzögerung, die das Hin und Her mit der Firma Johnson in London mit sich brachte, ist die Stelle bereits vergeben. Am Tage dieser Absage beginnt jedoch in Leeds die große Jahresausstellung der Royal Agricultural Society of England. „Mit wahrem Galgenhumor fragte ich mich: Warum nicht den Bauern nachlaufen, wenn die Maschinenbauer nichts von mir wissen wollen? und fuhr mit federleichtem Gepäck nach Leeds."[5]

Dies ist nun das erste Mal, dass Max Eyth mit der Landwirtschaft – oder eher mit landwirtschaftlichen Maschinen – in Kontakt kommt. Es spricht für ihn, dass er sich allem Neuen ohne Vorbehalte auf-

geschlossen zeigt. Doch mit seinem ersten Besuch auf dieser Ausstellung fing er nicht gleich Feuer. Zunächst interessierten ihn durchaus noch andere Angebote, z.B. eine „untergeordnete Zeichnerstelle in einem Eisenbahnbureau" in Wales. Doch auch dieses und zwei weitere Angebote zerschlagen sich binnen weniger Tage und Eyth fährt zurück nach Manchester.

Die Absage eines dieser Angebote betrübt ihn besonders. Der Fabrikant Tylor aus London hatte ihm einen Empfehlungsbrief für den Unternehmer John Fowler, den Pionier des Dampfpflugs, mitgegeben. Eyth war Fowler schließlich auch bei einer Vorführung eines Dampfpflugs auf einem Stoppelfeld begegnet. Eyth wollte sich für eine Stelle im Zeichenbüro bewerben. Die erste Begegnung der beiden Männer endete für Eyth jedoch mit einer Absage, da ein weiterer Zeichner nicht gebraucht wurde. Noch ahnten beide nicht, dass der Ingenieur aus Deutschland, Spezialist für Kesselbau und Dampfmaschinen, für John Fowler einmal einer der wichtigsten Mitarbeiter werden würde.

Es vergehen wiederum etliche Tage, die sich Max Eyth mit dem Freund Gutekunst vertreibt. Sie durchstreifen die Landschaft von Nordwales, genießen die archaische Landschaft, die raue Küste, gegen die sich tosend die Wellen des Atlantiks wälzen. „Du machst Dir keinen Begriff davon", schreibt Eyth an seine Schwester Julie, „wie schön England sein kann, wenn die Sonne auf sein feuchtes Grün scheint, und auch im Sturm, an der richtigen Stelle; zum Beispiel an der Nordwestküste von Angelsea, wo die zerrissenen Granitfelsen senkrecht in die See fallen." Eyth und Gutekunst fahren nach Bangor und besuchen auch die berühmte Britannia-Brücke, die Anglesea mit Wales verbindet. Eyth wird diese Brücke später mehrmals zeichnen und auch als Aquarell (Seite 32) festhalten.

Aber auch nach der Absage Fowlers nimmt Eyth kurze Zeit später wieder Verbindung zu ihm auf. Wenn nicht mit der Zeichenfeder, dann wolle er wenigstens mit „Feile und Hammer" in der noch im Aufbau befindlichen Fabrik Fowlers arbeiten. Und Anfang September gelingt es: Fowler stellt Eyth ein.

Eyth ist sehr angetan von dem zehn Jahre älteren John Fowler: ein „liebenswürdiger Herr", ein „mit aller Welt verkehrender Herr". Das Zeichenbrett wird tatsächlich nicht der wichtigste Arbeitsplatz für Max Eyth werden, so wie er es sich schon gedacht hatte. Hammer und Feile werden ihm näher sein und er wird das Dampfpflügen lernen. Und dabei soll es nicht bleiben. „Sie haben viel zu reisen", eröffnet ihm John Fowler die Zukunftsaussichten.

John Fowler – Pionier des Dampfpflügens

Die Firma John Fowler & Company in Leeds war einer der bekanntesten Hersteller von Zugmaschinen in England. Gegründet wurde sie von dem jungen Quäker John Fowler (1826–1864). Fowler arbeitete zunächst im Getreidehandel, bis er ab dem Jahr 1850 in Bristol zusammen mit Albert Fry landwirtschaftliche Geräte und Maschinen entwickelte und zum Teil auch schon mit Dampfmaschinen experimentierte. 1856 wurde die Verbindung mit Fry aufgelöst. Fowler ging nach London und konzentrierte sich von nun an ganz auf die Entwicklung von Bodenbearbeitungsgeräten, die mit Dampfmaschinen gezogen wurden, darunter auch Dampfpflüge. Allerdings hatte er noch keine eigene Fertigung, sondern arbeitete für mehrere andere Firmen, darunter Kitson, Thompson & Hewitson in Leeds, Robert Stephenson & Co. in Newcastle, Ransomes & Sims in Ipswich sowie Clayton, Shuttleworth & Co. in Lincoln. 1860 war Fowler nur noch für das mittlerweile umfirmierte Unternehmen Kitson & Hewitson tätig. Gleichzeitig entwickelte Fowler in Hunslet bei Leeds auch Dampfpflüge auf eigene Rechnung.

Schließlich wurden William Watson Hewitson und John Fowler Partner und gründeten 1861 gemeinsam die Firma Fowler & Hewitson. Die Produktion von Dampfpflügen ging nun von Kitson komplett zu Fowler & Hewitson über.

Hewitson starb bereits 1863 und die Firma wurde in John Fowler & Co. umbenannt. Unterstützt wurde John Fowler jetzt von seinem Bruder Robert, der das Londoner Büro leitete. Doch bereits ein Jahr später, Mitte 1864, erlitt John Fowler einen Nervenzusammenbruch. Robert stieg nun als Partner in die Geschäftsleitung des Unternehmens ein. John Fowler erholte sich zwar allmählich von seinem Zusammenbruch. Doch das

John Fowler (1826–1864) war schon als junger Mann ein anerkannter Maschinenerfinder.

Schicksal ereilte ihn ein zweites Mal. Im Dezember 1861 stürzte er während einer Fuchsjagd und starb kurz darauf an den Folgen dieses Unfalls. Die Firma wurde nun von Robert Fowler und Robert Eddison geleitet.

Ende der achtziger Jahre produzierte Fowler neben Dampfpflügen und Lokomobilen auch Dampfwalzen und wurde im Lauf der Jahre zum zweitgrößten Hersteller von Dampfwalzen.

1947 fusionierte John Fowler & Co. (Leeds) Ltd. mit dem Unternehmen Marshall, Sons & Co. Ltd. zu Marshall-Fowler Ltd. Zu den neuen Maschinen zählten jetzt schwere Raupenschlepper. Die Produktion wurde schließlich 1975 endgültig eingestellt.

Im nächsten Jahr, so der Plan, wird Max Eyth im Auftrag der Firma nach Frankreich und Deutschland reisen und die Fowler'schen Dampfpflüge vorführen. Und endlich verdient er auch Geld. Die Bezahlung sei zwar nicht glänzend, aber anständig. Viel Zeit, um das Geld auszugeben, hat er sowieso nicht: Der Arbeitstag hat zehn Stunden. Er beginnt um sechs Uhr, ab acht Uhr folgt eine halbstündige Pause. Dann geht es weiter bis zwölf. Nach der Mittagspause geht es am Nachmittag weiter von ein Uhr bis um halb sechs. Die Abende verbringt

er zum Teil mit technischen Studien, er verbessert sein Englisch – und er mietet ein Klavier. „Harte Zeiten kann ich nicht aushalten ohne Musik", stellt er fest.

Harte Zeiten sind es durchaus, die Max Eyth in den ersten Wochen bei Fowler durchlebt, doch viel leichter wird er es auch in Zukunft nicht haben. Die Arbeit in der Fabrik schmeckt ihm zwar nicht sonderlich, doch er gewinnt ihr auch Gutes ab. Eyth lernt hier im Gespräch mit den anderen Arbeitern weitaus besser und schneller Englisch, als er es im

Bei Bolton, York-shire/England (Max Eyth).

Footshop, Fowler, Leeds (Max Eyth, 1877).

Zeichenbüro könnte. Auch die Art und Weise, wie in englischen Fabriken gearbeitet wird, kann er „vom Schraubstock herauf" genauer beobachten als von oben herab.

Doch bald schon lernt er auch das Dampfpflügen auf den Feldern Englands; zunächst unter Anleitung, dann selbstständig. Die erste Station, die im November beginnt und vier Wochen dauern soll, ist die Bluntsfarm in der Grafschaft Essex. Frühmorgens, bei Sonnenaufgang, geht es schon los. Er wohnt in Herfordshire, eine Stunde Fußmarsch von der Bluntsfarm entfernt. Nicht nur bei schönem Wetter legt er diese Strecke zurück, sondern auch bei Nebel, strömendem Regen oder Schneefall.

„Es nebelt; der schwarze Qualm unsrer Maschinen ist von den grauen, treibenden Wolken kaum zu unterscheiden; unser Maschinist pfeift, und hinter dem Walde antwortet ein zweiter Pfiff; nicht das Echo, sondern eine weitere Lokomobile, die ein noch wunderlicheres Instrument als das unsrige langsam über die Stoppeln zieht. Dort drainieren sie nämlich mit Dampf; auch eine Erfindung unseres genialen Fowlers! Fünf Minuten vergehen und durch die Morgenstille, die das leise Schwirren unsrer Drahtseile noch nicht unterbricht, tönt fernher von der nächsten Farm ein dritter Pfiff; dort setzt sich eine Dampfmaschine in Bewegung, die Berge gedroschenen Strohs um sich herwirft. So werden sich die Idyllen der Zukunft wohl überall gestalten."[6]

Die Lokomobile in Kombination mit dem Kipppflug setzte sich bereits Anfang der sechziger Jahre des 19. Jahrhunderts durch.

Die Welt lässt auf sich warten

Am Ende fiel ihm doch der Abschied von der Farm schwer, nicht der Arbeit wegen, sondern wegen einer jungen Frau, die er in Hatham kennen gelernt hatte. Die beiden hatten sich ineinander verliebt. Doch Ende November nahm Eyth gerührt für immer Abschied von ihr und Hatham. Schon bald darauf fuhr er nach London, wo ihm Fowler nahe legte, sich für eine Reise nach Ägypten bereitzuhalten. Schon in vierzehn Tagen, also noch vor Weihnachten, solle es losgehen. Zwei Dampfpflüge mit dazugehörigem Equipment würden von Liverpool aus über den Seeweg nach Ägypten verschifft und auf den Feldern, die dem Onkel des Vizekönigs gehörten, eingesetzt werden.

Doch dann stellte sich ein Problem heraus. Der Pascha wünschte, dass die begleitenden Mitarbeiter von Fowler wenigstens ein Jahr in Ägypten blieben, um den reibungslosen Einsatz der Dampfpflüge zu gewährleisten. So abwegig war die Forderung seinerzeit nicht und Fowler wäre wohl auch darauf eingegangen. Andererseits sollte Eyth spätestens im Mai wieder in London sein, um Fowler bei der beginnenden Weltausstellung, die Monate dauern sollte, zu unterstützen. So verlockend die Aussicht für Eyth auch war, es nützte nichts. Fowler, ohnehin knapp an guten Leuten, wollte während der Weltausstellung nicht auf Eyth verzichten. Eyth musste bleiben, wo er war: in England, und daran sollte sich, wie sich herausstellte, über ein Jahr lang auch nichts ändern.

Die geplatzte Chance, endlich nicht nur England, sondern auch andere Kontinente zu bereisen, betrübt den reisefreudigen Eyth sehr. Ernsthaft beschäftigt er sich mit den Schilderungen eines Pfarrers, der im gleichen Haus lebt, in dem Eyth während seiner Londonaufenthalte wohnt. Der Pfarrer erzählt

Bauernelend in Großbritannien: Verzweifelter irischer Pächter nach der Vertreibung aus seinem Haus (1848).

von China, von Unruhen in Nanking, und dass man dort für eine gerechte Sache kämpfen könne. – In jener Zeit wütete in Südchina der Taipingaufstand (Taiping = höchster Friede). Für die Anhänger der Taipingbewegung verbanden sich traditionellreligiöse und christliche Werte mit politisch-nationalistischen Vorstellungen. Diese richteten sich gegen die Interessen der regierenden Mandschu. 1851 proklamierte die Taipingbewegung einen eigenen Staat mit Nanking als Hauptstadt. Mit britischer und französischer Hilfe wurde der Aufstand, der insgesamt etwa 20 Millionen Tote forderte, im Jahr

Ludgatehill, London (Max Eyth, 1882).

>> Man macht nicht Erfindungen, wenn man um die Bude anderer herumschleicht. <<

Seilträger verhindern, dass die Drahtseile, die den Pflug ziehen, beim Pflügen über die Erde schleifen und damit das Ziehen erschweren und verschmutzen. Die Seilträger herkömmlicher Art sind in regelmäßigen Abständen postiert und müssen, wenn sich der Pflug nähert, von Hand weggezogen und anschließend wieder unter das Seil geschoben werden. Mit Eyths Erfindung erübrigt sich dieser Arbeitsgang, und das macht Eindruck auf Fowler. Zwar wird diese Neuerung nie von Bedeutung sein. Doch fürs Erste stärkt sie die Stellung Eyths innerhalb des Unternehmens. Und Fowler stellt Eyth nun in Aussicht, nach der Weltausstellung eine Filiale in Wien oder Budapest aufzubauen. Also kann es mit dem Reisen noch was werden.

Max Eyths erste Weltausstellung

Am 1. Mai 1862 wird die zweite Weltausstellung in London schließlich eröffnet. Und Eyth geht es wie allen Mitarbeitern, die sich auf ein solches Ereignis einstellen: Man ist euphorisch, hat eigentlich mehr zu tun, als zu erledigen möglich ist. Doch dann geht es los und Eyth weiß, wo er nun die nächsten sechs Monate bis Ende Oktober zur Verfügung zu stehen hat. Täglich erklärt er zigmal die Funktion des Fowler'schen Dampfpflugsystems, sei es auf Englisch, Französisch, Deutsch oder Italienisch, und zu seinem Erstaunen vergeht die Zeit auf der Ausstellung wie im Fluge. Er hat kaum Gelegenheit, selbst über die Ausstellung zu gehen. Aus den sechs Stunden, die Eyth täglich auf dem Stand von Fowler verbringen soll, werden acht. Tausende und abertausende Besucher füllen täglich die Hallen der Ausstellung. Sie kommen, wie es sich für eine Weltausstellung gehört, aus allen Kontinenten. Darunter sind viele Landsleute aus Deutschland, wohin er ebenfalls Dampfpflüge verkaufen kann. Auch prominente Gäste melden sich an. Er lernt persönlich die Prinzen von Preußen kennen, die japanische Gesandtschaft, den Gouverneur von Algier und Said Pascha, den Vizekönig von Ägypten, der dort die größten Ländereien besitzt. Said Pascha ist überdies der Bruder Halim Paschas, der bereits ein Jahr zuvor bei Fowler die zwei Dampfpflüge bestellt hatte, die Eyth nahe den Pyramiden von Gizeh einsetzen sollte.

Bei all dem Gewirr um die Weltausstellung vergisst Eyth nicht die Schriftstellerei. Schon vor Jahren entstanden die ersten Verse des Gedichts „Volkmar", das er erst kurze Zeit zuvor fertig stellte. Er selbst nennt es ein historisch-romantisches Gedicht, dessen Handlung in den Kaiserstreit zwischen Ludwig dem Bayern und Friedrich dem Schönen von

1864 niedergeschlagen. – Alles verlassen und nach China reisen? Eyth gesteht, dass er auf die Arbeit durchaus verzichten könne: „Das Arbeiten war meine Freude, seit ich weiß, wozu Adam sein steinichtes Feld erhielt; aber der Kampf mit Stahl und Eisen, mit Gas und Dampf, der mir das Herz fröhlich schlagen machte, ist beim Licht betrachtet das Wenigste. Die Hauptsache ist ein widerwärtiges, peinliches Ringen mit den Menschen um uns her, in der Schule um den ersten Preis, in der Fabrik um die erste Stelle. Wie soll es enden, wenn stets zweihundertfünfzig Leute nach einem Apfel greifen? Ich sehe keine so große Kluft zwischen dem offenen, blutigen Kampf, dem Arbeiten und Bauen aus dem rohen und reichen Material, dem ich in China näher getreten wäre und dem stillen, heimlichen Ringen, worin jeder bei uns die Lebenskraft des Nächsten untergräbt und vergiftet. Ich verspreche mir nicht viel Angenehmes vom Leben, weder hier noch dort; gekämpft muss sein; aber ich hätte herzlich gerne einmal die andre Fechtart versucht."[7]

Doch trotz solcher Gedanken nimmt Eyth seine Arbeit weiterhin ernst. Er schuftet nicht nur auf dem Feld, sondern betätigt sich auch als Konstrukteur. Er stellt Fowler eine Verbesserung für die Lokomobile vor, die beim Dampfpflügen eingesetzt werden soll. Seine erste Erfindung für Fowler ist ein so genannter „selbsttätiger Seilträger". Die

Rund hundert Jahre hat sich die Technik des Dampfpflügens in der Landwirtschaft halten können.

Volkmar

(Der Anfang des Gedichts)

I. Jugendtraum
1. Frühling

Einsam ist's im Rittersaale droben
Bei dem Vater und den Edelknechten,
Wenn sie ihres Jagdspeers Beute loben,
Oder über Krieg und Frieden rechten;
Einsam ist es, wenn die Humpen kreisen,
Klappernd auf den Tisch die Würfel fallen,
Oder wenn die altgewohnten Weisen
In dem Steingewölbe widerhallen,
Wenn gerührt von schwertgewohnten Händen
Harfen ihre Schlachtenlieder singen,
Und der Ahnherrn Waffen an den Wänden,
Wie im Traume, leise miterklingen;
Einsam ist's und kalt; es heult der Wind
Rasselnd in den hohen Bogenfenstern;
Durch die dunklen Gänge schleicht das Kind
Bang und zitternd vor den Nachtgespenstern.
Aber warm und heimlich ist's im Stübchen,
Wo die Amme bei dem Rocken sitzt,
Wenn der graue Pförtner seinem „Liebchen"
Dann am neuen Vogelbauer schnitzt –
Wenn der alte „Wächter" grämlich knurrt,
daß sie lachend ihm die Ohren zauste –
Wenn auf ihrem Schoß die Katze schnurrt
Und dazu der Schneewind lauter brauste.
Wenn die Amme, die sich müd' gelesen
Im Gebetbuch, das sie nie verläßt,
Ihr erzählt mit Augen, gramgenäßt,
Wie die Mutter gut und schön gewesen.

(aus: Max Eyth „Feierstunden")

Österreich um das Jahr 1322 fällt. Das Gedicht füllt ein ganzes Büchlein. Und im August erhält er die erfreuliche Nachricht, dass der Druck des „Volkmar" bei einem Stuttgarter Verlag beschlossene Sache ist. Unterdessen wird ihm die Diskrepanz der Welten bewusst, in denen er sich während und nach der Arbeit bewegt. „Wie weitab liegen mir ‚des Ahnherrn Waffen', wenn ich die Verhandlungen über Armstrongkanonen und Panzerplatten verfolge! Wie weitab Sophokles und Horaz, in dessen ungewohnter Zunge mir letzthin etliche Zeilen aus Deutschland zukamen! Welch eine Kluft liegt zwischen der Welt, die in meiner Heimat des Menschen Dichten und Trachten hinüberzieht in vergangene Jahrtausende, und der meinen, wo mit demselben Ernst, mit derselben nie ermüdenden Tatkraft des menschlichen Geistes gebaut wird für die Gegenwart und gedacht für die Zukunft.

So groß und schön sich das ansieht, so hat es doch auch seine Unannehmlichkeit. Der einzelne steht klein, kaum bemerkbar im Gewühl der Waffen. Er ist ein Tropfen, selbst wenn er kein Tropf ist. Was hilft aber das unangenehme Gefühl? Das kleine muß getan werden, damit das große werde.

Und so, nachdem ich morgens mein Scherflein für Dingler ausgelegt, stehe ich Mittag zwischen meinen Pflügen, empfange Fürsten und Bauern und predige ihnen zum tausendstenmal, zu was der Dampf auf der Welt sei, nämlich zur Erlösung von Ochsen, Pferden, Leibeigenen und Sklaven."[8]

Nicht verwunderlich ist, dass Eyth auf der Weltausstellung auch die verschiedenen Charaktere der Nationalitäten beobachten kann. So findet er Landwirte aus anderen Ländern viel aufgeschlossener für die noch neue Technik des Dampfpflügens als die deutschen.

Am Ende der Ausstellung, die für die Aussteller

Bis zum Beginn des Amerikanischen Bürgerkriegs (1861–1865) wurde England mit Baumwolle aus den Südstaaten der USA beliefert.

Im Bürgerkrieg blockierten die Nordstaaten der USA die Häfen der Konföderierten und verhinderten den Baumwollexport.

nicht so erfolgreich war wie erhofft, hat Eyth immer noch nicht alles gesehen. Er hoffte, noch mehr zu lernen, noch mehr zu skizzieren. Aber immerhin erreicht ihn im Oktober ein Päckchen mit Exemplaren des „Volkmar" und seine Stimmung hellt sich auf. Sechs Jahre hat er an diesem Gedicht geschrieben. Was werden die nächsten sechs Jahre bringen, fragt er sich.

Nachdem Eyth nach der Weltausstellung wieder in Leeds angekommen ist, meldet sich Halim Pascha, der mittlerweile einen Dampfpflug auf seinen Feldern bei Kairo einsetzt – aber leider nicht ohne Probleme. Fowler solle ihm jemanden schicken, der den Pflug für einige Monate beaufsichtigen kann und für den reibungslosen Einsatz sorgt. Fowler antwortet umgehend, der Ingenieur Eyth sei wohl der richtige Mann für diese Aufgabe. In vier Tagen sei er auf dem Weg.

Wieder schlägt Eyths Herz bis zum Hals – und wieder zerschlagen sich die Hoffnungen. Ein Zeichner erkrankt und Fowler will nun unmöglich auf Eyth verzichten und so wird der Vetter des Fabrikdirektors nach Ägypten entsandt. Wie schon vor einem Jahr heißt es für Eyth, sich in Geduld zu üben.

Reiseziel Indien

Vierzehn Tage später schreibt Max Eyth: „‚Keine Ruh bei Tag und Nacht!' Es liegt wieder was in der Luft. Heute sollte es sich entscheiden, ob ich in etwa acht Tagen auf dreizehn Monate nach Ostindien abreisen soll, will und kann. Ich hätte über Ägypten zu gehen, dort nach unseren Pflügen zu sehen und über den Stand der Dinge heimzuberichten. In Indien, wo mit zwei Leuten, die sodann zu bleiben hätten, zuerst zwei Dampfpflüge in Gang zu setzen sind, müsste ich etwa vierhundert englische Meilen nördlich von Kalkutta für die weitere Anwendung der Dampfkraft zur Baumwollenkultur sorgen und

Das Zwei-Maschinen-Dampfpflug-system von Fowler im Einsatz.

mich vollständig in diese Aufgabe einarbeiten."[9]

Die Reise nach Indien wird in den nächsten Wochen immer konkreter. Drei Wochen soll Eyth zunächst in Ägypten nach den Dampfpflügen sehen und dann über den Landweg nach Indien reisen. In Kalkutta nimmt er die Dampfpflüge in Empfang, um sie von dort an das Ziel hundert Meilen weiter zu bringen.

Einmal vor Ort soll sich Eyth um die Einführung von Straßenlokomotiven kümmern, die die Baumwolle zu den nächsten Wasserwegen oder Eisenbahnen transportieren sollen.

Doch die Verhältnisse sind verworren. Die Umstände in Indien haben sich geändert. Es werden Telegramme hin und her gesendet. Es vergehen wieder Tage, bis neue Nachrichten kommen. Kann Eyth reisen oder nicht?

Unterdessen wird der ägyptische Pascha ungeduldig. Die Dampfpflüge laufen nicht. Die englischen Maschinisten, die Fowler bislang schickte, kommen nicht mit den ägyptischen Arbeitern zurecht – kurz: Es geht nicht voran.

Wieder ist offen, wer von Fowlers Leuten fährt, Carey oder Eyth. „Geht schließlich Carey [...], so bleibt mir das Zeichenbureau. An ein rasches Vorwärtskommen ist dort nicht zu denken. Die Zeiten sind im allgemeinen gedrückt, auch unser Geschäft geht verhältnismäßig schwach. Es gibt nur ein Ding, das billiger ist als Menschenfleisch und das ist Menschenhirn.

Ein anderer Weg steht mir offen, ich gehe und werfe mich eine Zeitlang auf das mir verhaßteste aller verhaßten Handwerke und – schreibe. Die Sache hat etwas für sich. Hier im Geschäft bleibt mir keine Zeit, meine Ausstellungsschätze auszubeuten. Für vier bis sechs Monate würden sie mir sicher Arbeit und Verdienst geben. Was tun?"[10]

Eyth ist hin- und hergerissen, wägt die Gründe für das Bleiben oder Scheiden immer wieder ab. Doch dann, Mitte Januar 1863, wird ihm die Entscheidung abgenommen. Eyth kann nach Ägypten reisen, dann weiter nach Indien.

Die Dampfpflug-maschine Nr. 1937 von Fowler ist zum Beheizen mit Stroh geeignet.

Mit dem Dampfpflug auf den Feldern Ägyptens

Max Eyth hat wenig Zeit, seine Arbeit in England zum Abschluss zu bringen. Schon geht die Reise los, zunächst nach Deutschland, wo er seine Familie besucht. Dann geht es weiter mit der Eisenbahn, zum Teil mit der Kutsche, nach Italien bis nach Triest. Mit dem Dampfschiff reist er weiter über Korfu nach Alexandrien. Sechs Tage dauerte die Schiffsreise, und als sie an einem der ersten Februartage 1863 den Hafen erreichen, ist es zu spät, um noch einfahren zu können. Zu gefährlich ist das Manöver im Dunkeln. Und so wartet das Schiff bis zum nächsten Morgen, um in den Hafen zu steuern.

„Die Anker rasselten nieder; mein Koffer war der erste, der dem Schiffsbauch entstieg und in die Hände der Araber, Fellachin, Zigeuner und Äthiopier fiel, die in Scharen herbeiruderten und das Deck erkletterten. Ich hatte mich einem Mohren anvertraut, saß mit meinem gesamten Gepäck, eh' ich mich dessen versah, in einem Kahn und ruderte dem Ufer zu, aber bereits nicht mehr mit meinem Mohren, den andere hinausgeworfen hatten, sondern mit

Blick von Kairo aus zu den Pyramiden (Aufnahme um 1870).

Max Eyths erster Besuch in Kairo im Februar 1863

„Ich war nicht vorbereitet auf einen solchen Anblick. Unmittelbar unter den senkrechten Mauern der Zitadelle liegt die Stadt – ein weißgraues
und graubraunes Gewirr von Häusern, von Kuppeln, von Minaretts, über Hügel sich hinziehend
und hohe Sandberge oder Trümmerhaufen umgehend. Weiter hinaus in blaugrünen Tinten erheben sich die Palmen- und Sykomorenwäldchen,
die Feigen- und Orangengärten gegen Alt-Kai-
ro, gegen Bulak und Schubra. Dann kommt ein
breiter Silberstreifen, mitten durch das Grün der
Felder sich hinausstreckend in die blaue Ferne,
die sich unermeßlich gegen Norden auszudehnen
scheint. Und scharf begrenzt wie das Meeres-
ufer lagern sich im Westen die gelben Hügel der
Wüste, wunderbar belebt durch die Pyramiden
von Giseh und durch kleinere Gruppen jener geheimnisvollen Reste einer noch immer nicht ent-
rätselten Vorzeit. Denket Euch über dieses Bild
mit seinem Reichtum an Formen und einfachen,
bestimmten Farben den tiefblauen Himmel, die
glühende Sonne, deren Lichtstrom einen breiten
goldenen Streifen des ganzen verschlingt, und
die Stille, die aus der nahen Wüste herüberzuwe-
hen schein, und ihr habt Kairo von seiner glänzenden Seite.“

(aus: Max Eyth „Im Strom unserer Zeit",
Band I+II, Seite 105/106)

Über den Nil nach Kairo

Eine Schilderung von Hermann Fürst von Pückler-
Muskau um 1840

„Man wird jetzt immer mehr gewahr, daß man
sich der Hauptstadt nähert. Einzelne Landhäu-
ser, mit Mauern umgeben, unterbrechen die grünen Fluten rechts und links des Flusses, die Zitadelle am Fuß des dunkeln Mokkatamm* blitzt
in der Ferne auf, man kommt bei den prachtvol-
len Gärten von Schubra vorüber, weiterhin steigen turmhohe Feueressen der Dampfmaschinen
neben ausgedehnten Fabrikgebäuden empor, di-
cke schwarze Rauchsäulen hoch in die blaue
Luft wirbeln, und so von Überraschung zu Überraschung fortschreitend, erreicht man endlich
Bulac, den Hafen Kahiras** von der Meerseite.
Während dieser im buntesten Gewirre das ge-
schäftige Leben des Handels entwickelt, zeigt
sich gegenüber im reizendsten Kontraste und in
idyllischer Ruhe die liebliche Insel Garante, sich
mit ihrem Lustschloß und ihren weiten Pflan-
zungen hinter einem transparenten Mantel von
Trauerweiden verbergend wie eine Schöne unter
einem Schleier von Gaze, nur um desto aufmerk-
samer betrachtet zu werden. Kahira selbst bleibt
noch unenthüllt. Von mehreren Palästen der Vor-
stadt, die sich über den Nilufern aneinanderrei-
hen, maskiert, ahnet man es mehr, als man es
sieht, und nur einzelne Spitzen seiner Kuppeln
und Minaretts, wie sie hie und da zwischen Fluß
und den schroffen Felsen des Mokkatamm sichtbar werden, verraten die unermessliche Stadt,
,das Meer der Welt‘, nach des Morgenlandes po-
etischer Benennung.“

* rund 200 m hohe Erhebung im Osten Kairos
** Kairo

(aus: Hermann Fürst von Pückler-Muskau „Aus Me-
hemed Alis Reich")

einem braungelben Kinde der Wüste. Die Fahrt zum
Ufer dauerte fünfzehn Minuten. Man hat Zeit, sich
zu sammeln, die sanften, weiblichen Züge der Fellachin, die uns rudern, die Palmen über des Vizekönigs Palast, die ägyptische Flotte mit Stern und
Halbmond zu betrachten und sich auf neue Kämpfe
vorzubereiten.“[11]

Im Jahr 1863, zur der Zeit, als Max Eyth in
Ägypten ankommt, hat die Industrialisierung Ägyptens schon seit einigen Jahrzehnten eingesetzt, allerdings in einer wesentlich geringeren Intensität als

Baumwollanbau in Ägypten

Rohbaumwolle ist heute das wichtigste landwirtschaftliche Exportgut Ägyptens, mit dem das Land jedes Jahr Devisen in Höhe von rund 200 Millionen US-Dollar erwirtschaftet. Zwar ist der Weltmarktanteil ägyptischer Baumwolle mit weniger als zwei Prozent gering. Allerdings ist Ägypten neben den USA der größte Produzent von besonders hochwertiger ELS-Baumwolle (Extra Long Staple). Die Fasern dieser Baumwolle sind besonders lang.

Die Baumwollwirtschaft befindet sich noch größtenteils in staatlicher Hand. Doch strebt die ägyptische Regierung allmählich eine Privatisierung der Baumwollerzeugung, der Weiterverarbeitung und Vermarktung an, wie das bereits in den anderen Bereichen der Landwirtschaft geschehen ist. Außerdem soll der ökologische Anbau von Baumwolle gefördert werden.

Die Baumwolle findet in Ägypten optimale klimatische Bedingungen. Zu Eyths Zeit wurden die Felder im Februar 30 bis 36 Zentimeter tief gepflügt. Ein Dampfpflug schaffte das bei der harten, von der Sonne ausgetrockneten Erde nahezu problemlos. Mit dem alten ägyptischen Hakenpflug musste der Boden jedoch mehrmals bearbeitet werden, um ihn tiefgründig zu lockern. Nach dem Pflügen wurden im Abstand von einem Meter Furchen gezogen und mit der Hacke vertieft. Die Furchen dienen später als Kanäle für die Bewässerung. An den Rändern der so entstandenen Beete werden anschließend die Baumwollsamen gelegt. Danach werden die Flächen bewässert. Den Wasserbedarf gibt Eyth selbst mit zwei- bis dreihundert Kubikmeter pro Hektar an. Im Laufe der folgenden Monate wachsen die Baumwollpflanzen bis zu einer Höhe von 75 bis 250 Zentimetern heran. Im August und September bilden sich zahllose gelbe Blüten. In den nächsten ein bis zwei Monaten welken die Blüten ab und die Baumwollkapseln bleiben zurück. Im Dezember und Januar springen die Kapseln auf, und die Baumwolle, die die Samen umhüllt, wird sichtbar. Damit beginnt die Ernte. Weil die Kapseln sehr unregelmäßig aufspringen, müssen die Felder mehrmals „gepickt" werden. In den Ginfabriken werden die Samen von der Baumwolle getrennt und die Wolle wird in große Ballen gepresst.

Die Anbaumethode hat sich dabei vom Prinzip her seit dem 19. Jahrhundert kaum verändert. Heute werden auf den Feldern kleine, etwa 30 Zentimeter breite Dämme im Abstand von 60 bis 70 Zentimetern gezogen. Diese sollten von Ost nach West ausgerichtet sein, damit die Sonne eine möglichst große Fläche der Dämme bescheint und so die Erde für die Keimung der Baumwollsaat erwärmt. Die Baumwollsamen werden dann im oberen Drittel der Dämme eingebracht. Später werden die Gräben zwischen den Dämmen in regelmäßigen Abständen mit Wasser geflutet (Boguslawski 2002). Die biologisch mehrjährigen Baumwollpflanzen werden in Kultur einjährig angebaut.

Der Anbau von Baumwolle als Industrieprodukt wurde in der ersten Hälfte des 19. Jahrhunderts entscheidend durch Ägyptens Vizekönig Mehmed Ali Pascha vorangetrieben. Innerhalb weniger Jahre entstand eine bescheidene Baumwollindustrie, die sich bis heute im Nildelta und im Niltal konzentriert. Bedeutend ausgeweitet wurde der Baumwollanbau in Ägypten nach Beginn des Amerikanischen Bürgerkriegs (1861–1865). Nordamerika konnte während dieser Zeit den hohen Bedarf an Baumwolle in Europa, vor allem in England, nicht mehr decken. In diese Lücke stieß Ägypten und versuchte nun, das Angebot durch die Erweiterung der Anbaufläche zu vergrößern. Dabei half die neue Technik aus England. Mit Dampfpflügen konnten bislang ungenutzte Flächen für den Baumwollanbau kultiviert werden. Und nicht nur das. Die Baumwollfelder konnten nun viel schneller umgebrochen werden als mit den herkömmlichen ägyptischen Hakenpflügen und vor allem tiefer, was wichtig für die tief wurzelnden Baumwollpflanzen ist. Der Boom des Baumwollanbaus in Ägypten brach nach Ende des Amerikanischen Sezessionskriegs 1865 jäh wieder ein. Die Preise auf dem Weltmarkt fielen auf einen Tiefstand und zahlreiche Baumwollproduzenten in Ägypten wurden zahlungsunfähig. Die Baumwollindustrie in den Südstaaten der USA erholte sich dagegen wieder.

Auf den Baumwollplantagen in den südlichen Staaten der USA arbeiteten bis zum Sezessionskrieg viele Tausende schwarzer Sklaven.

» Der vermeintlichen Erfindung ihre körperliche Gestalt zu geben, ist häufig genug bei weitem schwierigste Teil der Arbeit. «

>> Ich bin – ich glaube in nicht ganz gewöhnlichem Grade –, was die Engländer von Menschen und Maschinen self-contained heißen. Meine Freunde schimpfen darüber, und mit Recht. Es ist die Basis des höchsten Egoismus. Aber ein behaglicher Fehler, der über vieles hinweghilft, was andere ärgert. <<

Ägypten unter der Herrschaft Mehmed Alis

Den Grundstein für die Modernisierung Ägyptens legte Mehmed Ali Pascha (1769–1848). Bis heute gilt der charismatische Herrscher als Begründer des modernen Ägypten.

Mehmed Ali wurde in Albanien geboren und machte Karriere als Offizier im Heer der Osmanen. Nach der ägyptischen Expedition Napoleons I. von 1798 bis 1801 und der Vertreibung der französischen Armee durch englisch-osmanische Truppen rangen die Osmanen und Mamelucken um die Vorherrschaft in Ägypten. Mehmed Ali lockte schließlich hunderte Mameluckenfürsten in eine Falle und ließ sie ermorden. Damit war der Kampf entschieden. Mit Unterstützung der einheimischen Bevölkerung konnte Mehmed Ali seine Machstellung weiter festigen. 1805 wurde er schließlich vom osmanischen Sultan zum Gouverneur von Ägypten ernannt.

Schon früh begann er mit der Umstrukturierung der wirtschaftlichen Verhältnisse. Er zog weite Ländereien für den Staat ein, was erst rund 200 Jahre später allmählich wieder rückgängig gemacht wird. Die „Reform" macht die Herrscherdynastie fast zu unumschränkten Grundherren. Die gesamte Landwirtschaft und Industrie wurde zu einem Monopolsytem nach den Vorstellungen Mehmed Alis.

Mit Hilfe seines Sohnes Ibrahim führte er mehrere siegreiche Eroberungskriege, die ihm die Kontrolle über alle Handelsrouten nach Ägypten sicherten. Am Anfang stand die Eroberung von Al Hijaz, 1819 bis 1822 folgte die Einnahme des Gebiets des heutigen Sudan. 1824 schaltete sich Mehmed Ali in eine Revolte in Griechenland ein und stand dem osmanischen Sultan bei der Niederschlagung der Revolte bei.

Gleichzeitig modernisierte Mehmed Ali das Land. Er ließ Kanäle und Bewässerungsanlagen bauen, förderte den Anbau von Baumwolle, die nach Europa verkauft werden konnte, und investierte in die einheimische Industrie. Junge Ägypter ließ er im Ausland ausbilden. Und gleichzeitig holte er Fachkräfte ins Land, die bei der Modernisierung der Industrie und des Militärs helfen sollten.

1831 begann Mehmed Ali seinen Feldzug gegen Syrien und stand zwei Jahre später sogar im Begriff, gegen den osmanischen Sultan in Istanbul zu marschieren. Nach einem Eingreifen Russlands, Großbritanniens und Frankreichs zogen sich Mehmed Alis Truppen wieder zurück. Er behielt jedoch Syrien und Kreta.

Allerdings war Mehmed Ali auch ein Spielball der großen europäischen Politik. Großbritannien suchte aus ökonomischen Gründen seinen Einfluss im Nahen Osten zu erweitern. Um zu verhindern, dass auch Russland seinen Einflussbereich bis zum Mittelmeer ausdehnte, musste Großbritannien den türkischen Sultan stützen. Als Mehmed Ali gegen den Sultan rebellierte, um die Unabhängigkeit Ägyptens vom Osmanischen Reich zu erlangen, stellte sich Großbritannien auf die Seite des Sultans. Mehmed Ali stand einer unüberwindbaren Übermacht gegenüber. Er nahm schließlich das Angebot der Verleihung des erblichen ägyptischen Herrschertitels an. Außerdem blieb Ägypten weiterhin unter der Vorherrschaft der Osmanen.

Ein Jahr vor Mehmed Alis Tod übernahm sein Sohn Ibrahim – der mutige und loyale Heerführer – die Regierung, doch er starb noch vor seinem Vater. Auf Ibrahim folgte sein Neffe Abbas (1813–1854), der fünf Jahre über Ägypten herrschte und von einem ganz anderen Schlage war als sein Großvater Mehmed Ali. Abbas galt als grausam und war in der Bevölkerung unpopulär. Zudem bremste er den Reformkurs, den das Land seit Mehmed Ali verfolgte, und versuchte auch, den europäischen Einfluss in Ägypten einzudämmen.

Das änderte sich wieder, als Mehmed Alis vierter Sohn Said Pascha (1822–1863) von 1854 bis Anfang 1863 an der Spitze Ägyptens stand. Er versuchte, Ägypten weiter zu modernisieren (nach ihm ist die Hafenstadt Port Said benannt), und förderte ebenfalls die Industrialisierung und den Baumwollanbau. Unter Saids Regierung wurde mit dem Bau des Suezkanals begonnen. Und als nach Saids Tod sein Neffe Ismail Pascha (1830–1895), ein Sohn Ibrahims, die Regentschaft übernahm, war das Land hoch verschuldet. Weitere Kredite aus Frankreich und England und die Baukosten für den Suezkanal in Höhe von 19 Millionen Pfund Sterling, die Ägypten zu einem Drittel zu tragen hatte, trieben das Land an den Rand des Bankrotts. Ein britisch-französisches Konsortium führte daraufhin die Finanzen Ägyptens. Ismail wurde 1879 abgesetzt und sein Sohn Tawfik (1852–1892) zum Regenten erhoben. Offiziere der ägyptischen Armee planten einen Staatsstreich, um die Fremdherrschaft zu beenden. Tawfik rief die Engländer zu Hilfe. Daraufhin wurde Ägypten 1882 durch die Engländer besetzt und stand fortan unter englischer Vorherrschaft, die bis 1954 dauern sollte.

DAMPFSCHIFF WILLEM DE EERSTE
von Hamburg nach Amsterdam.

Mehmed Ali Pascha (1769–1848) gilt als der Begründer des modernen Ägypten. Max Eyth tritt in die Dienste seines Sohnes Halim Pascha.

In der ersten Hälfte des 19. Jahrhunderts begann die Zeit der Dampfschiffe.

in Europa. Und die Fabriken beschränken sich auf die großen Städte. Vor allem die Baumwollindustrie hat sich in den letzten Jahren explosionsartig entwickelt. Der Hauptgrund dafür ist der Amerikanische Bürgerkrieg (1861–1865), der die Baumwollexporte aus Nordamerika nahezu zum Erliegen brachte. Der größte Abnehmer für nordamerikanische Baumwolle, England, kaufte die Baumwolle nun aus anderen Ländern ein, darunter Ägypten, wo hervorragende klimatische Voraussetzungen für den Anbau von Baumwolle herrschen. Ägypten hat aufgrund der großen Nachfrage auf dem Weltmarkt den Baumwollanbau rapide gesteigert. Dazu wurden neue Flächen für den Baumwollanbau gewonnen. Eine wichtige Rolle spielten dabei Dampfmaschinen. Dampfpflüge wurden zur schlagkräftigen Kultivierung eingesetzt und mit Dampfmaschinen wurden die Pumpen zur Bewässerung der Felder betrieben. Und auch bei der Weiterverarbeitung der Baumwolle wurden Dampfmaschinen eingesetzt, sodass es in den Zentren der Baumwollindustrie allerorten qualmte und dampfte.

Das 18. und 19. Jahrhundert war die Zeit der „Entdeckung" Afrikas durch europäische Forschungsreisende. Eines der großen Geheimnisse waren die Quellen des Nils, die erst nach einer Suche von mehr als hundert Jahren nachgewiesen werden konnten. 1770 entdeckte J. Bruce die Quellen des Blauen Nils. 1821/22 wurde der Zusammenfluss des Weißen und Blauen Nils von Frederick Cailliaud entdeckt. 1858 stieß John H. Speke (1827–1864) von Ostafrika kommend zum Victoriasee vor. Gemeinsam mit James A. Grant (1827–1892)

erforschte er von 1860 bis 1863 den Victoria-Nil bis Gondokoro. Mitte der siebziger Jahre erreichte Romolo Gessi (1831–1881) den Abfluss des Albert-Nils aus dem Albertsee. Erst 1892 konnte der Österreicher Oscar Baumann (1864–1899) den Kagera als Hauptzufluss des Victoriasees nachweisen, der damit indirekt als Hauptquellfluss des Weißen Nils gilt.

1849 begann der Engländer Livingstone (1813–1873) seine langjährigen Reisen in das Innere Afrikas. Unter anderem folgte er dem gesamten Sambesi und entdeckte die Victoriafälle. 1871 traf er in Udjiji den Journalisten Henry Morton Stanley (1841–1904), der ihn im Auftrag der Zeitung „New York Herald" suchte, weil Livingstone als verschollen galt. Gemeinsam machten sich beide mehrere Monate auf die Suche nach den Nilquellen. Stanley kehrte allein nach England zurück und schrieb den Bestseller „How I found Livingstone".

Der Deutsche Hermann Fürst von Pückler-Muskau (1785–1871), zunächst Offizier in sächsischen und russischen Diensten, danach Schriftsteller, bereiste in den dreißiger Jahren des 19. Jahrhunderts Algerien sowie Teile Unter- und Oberägyptens und war sogar über mehrere Monate Gast des Vizekönigs Mehmed Ali. Bei von Pückler-Muskau stand aber nicht die Forschung im Mittelpunkt der Rei-

Hermann Fürst von Pückler-Muskau bereiste bereits in den dreißiger Jahren des 19. Jahrhunderts Ägypten und schrieb anschließend gefragte Reiseberichte.

Edfu in Oberägypten – Marktleben (Aufnahme um 1890).

Kairo – Blick auf die Stadt mit der Moschee des Muhammad Ali (Aufnahme um 1870).

sen, sondern die Schriftstellerei. Er verfasste während und nach seinen Reisen mehrbändige Bücher, die ihn zu einem der beliebtesten Reiseschriftsteller seiner Zeit machten.

Reiseerzählungen aus unbekannten Kontinenten waren begehrter Lesestoff in England, Frankreich oder Deutschland und prägten nicht zuletzt auch das Bild dieser Länder in der Gesellschaft. Das musste nicht unbedingt mit den Tatsachen übereinstimmen. Doch es stellt sich die Frage, mit welchen Vorstellungen und mit welchem Menschenbild die Entdecker in die unbekannten Kontinente reisten. Welche Vorstellung hatte Max Eyth von dem technisch unterentwickelten Ägypten und von den Menschen in diesem Land? Welcher Art die Informationen über das Land waren, die Max Eyth hatte,

ist nicht bekannt, nur dass er sich von seiner Kindheit an für Ägypten interessierte, so wie sich Kinder eben für die geheimnisvollen Pyramiden interessieren.

Zunächst ist es der Reiz des Unbekannten, der so ungemein anziehend auf Eyth wirkt. Bezieht man sich auf die Schilderungen in seinen Briefen und Aufzeichnungen in den Büchern „Im Strom unserer Zeit", sind keine eindeutigen Vorlieben für bestimmte Länder und Kulturen erkennbar. Mit jedem Kilometer, den er sich von seinem heimatlichen Schwaben entfernt, konzentriert sich die Neugier stets mehr auf das nächste Ziel. So ist es, als er nach England reist und zuvor noch die Industrie im Revier an Rhein und Ruhr erkundet, dann die industriellen Zentren Belgiens und schließlich England. Dort wird ihm nach einigen Monaten der Aufbau einer Fowler-Filiale in Österreich oder Ungarn in Aussicht gestellt und er ist davon so angetan wie von der Möglichkeit, nach Indien zu reisen. Das Wichtigste ist, die Welt kennen zu lernen.

Ein besonderer Charakterzug von Eyth ist, dass er sich das Wissen über die Länder nicht aus Büchern anlesen, sondern sie selbst bereisen will. Entgegen kommt ihm dabei, dass er in eine Zeit hineingeboren wurde, in der das Reisen allmählich in Mode kommen sollte – für die, die es sich leisten können. Der „Baedeker" ist jedenfalls schon ein Begriff in dieser Zeit. Und es gibt bereits Reiseveranstalter, die zum Beispiel Ferienreisen nach Italien organisieren. Somit ist der Wunsch zu reisen nichts Unmögliches, nicht einmal etwas Ungewöhnliches, und wenn es sich mit dem Beruf verbinden lässt, ein Privileg.

Welchen Gewinn zieht er für sich selbst daraus, andere Länder kennen zu lernen? Zwei Aspekte dürften hier in Betracht kommen: Eyth möchte wirken, und zwar über die Enge seiner Heimat hinaus. Er möchte fühlbar teilhaben an der Welt. Hier reichen keine Bücher aus, die das Leben draußen noch so spannend schildern mögen. Er möchte selbst eingreifen und als Ingenieur auch ein Stück die Welt verändern. Fortschritt – dies ist die wesentliche Kraft, die Eyth antreibt. Eyth ist vom technischen Fortschritt überzeugt, nicht blind, sondern mit Bedacht. Er sieht durchaus die negativen Auswirkungen der Industrialisierung in England. Jedoch entstehen daraus bei ihm keine ideologischen Zweifel gegenüber dem Nutzen des technischen Fortschritts. Allenfalls erkennt er in dem Elend der englischen Arbeiterschaft die Unzulänglichkeit der politischen Klasse, negative Auswüchse zu vermeiden.

Alles Wollen nützt wenig, wenn es nicht durch Neigung und Begabung gestützt wird. Der antike

Geziret bei Schubra (Max Eyth, 1864).

Max Eyth mit Fes in Diensten des Prinzen Halim Pascha.

„Mein Zelt in Kassr-Schech" (Max Eyth, 1864).

Als Chefingenieur von Halim Pascha

Als Max Eyth Ägypten erreicht, ist er von der Schönheit des Landes mit seiner extremen Geografie beeindruckt und er hat tiefen Respekt vor der tausende Jahre alten Kultur. Gleichzeitig sieht er die Armut im Land und auch die rückständige Industrie und Landwirtschaft. Für Eyth ist es eine Genugtuung, dass er dazu beitragen kann, das Land zu modernisieren. Und dass er dies auf einer der größten Güter Ägyptens, die einem Mitglied der Herrscherfamilie gehören, tun kann, mag ihn mit Stolz erfüllt haben. Als Chefingenieur in Diensten Halim Paschas, der über große Geldmittel verfügte und seine Güter mit der neuesten Technik ausstatten konnte, hatte Eyth vermutlich weit größere Gestaltungsmöglichkeiten, als sie in dieser Zeit in Deutschland für einen jungen, nicht einmal dreißigjährigen Mann gegeben gewesen wären. Außerdem hat er in Ägypten nicht schlecht verdient.

Abenteuertum, rassistische Gedanken oder kolonialistischer Eifer sind Max Eyth völlig fremd. Allerdings hatte er mit der Mentalität seiner ägyptischen Mitarbeiter oft Schwierigkeiten. Einerseits beschreibt er sie als lernwillig, andererseits als teilweise naiv und inkompetent. Und um sie zur regelmäßigen Arbeit anzuhalten, muss er ihnen meist als autoritärer Chef gegenübertreten. Auch dass

römische Geschichtsschreiber Cornelius Nepos interessiert den Klosterschüler Max nur wenig. Die Mathematik stand in Schöntal zwar nicht im Mittelpunkt, doch aus Eyths Schriften wird deutlich, dass die Mathematik ihn besonders interessierte. So hat er die schöne Literatur seine ganze Schulzeit mit sich herumgetragen und auch verinnerlicht – so wie sie ihm eingeimpft wurde, ließ sich das auch kaum vermeiden –, doch seine eigentlichen Interessen sind Mathematik und Mechanik. Und sie bestimmen letztlich auch seine Denkweise und wie er seine eigene Position in der Welt begreift. Zugespitzt: Max Eyth ist Ingenieur – nicht nur aus Überzeugung, sondern er ist dazu geboren. Den Beruf zu erlernen forderte ihm zwar mit 16 Jahren die Entscheidung dazu ab, doch ein Ingenieur war er in seiner Denkweise schon weit früher.

Arsenal von Alex-
andria (Max Eyth,
1864).

er sie in einem Wutausbruch geschlagen hat, ver-
schweigt Eyth nicht. Doch hier darf nicht vergessen
werden, dass es im 19. Jahrhundert durchaus üblich
war, dass Arbeiter, die sich bei ihrer Tätigkeit unge-
schickt verhielten, durch Vorgesetzte körperlich ge-
züchtigt wurden – auch in Europa.

Als Max Eyth im Februar 1863 in Ägypten ankommt, kann er nicht ahnen, welche Anstrengungen
vor ihm liegen. Ebenfalls außerhalb des Vorstellbaren ist, dass er in Ägypten nicht nur drei Monate bleibt, wie ursprünglich geplant, sondern über
drei Jahre. Indien, noch das Fernziel am Anfang der
Reise, wird er in seinem Leben nicht betreten. Vielleicht bedauert er dies. Zwar schreibt er das nicht in
seinen Aufzeichnungen, aber in seinem Buch „Der
Kampf um die Cheopspyramide", das Eyth im Alter von über sechzig Jahren schreibt, reist der dritte
Bruder nach Indien und heiratet dort eine Prinzes-
sin. Bei einer Rebellion kommen er und seine Frau
ums Leben. Die hübsche Tochter wird gerettet und
erreicht England, wo sie abwechselnd bei ihren On-
keln, den feindlichen Brüdern Joe und Ben Thinker, aufwächst. In den Charakteren der Brüder Joe
und Ben spiegelt sich Max Eyths eigenes Ich. Da
liegt es nahe, dass der tote Bruder in Indien ebenso
eine Funktion in der Selbstbespiegelung Max Eyths
hat.

Bei der ersten Vorstellung bei Halim Pascha tritt
Max Eyth als Vertreter der Firma Fowler auf. Der
nur wenige Jahre ältere Pascha ist ihm von Anfang
an sympathisch, „ein kleiner, lebhafter, leicht ge-
bräunter Herr, der fließend Französisch spricht".

Halim Pascha ist der jüngste Sohn Mehmed Alis,
des Begründers des modenen Ägypten. Und er ist

der Onkel des gegenwärtigen Vizekönigs Ismail Pascha, obgleich er jünger als dieser ist. Muhammed
Abd al-Halim Pascha wurde 1831 in Kairo geboren, genoss eine europäische Bildung, die er zum
Teil in Paris erwarb, wo seine Lehrer seinen schar-
fen Intellekt priesen. Mit seiner ersten Frau, die er
1864 heiratete, hatte er elf Kinder. Halim Pascha
war Freimaurer und sowohl an Philosophie als auch
an technischen Dingen interessiert. Er spielte seit
Anfang der sechziger Jahre eine wichtige Rolle in
der Loge und wurde 1867 sogar Großmeister der
Freimaurer in Ägypten. Er starb 1894 in Konstan-
tinopel (heute Istanbul).

Bei ihrem ersten Gespräch eröffnet Halim Pascha Eyth, dass allein auf dem Gut in Schubra 20
Dampfmaschinen stehen, die zum Pflügen, Wasser-
schöpfen, zur Verarbeitung des Zuckerrohrs und
zum Reinigen der Baumwolle eingesetzt werden.
Eyth lernt auch bald den Chefingenieur kennen, einen großen Engländer mit dem Namen Hollier. Für
die Betreuung des Maschinenparks ist eine größere
Anzahl englischer Arbeiter zuständig, die nach dem
Eindruck Eyths „alles tun, um ernstliche Arbeit zu
vermeiden". In Indien, so meint er, wird alles anders
sein. Dort werde er mit den eigenen Leuten anfangen, sodass dort erst gar keine ägyptischen Verhältnisse entstünden. Unterdessen sorgt Eyth während
der nächsten Wochen dafür, dass die Maschinen ihren Dienst möglichst störungsfrei verrichten und
wenn nötig repariert werden. Er wird vom Pascha
ebenfalls gebeten, die einen oder anderen Verbesserungen durchzuführen. Das kommt Eyth durchaus
entgegen. Und Einfälle wie ein neuer Häufelpflug
kommen Eyth, ohne dass er sich sonderlich anstren-

>> Ich hab
mir's längst zur
Lebensregel
gemacht, das
Nächstliegende
zuerst anzupa-
cken. <<

*Nilboote bei
Schubra/Ägypten
(Max Eyth, 1864).*

gen müsste. Der Arbeitstag beginnt nicht allzu früh. Morgens um sechs Uhr lässt Eyth sich wecken. Um sieben wird gefrühstückt. Dann reitet er auf einem Eselchen die prächtige, aber auch staubige Sykomorenallee Richtung Schubra. Eine dreiviertel Stunde dauert ein solcher Ritt.

„Die Sykomoren und Akazien, die sich über dem breiten Weg wölben, geben reichlichen Schatten, die Kleefelder sind grüner als alles Grün in der Welt, und meine Gesellschaft von Eseln und viele Dutzende von Kamelen. Das Bild, das in der Nähe von Schubra sich recht hübsch ausnimmt, indem dort der Nil die Straße berührt und die Pyramiden sichtbar werden, war mir indessen nach drei Tagen ein ziemlich gewohntes, und ich begann zu denken, was ich eigentlich denken sollte? Denn ich fand bald, daß die Sorgen des Geschäfts die unzweckmäßigste Unterhaltung sind für einen Morgenritt dieser Art. Was ich in geschäftlicher Beziehung hier brauche, sind Entschlüsse, die nicht mehr als zwei Minuten kosten, und rasches Handeln. Wozu also langes Sorgen?"[12]

Am Abend legt er den gleichen Weg in Richtung Kairo zurück. „Im Mondenschein reite ich dann dem Sirius entgegen, durch die finstere Sykomorenallee zurück, unter dem Bellen der wilden Hunde, das um Kairo nie verstummt, und preise mein Geschick, wenn mein Esel nicht dreimal in der Dunkelheit zusammenbricht. Geschieht dies, so wartet er ruhig, bis ich über seinen Kopf hinweggestiegen bin. Wir sind beide darauf eingeübt."[13]

In den Werkstätten oder auf dem Feld erhält Eyth regelmäßig Besuch von Halim Pascha, den er mittlerweile ganz gut einschätzen kann. „Soweit

ich ihn kenne, ist er ungemein unternehmungslustig, voll Interesse für alles Wissenswerte, zurückhaltend, wenn er spricht, sehr aufmerksam, wenn er hört. Seine Umgebung ist türkisch gekleidet, er selbst europäisch, mit Ausnahme der Pantoffeln, in denen er auch im Felde erscheint. Seine Umgangsformen, abgesehen von einer gewissen Neigung, sich überall auf den Boden zu setzen, sind durchaus französisch-englisch. Er spricht mit mir nur Französisch, soll aber, wie man mir warnend sagte, auch das Englische recht wohl verstehen."[14]

Sehr wohl zu verstehen gibt Halim Pascha, was er von Eyth erwartet. Der Prinz ist nicht nur sehr interessiert, was technische Dinge angeht, sondern auch sehr einfallsreich bei der Erfindung mehr oder weniger komplizierter Maschinen. Eyths Aufgabe ist es, des Prinzen Einfälle in die Wirklichkeit umzusetzen. Darum setzt sich Eyth am Abend nach den anstrengenden Tagen auf dem Feld und in der Werkstatt noch an das Zeichenbrett und knobelt, wie er die Pläne des Paschas in eine „ausführbare Form" bringen kann.

„Und wenn die Welt voll Teufel wär"

Wie sich dann die Dinge ändern! Gut zwei Monate, nachdem Eyth in Alexandria ägyptischen Boden betreten und innerhalb von acht Wochen das Vertrauen des Paschas erworben hatte, weil er es schaffte, die technische Ausstattung seiner Güter wieder in Schwung zu bringen und auch die englischen und einheimischen Mitarbeiter in die Disziplin der täglichen Arbeit einzubinden, steht fest, dass Eyth in

Anfangs kooperierte Fowler mit Kitson & Hewitson. Diese Maschine hatte zwei Zylinder und bereits eine Clip-drum (1862).

Dampflokomobile mit zwei Zylindern und 25 PS von Fowler.

Ägypten bleibt. Er wird anstelle Holliers „Ingenieur en chef" seiner Königlichen Hoheit, des Prinzen Halim Pascha, verantwortlich nicht nur für die Dampfpflügerei, sondern für den gesamten technischen Apparat. Und Eyth träumt bereits davon, Chefingenieur von ganz Ägypten zu werden, da er die Möglichkeit sieht, dass Halim Pascha einmal Vizekönig werden könnte. So weit sollte es aber doch nicht kommen.

Eyth tritt in die Dienste Halim Paschas, erhält einen Dreijahresvertrag und ein Gehalt, das jenes, das er in Indien zu erwarten hatte, bei weitem über-

trifft. Gleichwohl bleibt Eyth der Firma Fowler verbunden. Eyth ist quasi nur ausgeliehen und in seiner neuen Funktion für Fowler weitaus wertvoller, als ihn weiter nach Indien reisen zu lassen. Wenn die Dampfpflügerei bei Halim Pascha erfolgreich ist, wird er noch weitaus mehr Dampfpflüge anfordern. Und es ist keine Frage, wo er sie kaufen wird.

Für Fowler geht die Rechnung auf. Als der Neffe Halim Paschas, der Vizekönig von Ägypten, sieht, welchen Erfolg die Dampfpflügerei bei seinem (jüngeren) Onkel hat, stellt er rund ein Jahr später ebenfalls einen Mitarbeiter Fowlers als technischen Leiter seiner Güter ein: den jungen deutschen Ingenieur Richard Toepffer.

Wenn Max Eyth die entgangene Aufgabe in Indien auch geschmerzt haben mag – in Ägypten stellen sich ebenfalls große Herausforderungen, die die ganze Kraft des 27-Jährigen fordern. Unter anderem sollen 5.000 Hektar Wüste „in einen grünen Garten verwandelt werden". Im Dampfpflügen kann Eyth zu dieser Zeit kaum jemand das Wasser reichen. Nun soll er auch noch Bewässerungsfachmann werden. Immerhin entwickelt er noch im ersten Jahr eine Pumpe, die zur Bewässerung der ägyptischen Felder eingesetzt wird, und erhält darauf sein erstes englisches Patent.

„Und wenn die Welt voll Teufel wär!", schreibt Eyth in seinen Aufzeichnungen, ein Ausspruch, den er bereits als Kind tat. Die Aufgabe im Land der Pharaonen ist groß, aber von ihr schrecken lässt er sich nicht.

Erst einige Wochen später erfährt Max Eyth die ganzen Umstände, die ihn zum Bleiben in Ägypten förmlich zwangen. Nicht nur sein Arbeitgeber Fowler hatte ein pekuniäres Interesse am Verbleib Eyths in Ägypten, sondern auch das Bankhaus des Paschas, die englische Firma Briggs & Co. Auch ihr war zu Ohren gekommen, dass sich Eyth recht gut in seiner Position bei dem Prinzen geführt hatte. Und sie hatte selbst großes Interesse daran, dass der Baumwollanbau auf den Gütern des Paschas Erfolg hatte. Nicht zuletzt darum, weil aufgrund des Amerikanischen Bürgerkriegs Baumwolle auf dem Weltmarkt knapp wurde. Ägypten konnte, wenn es den Baumwollanbau forcierte, mit beträchtlichen Gewinnen rechnen – und damit auch beteiligte Banken wie Briggs & Co.

Halim Pascha sah auch für sich die Vorteile für den Verbleib Max Eyths und stimmte zu. Briggs telegrafierte daraufhin Fowler, der angesichts der Gegebenheiten gar nicht anders konnte, als ebenfalls sein Einverständnis zu geben. Für den indischen Auftrag war schnell Ersatz gefunden.

Der Einzige, der von dieser neuen Konstellation

Am Nil. Gemälde von John Rogers Herbert (1864).

nicht profitierte, war der bisherige Chefingenieur Hollier, der bereits zehn Jahre für Halim Pascha arbeitete. Eyth übernimmt die Landwirtschaft, ihm bleibt der Rest – was nicht viel ist. Unter anderem bleibt er Wasserpumpendirektor.

Der neue Chefingenieur Eyth wohnt nun in Schubra, das vier englische Meilen, rund sechseinhalb Kilometer, nördlich von Kairo liegt. Heute ist Schubra (andere Schreibweisen Schubra el-Cheima oder Shoubra al-Khaima) ein Vorort Kairos mit etwa 900.000 Einwohnern und ein bedeutender Industriestandort. Davon war 1863 noch nichts zu ahnen. Eyth beschreibt Schubra so: „Es ist ein kleines Dorf mit einem griechischen Kneiplein, mit dem Palast und Harem des Paschas, mit schönen, im ganzen Orient berühmten Gärten und mit einem großen Landgute."[15] Dieses Gut ist Eigentum des Prinzen Halim Pascha. Er besitzt weitere Güter in allen Teilen des Landes, die zusammen eine Ausdehnung von über 100.000 Hektar ergeben. Mit herkömmlichen Ackerbaumethoden sind solche Flächen nicht zu bewirtschaften, schon gar nicht im intensiven Baumwollanbau. Hinzu kommt, dass eine Seuche die Anzahl der Ochsen, die zum Ziehen der Pflüge eingesetzt wurden, beträchtlich dezimierte. Diese Lücke müssen nun die Dampfpflüge schließen.

Schon Jahre bevor Eyth in Ägypten eintraf, wurden die Äcker mit Maschinen aus Europa, vornehmlich aus England, bewirtschaftet. Auch das Personal, das die Maschinen bediente, kam teilweise aus England. Halim Pascha kaufte in England Pumpen, Zuckermühlen, Gasfabriken, Dampfpflüge und Maschinen zur Weiterverarbeitung der Baumwolle, darunter Spinnereimaschinen.

Ein Problem des Maschineneinsatzes war die fachmännische Wartung. So stand eine Maschine nicht selten Wochen und Monate still, weil sie nicht ordentlich gewartet wurde oder nicht repariert werden konnte, weil die Ersatzteile fehlten. Solches passiert auch, als Eyth Chefingenieur ist, und er muss ernüchternd feststellen, dass die Uhren in Ägypten anders gehen als in England.

Dennoch arrangiert sich Eyth mit den Verhältnissen. Und er genießt immer noch die allmählich vertraute Umgebung. Im vierten Monat nach seiner Ankunft in Ägypten bezieht er sein Haus in Schubra: „Mein liebenswürdiger Prinz ersuchte mich ihm eine Liste des einem Europäer notwendigen Hausrats anzufertigen, und meine Junggesellenwünsche waren rasch in niedlichem Französisch Seiner Hoheit unterbreitet. Den Befehl, die Sachen herbeizuschaffen, erhielt alsbald der anwesende Nasir und damit die stumme Weisung, eine mehr als europäische Geduld zu entfalten. So habe ich denn noch immer das Vergnügen, den Bewohnern der Schubra-Straße als Uhrwerk zu dienen, und zugleich die beste Gelegenheit, mich gründlich zu akklimatisieren. Denn ich genieße Sonne, Wind und Staub wie wenige im Lande, und bin eine Autorität geworden, wenn es sich um Esel handelt, deren Gemütsleben eines meiner Lieblingsstudien geworden ist."[16]

Gleichwohl bleibt ihm keine Zeit für Müßiggang. Immer wieder treffen neue Maschinen ein, die unter seiner Anleitung zusammengebaut, eingerichtet und eingesetzt werden: Dampfpflüge oder Baumwollreinigungsmaschinen. Sogar Maschinenfabriken treffen ein, deren „Werkführer, Konstrukteur und Direktor" Eyth zu sein hat, wie er ironisch schreibt. Die Maschinen sind nicht allein für das Gut in Schubra bestimmt, sondern auch für die weiter abgelegenen. Während Eyth auf diesen Gütern arbeitet, bezieht er keine festen Häuser, sondern schläft in Zelten, allerdings überaus komfortablen.

Und als ob die Arbeit für Halim Pascha nicht reichen würde, erhält er auch noch eine Einladung des Vizekönigs Ismail Pascha. Er hat von den Fähigkeiten Eyths erfahren und beauftragt ihn, eine Lösung zu finden, wie die ägyptischen Dreschmaschinen mit Dampf zu betreiben seien. Eyth sieht sich hier nicht nur für sich allein in die Pflicht genommen. Er weiß auch, welche Chance dieser Auftrag für Fowler bedeuten könnte, wenn er das Problem zur Zufriedenheit des Vizekönigs lösen würde.

Indessen macht sich Eyth auch klar, unter wel-

» Manchmal ist es gut, wenn der Mensch die Geduld verliert. «

Max Eyth in lässiger Pose. Während der Arbeit scheute er sich nicht, mit den Händen kräftig zuzupacken.

Plakette mit Maschinennummer der Firma Fowler, Leeds.

des voran, vor allem aber die des Militärs und der Landwirtschaft. Und von den Investitionen in die Landtechnik profitiert auch die Firma Fowler im fernen England noch über Jahre hinweg.

Max Eyth als Bewässerungsspezialist

So schwierig die Probleme überall auch sein mögen, Eyth löst sie zu aller Zufriedenheit. John Fowler schickt ihm sogar freundliche Briefe, in denen er Eyths Ausdauer, Geschicklichkeit und Talent lobt.

Unterdessen richtet sich Eyth in seinem Haus in Schubra allmählich ein. Tisch und Stühle, Bett und sogar ein Diwan sind vorhanden. Und nachdem auch das Kücheninventar komplett ist, kommt im September das ersehnte Klavier. Zur Ablenkung nach anstrengenden Arbeitstagen ist die Musik noch immer unerlässlich.

Aber die Schwierigkeiten hören nicht auf. Nicht alle kann Eyth lösen, zum Beispiel das Nilhochwasser. Sind die Dämme nicht hoch genug, strömt das Wasser auf die Felder. So geht schon mal eine Baumwollpflanzung der Größe von 150 Hektar im Nilwasser unter.

Auch die Maschinenbeschaffung ist manches Mal ein Abenteuer. Oft genug lässt die Lieferung der gewünschten Geräte auf sich warten, was die gesamte Organisation der Feldbewirtschaftung ins Stocken bringt. Die wesentliche Ursache für das Chaos schreibt Eyth dem Nil zu, „der unmäßig groß ist, bedeutende Strecken der Eisenbahn zerstört hat und das Land in allgemeine Unordnung bringt. Sonst hätte ich wohl das angedrohte Zeltleben in Kassr-Schech bereits begonnen; denn in Alexandrien liegen Kisten und Kasten genug für mich. Dort soll die Verwirrung bodenlos sein. Ägypten scheint in diesem Jahr, neben dem

chen Verhältnissen Ägypten regiert wird und welche Bedeutung die Gunst des Vizekönigs hat. „Nirgends versteht man die Warnungen des Alten Testaments, das unter diesem Himmel geschrieben wurde, so gut als hier, wo noch immer die Luft weht, die vor dreitausend Jahren geweht hat, und Fürstengunst in tägliche Schwankungen versetzt. ‚Wehe dem Menschen, der sich auf Menschen verläßt und hält Fleisch für seinen Arm!' [Bei Jeremia 17,5 heißt es: „Verflucht ist der Mann, der sich auf Menschen verlässt und hält Fleisch für seinen Arm und weicht mit seinem Herzen vom Herrn."] Oh Freiheit! Freiheit! Hier in dieser schwülen Atmosphäre des Despotismus und der Laster, die er erzeugt, lernt man verstehen, welchen Fortschritt die Menschheit in etlichen Jahrtausenden gemacht hat."

Tatsächlich hat es Eyth mit einem der mächtigsten Herrscher Ägyptens überhaupt zu tun. Ismail Pascha treibt die Loslösung vom Osmanischen Reich voran. Ihm wird sogar von Istanbul der Titel des Khedive zugestanden, was aus dem Persischen abgeleitet „König" bedeutet. Ismail Pascha betreibt eine aggressive Expansionspolitik und erweitert seinen Machtbereich bis ins Innere Afrikas. Aber er treibt auch die Modernisierung des Lan-

Nil, auch von den englischen Maschinen förmlich überschwemmt zu werden. Die Dampfer in Liverpool, von allen Seiten gedrängt, nehmen alles, was ihnen gerade am nächsten liegt, ohne Ansehen der Person, der Kisten und ihrer Bestimmung, an Bord und laden es ebenso sorglos in Alexandrien aus, so daß die Not und der Jammer der hiesigen Ingenieure grenzenlos zu werden drohen. Von Alexandrien nimmt dann jeder, was ihm zu gehören scheint, schleppt es in den einen oder andern abgelegenen Winkel des Landes und hat schließlich ein halbes Dutzend Röhren zuviel und sechs Räder zu wenig

Richard Toepffer

Zum Freundeskreis von Max Eyth gehört auch der Ingenieur, Unternehmer und Landwirt Richard Toepffer, geboren 1840 in Stettin. Der Vater Gustav Adolf Toepffer war Teilhaber einer der größten Zementfabriken Deutschlands. Richard Toepffer interessierte sich bereits früh für Technik und Landwirtschaft. 1862 besuchte er als 22-Jähriger die Weltausstellung in London. Dort lernte er den Dampfpflugpionier John Fowler kennen, und Toepffer war gleich fasziniert. Nach einem Besuch der Fabrik in Hunslet bei Leeds fand er bei Fowler gleich eine Anstellung, ein Jahr, nachdem Max Eyth bereits in Diensten Fowlers war.

Toepffer folgte Eyth auch nach Ägypten, wo er mit 24 Jahren Chefingenieur des Vizekönigs Ismail Pascha wurde. Nach seiner Rückkehr versuchte Toepffer, den Dampfpflug in Deutschland populär zu machen, und organisierte für diesen Zweck praktische Vorführungen mit den Fowler'schen Dampfpflügen. 1868 setzte Toepffer den ersten Dampfpflug auf einem Gut nahe Wolmirstedt ein.

Weil sich die deutschen Landwirte jedoch in der Regel die teuren Maschinen nicht leisten konnten, kam Toepffer auf die Idee, das Dampfpflügen als Lohnarbeit anzubieten, und gründete kurz entschlossen eine Lohndampfpfluggesellschaft. Sie wurde ein voller Erfolg. In Magdeburg baute er schließlich eine Filiale von Fowler auf. Dies geschah kurz vor Ausbruch des deutsch-französischen Kriegs 1870. Der geschäftstüchtige Unternehmer bot nun auch dem preußischen Militär umgerüstete Lokomobile für den Straßentransport an. Tatsächlich kaufte das Militär einige Maschinen, die in Frankreich für den Transport schwerer Geschütze eingesetzt wurden.

Nach dem Krieg florierte das Lohngeschäft mit dem Dampfpflügen immer besser. Das Maschinenangebot wurde nun noch durch Dampfwalzen und Straßenlokomotiven ergänzt. Richard Toepffer starb 1919 als vielfach geehrter Unternehmer in Magdeburg.

Wasserschöpfwerk (Sakie) am Nil (Gemälde von David Roberts, 1838).

im Schlamm des Deltas liegen, während ein anderer in Oberägypten sich über seinen Überschuß an Rädern und seinen Mangel an Röhren verwundert. Ich freue mich schon längst auf meinen Anteil an dem allgemeinen Jammer."[17]

Bei allen Anstrengungen und Widrigkeiten geht es doch voran. Vor allem John Fowler darf sich freuen. Immer wieder bestellt sein Mann in Ägypten neue Dampfpflüge für den Pascha. Fünfundzwanzig dieser Giganten stehen 1864 in seinen Diensten. Und der Vizekönig macht es ihm nach. Auf Max Eyths Einwirken schaffte er 1863 den ersten Dampfpflug an, nur hatte er niemand, der ihn fachmännisch bedienen konnte. Im Februar 1864 schickt Fowler einen weiteren Ingenieur auf die Baumwollfelder Ägyptens: Richard Toepffer, wie Eyth ein Deutscher, aber vier Jahre jünger und fortan Chefingenieur in Diensten des Vizekönigs.

Die Geschäfte laufen für Fowler außerordentlich erfolgreich, besonders die Bestellungen aus Ägypten lasten die Fabrik über die Maßen aus. Fowler muss seine Kapazitäten sogar um das Dreifache vergrößern, um der Nachfrage aus dem Nilland nachkommen zu können. Das Geld für die Vergrößerung der Fabrik gibt der Vizekönig, der nicht warten will, bis Fowler andere Kreditgeber für die Baukosten gefunden hat.

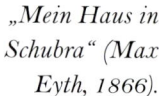

Neue Aufgaben im Nahen Osten

Ein Jahr nach seiner Ankunft in Ägypten macht ihm der Pascha Hoffnung, Felder in Palästina, für die der Pascha eine Konzession erwerben will, mit der Dampfkultur zu bewirtschaften. „So hätte ich Aussicht, meine Maschinen ins Gelobte Land zu führen, ein Kapitel alttestamentlicher Poesie, wie sie nur das Leben unsrer Zeit zu dichten vermag! Daß mir hierbei manchmal das Herz im Leibe hüpft, selbst wenn mein Mittagessen kalt ist oder mir die Hosen gestohlen werden, begreift ihr wohl. Eine Reise hinauf an die Grenze Nubiens, oder hinauf ans tote Meer – das ist's gerade, was ich brauche; denn ich weiß nun wie das Delta aussieht. Dabei überall diese wunderbaren Gegensätze: die kühnen Werke der modernen Welt, die träumerischen Reste der begrabenen Jahrtausende! Ist's nicht hübscher, das alles, trotz seiner kleinen und oft recht großen Mühen und Nöten, zu durchleben, als zu Hause ein Buch darüber zu schreiben?"[18]

Im Alltag jedoch hat Max Eyth wenig Zeit, über derartige Reisepläne nachzudenken. Als Ingenieur ist er ganz gefordert. So entwickelt er einen speziellen Baumwollpflug, der anstelle des üblichen Pfluges mit der Dampfmaschine über das Feld gezogen wird und so die speziellen Längsbeete für die Baumwollpflanzen anlegt. Dieser Baumwollpflug, so rechnet er sich aus, könnte „jeden Tag die Arbeit von etwa zehn Paar Ochsen und zweihundertfünf-

zig Leuten ersetzen". Doch bis dieser Pflug gebaut wird, sollte es noch eine Weile dauern.

Einstweilen beschäftigen ihn noch ganz andere Dinge. Er möchte in Schubra oder Kairo eine Maschinenausstellung veranstalten. Mehr als ein Gedanke ist dies noch nicht, aber er ist überzeugt, dass eine solche Ausstellung auf großes Interesse stoßen würde, und versucht daher, Halim Pascha für diese Idee zu gewinnen. Es bleibt schließlich nur bei der Idee. Bezeichnend ist jedoch, dass Eyth keineswegs nur auf die eigene Arbeit fixiert ist und nicht allein für den Erfolg Halim Paschas und Fowlers arbeitet, sondern dass ihm grundsätzlich an der Verbreitung des technischen Fortschritts gelegen ist. Ausstellungen sind dazu hervorragend geeignet. Diesen Eindruck hat er von den Ausstellungen in England – sei es von der landwirtschaftlichen Ausstellung in Leeds, die er Wochen nach seiner Ankunft in England besucht hatte, oder der Weltausstellung in London. Als junger Mann von achtundzwanzig Jahren, der mit der Arbeit auf den riesigen Gütern Halim Paschas mehr als ausgelastet ist, kann er diese Pläne nicht energisch genug vorantreiben. Im reiferen Alter wird dies eine seiner Lebensaufgaben sein.

Mehr als diese noch unausgegorenen Pläne beschäftigt ihn ein Wettpflügen gegen Maschinen der Firma Howard, die sich neben Fowler in Ägypten zu etablieren versucht. Eyth gewinnt mit seiner ägyptischen Mannschaft und dem Fowlerpflug mit weitem

Vorsprung. Doch einige Tage später, im Mai 1864, sieht er sich um die Früchte des Ruhms gebracht. Ein Redakteur der „Egyptian Times" bat Eyth, einen möglichst neutralen Bericht des Ereignisses zu verfassen, der in der Zeitung veröffentlicht werden könnte. Eyth tat wie gebeten – nicht ohne zu erwähnen, dass der Fowlersche Dampfpflug den Wettkampf gewonnen hatte. In der Zeitung erschien der Bericht jedoch stark abgeändert und der Sachverhalt verfälscht. Es wurde gar der Howard'sche Pflug als Sieger genannt.

Eyth war außer sich und verdächtigte den Vertreter von Howard, dass er den Redakteur der „Egyptian Times" dazu bewegte hätte, den Bericht zu ändern. Der Vertreter – er hieß nach Eyths Angaben Delano – stritt dies jedoch vehement ab. Mit dieser einfachen Antwort gibt sich Eyth jedoch nicht zufrieden. Den Rechtsweg zu wählen hielt er unter den Verhältnissen, die in Ägypten herrschten, für wenig aussichtsreich. Eyth teilte darauf Halim Pascha mit, dass er Delano zum Duell fordern werde. Eyth beschreibt die Geschichte in seiner gewohnt leichten, ironischen Art. Gleichwohl war die Sache zunächst ernst. Eyth erschien mit einem Sekundanten in Delanos Hotel. Am Tag zuvor hatte allerdings ein Freund Eyths streuen lassen, dass Eyth ein sehr sicherer Pistolenschütze sei.

Als Delano sich nun Eyth und dessen Sekundanten gegenüber sah, gab er Eyth sein Ehrenwort, dass er an der Veränderung des Berichts unschuldig sei, noch ehe Eyth ihn fordern konnte. „Ohne Beweise mußte ich natürlich glauben, was niemand glaubte, und mich mit einer kühlen Versöhnung, mehreren Champagnerflaschen, die ich zu bezahlen die Ehre hatte, und dem Triumph eines unblutigen Sieges begnügen." Immerhin erreicht Eyth eine Richtigstellung in der „Egyptian Times" – die er aber ebenfalls selbst zu bezahlen hatte.

Eyth hat sich den Posten als Chefingenieur zunächst noch mit Hollier teilen müssen, der jedoch nur für die Bewässerung zuständig war. Doch selbst die Aufgabe, die Wasserpumpen auf den Feldern in Gang zu halten, konnte Hollier, der allzu oft betrunken war, nicht erfüllen. Im Mai 1864 wurde Hollier darum abgesetzt und Eyth übernahm nun die gesamte Leitung des Maschinenwesens. „Ich bin Monarch", jubelt er, „Dampfpflüge, Dreschmaschinen, Werkstätten, Gasfabrik, Pumpen, Dampfschiffe, Baumwollengins, Zuckerfabriken – alles ist mein. Auch habe ich ein arabisches Pferd, drei Kawassen [Boten], zwei Esel, zwei Schreiber! Was fehlt mir noch, um glücklich zu sein?"

Tatsächlich hat Max Eyth für einen Ingenieur seines Alters viel erreicht. Er ist uneingeschränkt verantwortlich für den Maschinenpark des zweitgrößten ägyptischen Landbesitzers mit hunderten Maschinen. Die technische Ausstattung der landwirtschaftlichen Güter Halim Paschas braucht keinen Vergleich mit anderen Unternehmungen in der Welt zu scheuen. Auf den Feldern werden im Wesentlichen Getreide, Zuckerrohr und Klee für das Vieh angebaut. Doch das meiste Geld bringt der Baumwollanbau, der durch die Knappheit auf dem Weltmarkt wegen des Amerikanischen Bürgerkriegs bis zum Fünffachen seines früheren Erlöses einbringt. Das ist auch ein Grund, warum sich die großen Landbesitzer des Landes, und das ist im Wesentlichen der Herrscherclan um den Vizekönig, fruchtbare Baumwolläcker mit den dazugehörigen Dörfern und Arbeitern gegenseitig abspenstig machen. So übernimmt der Vizekönig einfach Ländereien seines Neffen Tussum Pascha (der Sohn des verstorbenen Vizekönigs Said), der wiederum der Pflegesohn Halim Paschas ist. Halim Pascha und der Vizekönig geraten deshalb in heftigen Streit, woraufhin Halim die Präsidentschaft des Staatsrats niederlegt.

Zugleich befindet sich der Boom des Baumwollanbaus auf dem Gipfel. Ein Abschwung ist noch nicht zu spüren, aber politisch kündigt er sich bereits an. Auf den Schlachtfeldern Amerikas werden die größten Kämpfe zwischen den nördlichen Unionsstaaten und den südlichen Konföderierten geschlagen. Die Schlacht bei Gettysburg hatten die Nordstaaten bereits ein Jahr zuvor, im Juli 1863, gewonnen. Vom Frühjahr 1864 bis zum Frühjahr 1865 kommt es zu den entscheidenden Kämpfen in Atlanta und Richmond, die die Unionstruppen für sich entscheiden können. Wird das Land befriedet, erholt sich auch die Baumwollwirtschaft wieder.

Das wissen auch die Landbesitzer Ägyptens und versuchen, aus dem Baumwollanbau so viel herauszuholen wie nur möglich. Die Zeiten werden sich ändern. Hinzu kommt, dass sich das Land seit Jahren nah am Staatsbankrott befindet. Die Modernisierung des Landes, die Verbesserung der Infrastruktur, der Ausbau der Eisenbahn und die moderate Industrialisierung kosteten in den vergangenen Jahren Unsummen. Auch der Bau des Suezkanals zwischen Port Said und dem Golf von Suez, der erst nach zehnjähriger Bauzeit 1869 fertig gestellt wird, belastet den Staatshaushalt Ägyptens enorm.

Die Gedanken Max Eyths berührt dies im Frühjahr 1864 noch nicht, obgleich die politischen und wirtschaftlichen Verhältnisse letztlich über seinen Verbleib im Land entscheiden. Er ist zwar nicht blind für die Vorgänge in der großen Politik, aber sie ist nicht sein Geschäft. Zurzeit ist er Chefinge-

» Geize nicht mit deiner Arbeit und mit schlaflosen Nächten; keine Arbeit ist verloren. «

» Sicher ist eins: ehe vor Jahrtausenden die Pyramide dort drüben stand, ging ein Pflug auf diesem Felde, und wenn sie einst verschwunden sein wird, nach Jahrtausenden, wird noch ein Pflug hier gehen. Ist das kleine Ding nicht fast so ehrwürdig wie der stolzeste Bau der Erde? «

nieur, was er trotz aller Mühen genießt. In seiner Position hat er viel zu reisen, nach Alexandria oder zu den Gütern in Kassr-Schech. Zeitweise führt er ein regelrechtes Nomadenleben. Er reist auf Booten auf dem Nil, reitet mit dem Pferd oder fährt in der Eisenbahn – und das ist im heißen Sommer nicht immer ein Vergnügen. Erträglicher wird es Ende September: „... Tier und Menschen beginnen jetzt wieder aufzuatmen; die welkgebrannten Blätter, die halbverdorrten Felder färben sich um den schwellenden Nil in unbeschreiblicher Herrlichkeit; die Abende und Morgen mit der frischen, reinen Luft, die Nächte mit ihrer wundervollen Sternenpracht und ihrem tausendfachen Gezirpe, Gequack und Gesang (Singvögel im deutschen Sinne gibt es freilich nicht) sind nahezu paradiesisch, und Schubra ist vielleicht der beste Ort, dies alles zu genießen. Aber allerdings, wenn man, wie eine kleine Vorsehung, das Wasser, das diese Welt so grün macht, selbst pumpen muß, nimmt sich alles etwas anders aus.\"[19]

John Fowler stirbt im Alter von 38 Jahren

Im Dezember 1864 trifft die Nachricht ein, dass John Fowler tot ist. Max Eyth ist erschüttert über den Tod des umtriebigen Ingenieurs. Aber er hat keinen Zweifel daran, dass die Fabrik Fowlers fortgeführt wird. Der Bruder Robert übernimmt nun die Geschäftsführung. Für Eyth hat das keine weiteren Konsequenzen. Er bleibt auf seinem Posten bei Halim Pascha.

Unterdessen wartet Eyth im Frühjahr 1865 sehnsüchtig auf seinen Baumwollpflug, der in England gebaut wurde und nun endlich nach Ägypten verschifft werden sollte. Und tatsächlich erreicht das Gerät auch Alexandria, bleibt dort aber im Depot für Monate unauffindbar. Schließlich trifft er aber doch in Schubra ein und Eyth kann seine Erfindung endlich einsetzen. Das von Dampfpflügen gezogene Gerät besteht nach Eyths Beschreibung aus drei an einem Rahmen befestigten Häufelpflügen. Sie ziehen in einem Abstand von je vier Fuß (ca. 100 cm) rund ein Fuß tiefe Gräben, die zur Bewässerung der Baumwollbeete dienen. Zwischen den Häufelkörpern sind drei Fuß hohe Scheiben angeordnet, die die Schollen zerkleinern und für die Baumwollansaat bearbeiten.

Doch nicht nur Eyth wartet auf seinen Baumwollpflug, sondern auch Halim Pascha. Als das Gerät schließlich doch eintrifft und endlich zusammengebaut ist, kann es der Pascha kaum erwarten, den Pflug im Einsatz zu sehen. Er selbst ordert eine Lo-

komobile, um den Pflug zum Feld zu transportieren. Und es kommt, wie es kommen musste. In der Hast – soweit das mit einer Lokomobile überhaupt möglich ist, die rund fünf Kilometer in der Stunde zurücklegen kann – verbog das Gerät beim Abbiegen auf der Wegstrecke – und der Einsatz musste wieder warten. Doch so schlimm war der Schaden dann doch nicht. Vielmehr gibt er Eyth Gelegenheit, das Gerät in der Werkstatt zu verstärken und noch einige Verbesserungen anzubringen. Und vierzehn Tage später kann der Baumwollpflug endlich eingesetzt werden – mit durchschlagendem Erfolg. Obgleich das Gerät nur langsam gezogen wird, werden in einer Stunde rund drei Morgen Land für die Baumwollsaat bearbeitet. Dazu waren vorher „acht paar Ochsen und dreihundertsechzig Mann täglich" erforderlich, rechnet Eyth aus.

Am südlichen Fuß des Mokatzam/ Ägypten (Max Eyth, 1864).

In den darauf folgenden Monaten ist Eyth viel unterwegs. Im Juni 1865 besucht er die verschieden Güter in El-Mansura und Kassr-Schech, wo Dampfmaschinen und Pumpen zu begutachten sind. El-Mansura liegt rund 120 Kilometer von Kairo nilabwärts, eine Reise, die mit der Eisenbahn zurückgelegt wird. Dann geht es weiter 15 Kilometer mit dem Boot bis El-Baramun und von dort aus auf dem Pferd rund 50 Kilometer in westliche Richtung nach Kassr-Schech. Kein Vergnügen für Eyth, der die ägyptischen Sättel nicht gewohnt ist. In Kassr-Schech trifft er mit Halim Pascha und seinem Gefolge zusammen. Sie übernachten in Zeltlagern, die durchaus komfortabel sind.

Was Max Eyth schon längst weiß: Halim Pascha erweist sich wieder als liebenswürdiger Gesellschafter und sie philosophieren eine Woche lang jeden Abend bis tief in die Nacht im wahrsten Sinn des Wortes über Gott und die Welt. Welche Vorstellung Eyth von Gott habe, fragt der Pascha. Was er von der „Vielweiberei" halte. Die Diskussionen wird Eyth über die Jahre nicht vergessen.

Tagsüber werden praktischere Vorhaben diskutiert. Nach dem Aufstehen bei Sonnenaufgang und dem Frühstück verlässt die Karawane gegen sechs Uhr das Lager und man reitet den verschiedenen Zielen auf den Gütern entgegen, misst Felder aus und diskutiert über die technische Ausstattung der Güter. Um ein Uhr ist die Karawane zurück im Lager, um das Mittagessen einzunehmen. Das Essen ist halb französisch, halb arabisch. Und auch Wein wird gereicht – so genau nimmt es der Pascha nicht mit dem Glauben. Nach dem Essen folgt eine Stunde Geplauder und danach ruht man zwei Stunden, bis es wieder zurück auf die Felder geht, und es werden Pläne geschmiedet. Die machen es unter anderem erforderlich, dass Eyth zwischendurch zurück nach Kairo reiten muss, um Pläne aus seinem Büro zu holen, da er nicht alle Unterlagen mit auf die Reise nehmen wollte. Ein Ritt von hundert Kilometern ist auch für Eyth äußerst anstrengend. Das weiß auch der Pascha und so leiht er ihm sein „Leibpferd, einen Vollblutaraber der edelsten Rasse [...]. Auf einem solchen Tiere stundenlang über Stoppeln, Kanäle und endlose Baumwollfelder immer in geradester Richtung dem fernen Ziele zuzufliegen, ist wirklich ein Hochgenuss!"

In seinem Buch „Hinter Pflug und Schraubstock" gestaltet Eyth die Szene aber noch weit mehr aus und lässt es auch an Dramatik nicht fehlen, indem er das Pferd in der Geschichte fast zuschanden reitet.

Gefährlich wird es für Eyth, als in Ägypten die Cholera wütet, an der täglich hunderte Menschen sterben. Auch viele aus dem Bekanntenkreis Eyths sterben an der Seuche. Die Europäer fliehen regelrecht aus Ägypten. Über den Hafen von Alexandria sollen Eyths Angaben zufolge 40.000 Ausländer abgereist sein. Er selbst bleibt jedoch im Land und wird von der Krankheit verschont.

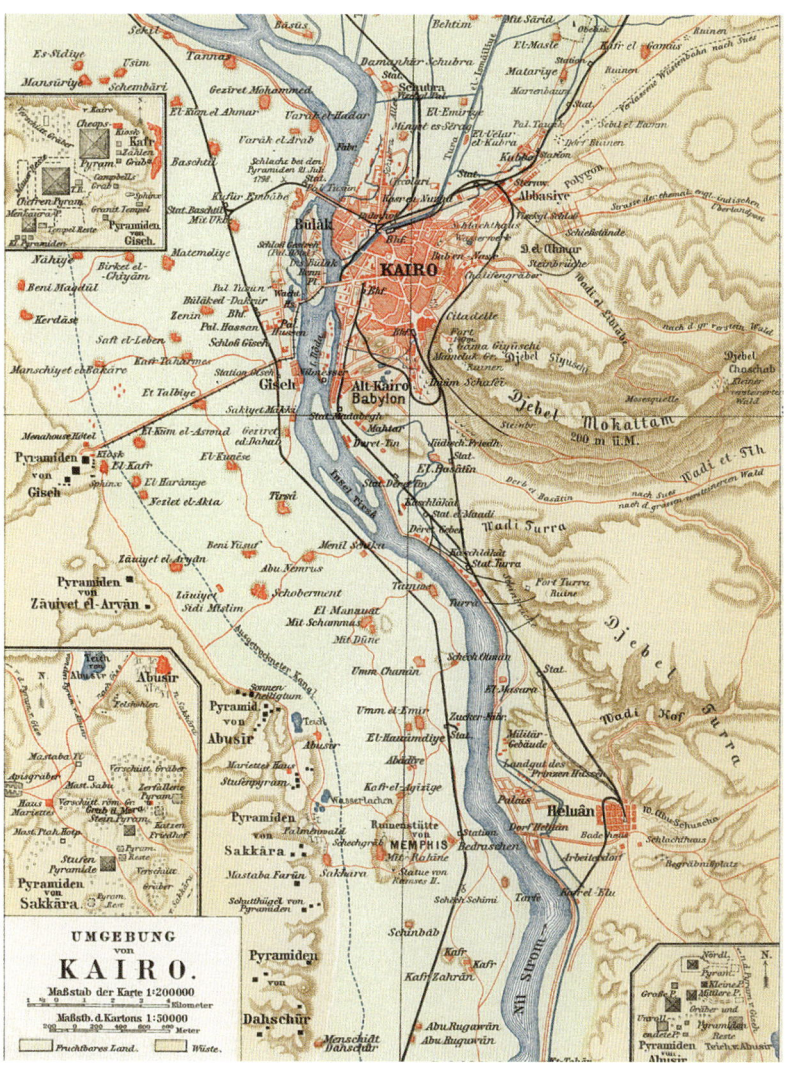

Kairo und Umgebung (Ende des 19. Jahrhunderts).

Suk en Nahassin, Kairo / Ägypten (Max Eyth, 1866).

Im August 1865 packt Eyth schon wieder seine Reisetaschen. Halim Pascha will nach Syrien reisen und Eyth soll ihn begleiten. Es soll eigentlich keine Lustreise sein, denn Halim Pascha verfolgt wieder ergeizige Pläne. Vielleicht will er für die Zeit vorsorgen, wenn der Baumwollboom endgültig zu Ende sein sollte. Halim Paschas Vorhaben ist die Wasserversorgung Beiruts, das zu der Zeit an akutem Trinkwassermangel leidet. Von der türkischen Regierung hat er die Konzession für diesen Plan bereits erhalten. Die Frage ist: Von wo soll das Wasser herbeigeschafft werden und vor allem wie? Die technische Lösung dieser Aufgabe überträgt der Pascha seinem Chefingenieur Eyth, der mit einem ägyptischen Ingenieur als Assistenten, einem für die Finanzen verantwortlichen Griechen und je einem Diener auf die Reise geht. Eyth hätte sich nicht träumen lassen, dass er einmal als Ingenieur den Nahen Osten bereisen würde, und er ist begeistert.

„Die Lage Beiruts ist herrlich. Auf einem mit Gärten und Maulbeerpflanzungen bedeckten Doppelhügel, der, vom Gebirg getrennt, durch das Tal des Nahr el Berut sich ins Meer vorschiebt, liegt die Stadt mit ihren mittelalterlichen Türmen und Festungswerken, ein Bild malerischer Verwirrung. Den Hintergrund bilden die massigen Berge des Libanon, die, nach unten mit spärlichem Grün bedeckt, oben ihre goldgelben Felsenkämme dreitausend Meter über den blaugrünen Meeresspiegel erheben."[20]

Auf den Pferden durchstreift die Expedition, von sechs Soldaten begleitet, tagelang das Gebirge, sucht Flussquellen und vermisst das Gelände. Die Arbeit ist anstrengend und Eyth wird auch zwischendurch krank. Doch alles in allem ist die Aufgabe im Libanon für ihn eine willkommene Abwechslung gegenüber der Arbeit in Schubra. Nachdem die Aufgabe im Libanon erledigt ist, reist Eyth weiter nach Jerusalem, zur Erholung, wie er schreibt.

Jerusalem vom Hotel Hauser aus/ Palästina (Max Eyth, 1865).

An Bord eines Lloyddampfers bei Beirut (Max Eyth, 1865).

„Es kommt wohl daher, daß ich den Anblick orientalischer Städte mit ihren engen Gassen, ihrem Staub und Schmutz und ihren Trümmerhaufen gewohnt bin – mir gefällt die Stadt: die zinnengekrönte Mauer, die Häuser mit Hunderten von kleinen Kuppeln, die das fehlende Bauholz ersetzen müssen, das Auf und Ab der Gassen, und vor allem die tiefen schluchtartigen Täler von Josaphat und Hinnom."[21]

Er besucht die Grabeskirche, die einen ergreifenden Eindruck auf ihn macht, und er hat Zeit, reichlich zu skizzieren. Neben Jerusalem besucht er Bethanien, Jericho, das Tote Meer, das Kloster Mar Saba, Hebron und Bethlehem. Eyths dann geplante Rückkehr verzögert sich jedoch durch verschiedene Umstände. Wegen der immer noch nicht besiegten Choleraepidemie muss er in Palästina verschiedene Quarantäneaufenthalte in Kauf nehmen. Und als sein Schiff endlich Alexandria erreicht, müssen die Passagiere ebenfalls noch drei Tage an Bord bleiben, ehe französische Choleradoktoren sie an Land gehen lassen.

Leeds, Sheeparear/ England (Max Eyth, 1877).

Abschied von Ägypten

Im Oktober ist der Chefingenieur wieder zu Hause in Schubra, wo er schon sehr vermisst wird. Hier erfährt er, dass das Wasserprojekt in Beirut an der Finanzierungsfrage scheitern könnte. Weder haben die beteiligten Banken genügend Kapital, um ein solches Projekt zu finanzieren, noch Halim Pascha, der sein Geld in Ägypten braucht. Eine Möglichkeit, das Unternehmen zu retten, wäre die Gründung einer Aktiengesellschaft. Zudem wäre es sinnvoll, so ein beteiligter Banker, wenn Eyth zur Betreuung der Baumaßnahmen nach Beirut übersiedeln würde. Als Entschädigung würde ihm eine Gewinnbeteiligung in Aussicht gestellt. Unmöglich, widerspricht der Pascha, da sein Chefingenieur in Ägypten gebraucht werde. Kurz: Das ganze Unternehmen steht auf tönernen Füßen.

Ein weiterer Umstand beschäftigt Max Eyth im November 1865: Sein Dreijahresvertrag mit Halim Pascha läuft in drei Monaten aus. Zwar ist er sicher, dass der Pascha den Vertrag gerne verlängern würde, allerdings haben sich die Zeiten, seit er die Stelle bei dem Prinzen angetreten hat, sehr gewandelt. Das „Baumwollenfieber", wie Eyth es nennt, hat sich merklich abgekühlt und die wirtschaftliche Lage ist deutlich schwieriger geworden. Hinzu kommt, dass sich Halim Pascha und der Vizekönig öffentlich befehden. Ismail Pascha macht seinem Onkel das Wirtschaften auf den Gütern schwer. Er lässt einen Großteil der zu Maschinenführern ausgebildeten Arbeiter abziehen, um am Bau des Suezkanals mitzuarbeiten. Eyth hat nun dafür zu sorgen, in kurzer Zeit neues Personal für die Dampfmaschinen und Dampfpflüge auszubilden. All das stimmt ihn verdrießlich. Unterdessen erhält er Post von Robert Fowler, der ihn durchaus wieder in Leeds brauchen könnte. Zurück nach England will Eyth aber auch nicht unbedingt. Fowler bietet ihm daher Alternativen an: Mexiko, der Mississippi oder Ostindien.

Es ist ein langes Hin und Her. Halim Pascha bietet Eyth einen neuen Vertrag an – mit aller Wahrscheinlichkeit nach vorzüglicher Entlohnung.

Doch kurze Zeit später kommt es zu dramatischen Entwicklungen, die schließlich zur Auflösung des Vertrags führen und damit das Ende des Ägypten-Aufenthalts für Max Eyth bedeuten.

Halim Pascha gerät durch die Trennung von der Handelsgesellschaft in eine akute Finanzklemme. Eyth muss daraufhin 150 Leute entlassen. Doch auch das kann das Unheil nicht mildern. Der Vizekönig betreibt nach Meinung von Max Eyth finanzielle Winkelzüge, die Halim Pascha weiter in die Misere drängen. Halim Pascha musste ganze Güter verkaufen, um seine Schulden begleichen zu können. Am Ende konnte er nur noch Schubra halten.

Halim Pascha fällt es offenbar sehr schwer, den von ihm sehr geachteten Chefingenieur Eyth zu entlassen. Dieser kommt ihm zuvor, noch ehe der Pascha die Worte ausspricht. Max Eyth kündigt und wickelt in den nächsten Wochen nur noch die begonnenen Projekte ab. Über mehrere Güter im ganzen Nildelta verteilt, hinterlässt Eyth seinem Nachfolger 165 Dampfmaschinen, darunter 27 Dampfpflüge und 70 Bewässerungsmaschinen.

Es ist kein fröhlicher Abschied, sondern eher ein trauriger, da Halim Paschas Güter, die ein Jahr zuvor noch in voller Blüte standen, nun auf das eine in Schubra zusammengeschrumpft sind. „Das ganze Geschäft ist ein Schatten von dem, was es war. Bei den wenigen übrigen Arbeitern ist von Energie und

>> Hätte der menschliche Erfindergeist auf die Wissenschaft warten müssen, so säßen wir heute noch bei unseren feinsten Diners um kalte, ungekochte Bärenkeulen. <<

gutem Willen keine Rede mehr, und ich selbst muß mir alle Gewalt antun, um nicht ähnliche Zeichen des Verfalls blicken zu lassen."[22]

Und doch ist Eyth weiterhin zuversichtlich. Wäre er in Ägypten geblieben, hätte er durchaus angenehm leben können. Doch eine berufliche Herausforderung wartete hier nicht mehr. „Und so lasse ich denn meinen Orangengarten und den Nil, die Wüste und mein arabisches Roß und gehe wieder einer beliebigen Zukunft entgegen, um den alten Kampf mit dem Leben von neuem aufzunehmen. Das Los des Mannes! Glaubet nicht, daß mich dies auch nur einen Augenblick geärgert oder bekümmert hat."[23]

Neue Pläne – Seilschlepp-Schifffahrt in den USA

Eyth nimmt sich nach seiner Rückkehr aus Ägypten im Mai 1866 – er ist jetzt dreißig Jahre alt – Zeit für einen mehrmonatigen Urlaub. Und wieder reist er: nach Venedig, Wien, München, Paris, ins Berner Oberland zu ausgedehnten Wanderungen und schließlich in die Heimat zu seinen Eltern.

Doch er kehrt zurück in ein Land, in dem Krieg geführt wird: Der „Deutsche Krieg" von 1866, in dem sich Preußen unter Otto von Bismarck und Österreich gegenüberstehen. Ursache des Kriegs ist der Konflikt über die von Österreich vorgelegte Bundesreform und die „Deutsche Frage". 1864 gingen Preußen und Österreich gemeinsam militärisch gegen Dänemark vor. Schleswig und Holstein wurden von nun an von Preußen und Österreich verwaltet. 1866 besetzte Preußen Holstein, um es dem eigenen Gebiet einzuverleiben. Im Juni 1866 erklärte Bismarck den Deutschen Bund für erloschen. In der Schlacht bei Königgrätz im Juli 1866 wurden die österreichischen Truppen von Preußen vernichtend geschlagen. Bei dieser Schlacht unterstützten die norddeutschen Staaten Preußen. Die süddeutschen Staaten Sachsen, Bayern, Württemberg, Baden, Hannover, Hessen-Darmstadt, Kurhessen und Nassau kämpften auf der Seite Österreichs. Im Frieden von Prag wird der Krieg schließlich beendet. Der Deutsche Bund ist aufgelöst. Hannover, Kurhessen, Hessen-Nassau und Frankfurt werden Preußen einverleibt. Österreich ist von nun an von Deutschland getrennt.

Max Eyth war für seine Landsleute in seiner schwäbischen Heimat politisch indifferent, da er sich in den Kriegswochen wohlwollend gegenüber Preußen äußerte, was man in der schwäbischen Heimat „dem halbverwilderten Ägypter fast verzieh".

Nach Wochen der Bummelei reist Eyth im September wieder nach England. Dort muss er zu seiner Überraschung feststellen, wie stark die Fabriken Fowlers durch den Baumwollboom in Ägypten gewachsen sind. Eyth selbst hat einen guten Teil dazu beigetragen.

Durch die veränderte politische Lage in Nordamerika – der Bürgerkrieg ist nach dem Sieg der Union beendet – haben sich auch die wirtschaftlichen Bedingungen in Ägypten geändert. Dort ist das Geld knapp geworden, sodass auch die Nachfrage nach Maschinen nachgelassen hat. Fowler muss nun versuchen, die geschaffenen Produktionskapazitäten durch Aufträge aus anderen Ländern auszulasten. Robert Fowler muss Max Eyth nicht lange bitten. Sie sind sich schnell einig, dass Eyth den amerikanischen Markt – Nord und Süd – für Fowler erschließen soll. Hindernisse sind zwar der hohe Zoll auf eingeführte Maschinen und fehlendes Kapital in den südlichen Staaten. Trotzdem rechnet sich Fowler Chancen für die Dampfpflügerei aus, nicht zuletzt deswegen, weil durch den Bürgerkrieg und durch die Abschaffung der Sklaverei ein Arbeitskräftemangel entstanden ist.

Doch ehe Max Eyth, der in Ägypten zum Fachmann fürs Pflügen und für die Bewässerung geworden ist, sich auf den Weg in die Vereinigten Staaten macht, schlägt er ein neues Kapitel seines Ingenieurslebens auf. Auf Nachfrage eines aus den USA kommenden Belgiers mit Namen van Havre, Attaché der belgischen Gesandtschaft in Washington, befasst sich Eyth mit Schleppvorrichtungen für Schiffe, die auf Kanälen und Flüssen eingesetzt werden. Auch für die Firma Fowler kann dies zu einem lukrativen Geschäft werden.

Und so beschäftigt sich Eyth über Wochen hinweg mit ganz anderen Dingen als dem Pflügen. Die Schleppschiffe sollen in den nächsten Wochen in Nordamerika auf dem Eriekanal eingesetzt werden. Über den Eriekanal hat die Großstadt Buffalo an der östlichen Spitze des Eriesees Verbindung mit dem Hudson River, der wiederum nach New York fließt. Daher ist der Eriekanal eine wichtige Verkehrsverbindung.

» Der schöpferische Trieb, mag er im Lauf von Jahrtausenden oder von Sekunden seine Wirksamkeit zeigen, wird für das menschliche Verstehen ein ewig ungelöstes Rätsel bleiben. **«**

Halifax (Max Eyth, 1877).

Mit Dampfkraft auf fünf Kontinenten

Seilschleppschiffe für den Eriekanal

Anfang November geht Eyth in Liverpool an Bord des Dampfschiffs „Afrika" und es geht auf die elftägige Reise in die Neue Welt mit dem Ziel Halifax, Kanada – eine unruhige Fahrt, auf der Eyth kennen lernen sollte, was es heißt, seekrank zu sein.

Nachdem er in Halifax wieder festen Boden unter den Füßen hat, reist er mehrere Wochen, ehe er sein eigentliches Ziel, den Eriesee, erreicht. Bei ungemütlichem Winterwetter geht die Reise von Halifax mit dem Zug zunächst nach Boston, von dort weiter nach New York, wo er seinen neuen Geschäftspartner van Havre treffen soll. Immerhin hatte Eyth Gelegenheit, „mit einem Stadtplane bewaffnet" die zukünftige Weltstadt zu erkunden.

Die Stadt war schon zu Eyths Zeit in ihrer Größe beeindruckend. Immerhin hatte sie damals bereits knapp eine Million Einwohner. Ungewöhnlich für den Europäer war auch das rechtwinklige Straßennetz Manhattans oder die künstliche und doch so natürlich wirkende Anlage des 350 Hektar großen Central Parks. Es gab hohe Häuser in New York, aber Wolkenkratzer sollten erst einige Jahre

später gebaut werden. Auch der Bau der Brooklyn Bridge, der ersten Brücke über den East River, sollte erst 1867 beginnen. Dennoch war Max Eyth von der Stadt berührt. „Das Wetter, wie gewöhnlich in Neuyork, war klar und sonnig und die merkwürdige Inselstadt erschien in ihrem ganzen Glanze. Broadway mit seinen prächtigen Läden und seiner unabsehbaren Länge, die fünfte Avenue mit ihren Palästen, der Hudson und Eastriver mit ihren Dampfern und Segeln und ihrem Gewimmel von Masten und Rahen."[1]

Doch Eyth ist nicht zum Sightseeing nach New York gekommen, sondern um die Schleppschiffe auf dem Eriekanal einzusetzen. Er trifft seinen Auftraggeber van Havre und einen weiteren Mitarbeiter der Gesandtschaft, den Baron de Mesnil. Gemeinsam fahren sie zum Eriesee und dann mit dem Schleppschiff durch den Eriekanal. Allerdings stellte sich bald heraus, dass das Schiff für den Kanal zu groß ist. Zehn Tage kostet es, bis die Aufbauten des Schiffs den baulichen Bedingungen der Schleusen und Brücken entlang dem Kanal angepasst sind. Immerhin erweisen sich die Auftraggeber als dankbar, dass Eyth die unvorhersehbaren Probleme in den Griff bekommt, und laden

den Ingenieur zwischendurch zu einem Ausflug zu den nahe gelegenen Niagarafällen ein. Doch auch zehn Tage nach dem misslungenen Start steht die Jungfernfahrt unter keinem guten Stern. Heftiger Schneefall und eisige Temperaturen lassen die Maschinen einfrieren und das Schiff bleibt im Eis des Eriekanals stecken. Erst im Frühjahr soll ein zweiter Versuch unternommen werden.

Derweil zieht es Eyth in den Süden der Vereinigten Staaten. Denn dort soll er endlich seine Dampfpflüge auf den Baumwollfeldern Louisianas einsetzen. Über New York, Philadelphia und Pittsburgh, dann Cincinnati, Memphis und Granada reist er Ende des Jahres 1866 mit der Eisenbahn nach New Orleans. Besonders eilig hat Eyth es auf seiner Reise nicht – zumal sie in die Weihnachtszeit fällt. So macht er an den Weihnachtstagen spontan einen Zwischenhalt in Kentucky, um die berühmte Mammuthöhle zu besichtigen.

Allerdings ist die Begehung der Höhle kein reines Vergnügen und auch für Eyth entwickelt sie sich zu einer wahren Expedition. Aber er weiß schon vorher, worauf er sich einlässt, und geht nicht allein, sondern mit einem Höhlenführer und einem weiteren Höhlenfreund. Zwei Tage ist die kleine Gruppe unterwegs in der Höhle, ausgestattet mit Laternen, Öllampen, Kompass, ausreichend Proviant und natürlich einem Skizzenbuch.

Durch kaltes Wasser watend, gebückt unter tiefen Decken gehend oder durch enge Gänge kriechend bewegen sie sich vorwärts. Dann erreichen sie plötzlich regelrechte Hallen, die die Natur selbst erschaffen hat. „Der schwarze Gyps überzieht nun die Decke des Gewölbs, welche hier fast horizontal ist, nahezu vollständig und gibt ihm im Gegensatz zu den vertikalen, bleichgelben Wänden ein tief dunkelblaues Aussehen. Der Führer, der hier nach althergebrachter Sitte einen Theatercoup ausführt, nimmt uns die Lampen ab und entfernt sich mit denselben, in eine Felsenspalte versinkend. Der Effekt ist großartig. Noch sind die Wände matt beleuchtet und werfen wildgezackte Schatten in ihre ungeregelten Nischen und Mulden. An der Decke aber, die wie der Himmel in tiefer Nacht aussieht, erscheinen blinkende Sterne, welche ihr unsicheres Licht wie aus unendlicher Ferne in dieses gräßliche Felsenthal herabwerfen. Es gehört keine Phantasie dazu, dies zu sehen. Es erfordert im Gegentheil die ganze Kraft der Überzeugung, zu glauben, daß wir nicht den blauen Nachthimmel, sondern eine Steindecke fünfzig Fuß über unserem Kopfe anstarren."[2]

Etliche Male fahren sie sogar mit Booten, um tiefere Gewässer in der Höhle trocken zu überqueren.

Seine Vorliebe für Schiffe kann Max Eyth bei der Entwicklung der Seilschleppschifffahrt ausleben.

„Der Eindruck der stillen, feierlichen Fahrt ist ein erhabener. Lautlos bewegt sich das Boot den Wänden entlang. Manchmal nur hört man einen Tropfen fallen und sieht plötzlich vor sich in der Nacht das Spiegeln der sich folgenden Wasserringe, die er erzeugt. Die starren, grotesken Wände scheinen leblos, und doch fühlt man sich im Innersten der ewigen, stillschaffenden Natur, in der lautlosen, aber nie ruhenden Werkstätte der Jahrtausende."[3]

In den Südstaaten der USA

Schließlich geht die Reise doch weiter in den wärmeren Süden, wobei er im Zug häufig mit anderen Reisenden ins Gespräch kommt. „… je weiter südlich man vordringt, um so schlechter werden die Bahnen, um so zäher die Beefsteaks, um so kleiner die Züge. Die Spuren des Kriegs, wenn auch äußerlich verschwunden, sind fürchterlich tief in das Fleisch dieser Provinzen eingegraben, und die höfliche, aber bittere Leidenschaft, womit die großen Tagesfragen, vor allem die Sklavenfrage, bei jeder Gelegenheit verhandelt werden, zeigte mir, sobald ich die Grenze von Kentucky überschritten hatte, wieder einmal recht deutlich, wie schwer es ist, über scheinbar sonnenklare Dinge gerecht zu urteilen, wenn man sie nicht von Angesicht zu Angesicht gesehen hat."[4]

Tatsächlich war Max Eyth in einem zerrissenen und zum Teil zerstörten Land unterwegs. Die Kriegsschäden auf dem Land, aber vor allem in den Städten hatten ein bis dahin nicht vorstellbares Ausmaß angenommen. „Hier nahm der Krieg dem Kaufmann den letzten Heller, ließ dem Pflanzer nicht den Pflug, nicht Knecht noch Esel, um sein Land wieder zu be-

Die Mammuthöhle in Kentucky

Die Mammuthöhle (engl. „Mammoth Cave") zählt zu den bekanntesten Naturdenkmälern in den USA. Die im Bundesstaat Kentucky gelegene Höhle hat mit ihren zahlreichen Gängen eine Gesamtlänge von 560 Kilometer und ist damit eine der größten bisher erforschten Höhlen überhaupt.

Das Höhlensystem aus Gängen, Kanälen und Kammern liegt unterhalb einer hügeligen, bewaldeten Landschaft und besteht aus insgesamt fünf Stockwerken, die bis in eine Tiefe von 100 m in die mächtige Kalksteinschicht hineinreichen. Entstanden ist die Höhle durch die Einwirkung leichtsauren Regenwassers, das den Kalk aus den Gesteinsschichten löste. Von den Decken der Gänge und Kammern hängen gewaltige Tropfstein- und Gipskristallformationen. Die Temperatur in der Höhle beträgt konstant 13° Celsius, die Luftfeuchtigkeit zwischen 80 und 90 Prozent.

Die Höhle wurde von Weißen erst im Jahr 1798 entdeckt. Mumienfunde im Eingangsbereich der Höhle lassen jedoch darauf schließen, dass sie den amerikanischen Ureinwohnern schon vor viereinhalbtausend Jahren bekannt gewesen ist. Heute ist die Höhle Teil des 1941 gegründeten Mammoth Cave Nationalparks und ein beliebtes Touristenziel.

THE MAELSTROM, IN THE MAMMOTH CAVE, KENTUCKY—SEE NEXT PAGE.

stellen, und die vernarbten Gesichter, die inhaltlosen, schlotternden Ärmel, die Stelzfüße, Stöcke und Krücken der Soldaten einer geschlagenen Armee begegnen dir an jeder Straßenecke, in Droschke und Omnibus, im Ballsaal und in der Kneipe."[5]

Auch politisch war der Kontinent, weniger als zwei Jahre nach Ende des Bürgerkriegs, noch längst nicht geeint. Die abtrünnigen Südstaaten mussten nach der Niederlage im Bürgerkrieg ihren Sezessionsbeschluss zurücknehmen, sollten sie uneingeschränkt am politischen Leben in der Union mitwirken. Zwar erfüllten die Südstaaten bald die Bedingungen der Union, aber immer noch gab es starke Vorbehalte gegenüber der schwarzen Bevölkerung. Aktivitäten ehemaliger Sklaven, die für mehr Selbstbestimmung eintraten, wurden brutal unterdrückt. Im April 1866 formulierten die Republikaner aus dem Norden einen Gesetzesänderungsantrag (das 14. Amendment), nach dem alle in den USA geborenen oder eingebürgerten, aber noch nicht mit den Bürgerrechten ausgestatteten Personen zu Staatsbürgern erklärt werden sollten. Leben, Freiheit und Besitz aller Bürger sind von Staats wegen geschützt. Im Frühjahr 1867 – Max Eyth war erst einige Monate in den USA – forderte ein Gesetz, dass die Südstaaten das 14. Amendment annehmen und den schwarzen Männern das Wahlrecht garantieren mussten, um wieder in die Union aufgenommen zu werden.

In der Folge entstanden im Süden der USA Regierungen, an denen unionstreue Südstaatler, Republikaner und Afroamerikaner beteiligt waren.

Ziel war es unter anderem, soziale Reformen durchzusetzen, die Infrastruktur und das Bildungswesen zu verbessern und Arbeitsplätze für ehemalige Sklaven zu schaffen.

1860 lebten in den USA rund vier Millionen Sklaven, die nun durch den Sieg der Nordstaaten befreit waren. Dennoch hielten Unterdrückung und Terror gegen die schwarze Bevölkerung an. In Pulaski im Bundesstaat Tennessee war 1866 der Ku-Klux-Klan gegründet worden, der zwar vom Kongress verboten wurde, aber dennoch immer wieder durch Brandstiftungen, Auspeitschungen und Fememorde Schrecken unter den schwarzen Bürgern und radikalen Republikanern verbreitete.

Eine ursprünglich geplante Bodenreform sollte es ermöglichen, dass die ehemaligen Sklaven zu Grundherren werden und als kleine Farmer ihren Lebensunterhalt verdienen konnten. Eine solche Reform scheiterte jedoch und so arbeiteten die meisten weiterhin als Lohnarbeiter oder Pächter

Roquette spielende Indianer in Nord-amerika (Max Eyth, Februar 1868).

Ansicht von New Orleans am Mis-sissippi (Max Eyth, Januar 1868).

auf den Farmen der weißen Plantagenbesitzer. Max Eyth kommt schließlich Anfang Januar 1867 bei heftigem Schneegestöber in New Orleans an und sucht seine Geschäftspartner auf. Denn ohne die Hilfe ansässiger Firmen ist es kaum möglich, den Dampfpflug auf den Feldern der USA einzuführen. So hatte Fowler schon früh Kontakt mit der Firma Longstreet, Owen & Cie aufgenommen. Longstreet war ein ehemaliger General der Südstaatenarmee. Ein weiterer Geschäftspartner war der General Taylor.

Eyth nimmt zunächst seine Dampfpflüge, die in Einzelteilen in über dreißig Holzkisten verpackt sind, in Empfang und steckt gleich in einem Dilemma, da die Lieferung nicht von den erwarteten Monteuren begleitet wurde. Mit angeheuerten

Leuten lässt Eyth die Maschinen schließlich während der nächsten zwei Wochen zusammenbauen. Der Gipfel der Unannehmlichkeiten ist die hohe Zollgebühr für die eingeführten Maschinen: eine Summe von stolzen 4.200 Dollar.

Werben für den Dampfpflug

Doch Eyth nimmt Arbeit und Kosten in Kauf und macht sich daran, für seine Dampfpflüge zu werben. Mit Unterstützung der Agriculture Society of Louisiana organisiert er schon bald eine Ausstellung seiner Maschinen inklusive Vorführung, zu der er neben wichtigen Geschäftspartnern und Plantagenbesitzern auch die gesamte Presse der Gegend einlädt.

MECHANICS' AND AGRICULTURAL FAIR ASSOCIATION OF LOUISIANA.

The Steam Plow.

An Exhibition of Messrs. Fowler & Co's Patent STEAM PLOW will take place at the extensive Fair Grounds of this Association, in the city of New Orleans, commencing on FRIDAY next, and continuing five days.

This Plow, which has been used for the past three years in Europe, and the past four years in Egypt, the East Indies, etc., will be shown for the first time in the United States, under the auspices of the Association.

Going through its different applications, it wil be used on

FRIDAY, 25th inst., for DEEP PLOWING.
SATURDAY, 26th inst., for SHALLOW PLOWING.
MONDAY, 28th inst., for SCARIFYING.
TUESDAY, 29th inst., for CULTIVATING.
WEDNESDAY, 30th inst., for HARROWING.

This Exhibition will prove of intense interest to our planting community, and others interested in the agricultural development of the soil.

The hours of exhibition will be between 12 M. and 4 P. M. each day.

Admittance to the Grounds during the exhibition will be 50c.; to be applied to the fund for beautifying the Grounds of the Association.

Subscribers free.   Ja20—tt2dp

Der Wirbel, den Eyth mit dieser Ausstellung auslöst, ist beträchtlich. Vom Hafen aus, wo die Maschinen montiert wurden, geht es mit den Dampfrössern mitten durch die engen Straßen von New Orleans und dann wieder nach außerhalb zum rund elf Kilometer entfernten Vorführgelände.

Die Ausstellung wird zwar aufgrund des großen Interesses ein schöner Erfolg für Eyth, allerdings stellt sich auch schon bald heraus, dass die Anbaumethoden für Zuckerrohr und Baumwolle in Louisiana ganz andere sind als in Ägypten. Bevor er hier nennenswerte Stückzahlen von Maschinen einsetzen kann, müssen Pflüge und Kultivatoren den gegebenen Verhältnissen angepasst werden. Und eine noch größere Schwierigkeit ist, dass die Farmen aufgrund des Krieges und wegen einer Missernte im vorhergehenden Jahr finanziell allesamt klamm sind.

Gleichwohl ist das Interesse groß. Farmer aus Louisiana, Texas, Mississippi oder Alabama fragen bei Eyth nach, ob er bei ihnen die Dampfpflügerei nicht einmal „vorführen" wolle. Allerdings mit dem Hintergedanken, dass sie es mit den eigenen Pflügen und Pferden dieses Jahr nicht schaffen würden, die riesigen Flächen zu umbrechen. Vorführungen dieser Art und auch das Lohnpflügen

Max Eyth und die Sklavenfrage

Max Eyth äußert sich zur Sklavenfrage sehr vorsichtig. Im Prinzip, so schreibt er, sei die Sklaverei der schwarzen Rasse verwerflich. Insofern ist Max Eyth ein Gegner der Sklaverei. Allerdings verhält er sich nach eigener Aussage in Gesprächen mit anderen während der ersten Wochen in den USA neutral.

Eine Rolle spielt hierbei natürlich, dass er auf seiner Reise durch die USA mehr Geschäftsmann ist als Ingenieur. In Ägypten hatte für den reibungslosen Ablauf der maschinellen Ausstattung auf Halim Paschas Gütern zu sorgen. Der Dampfpflug war dort längst eine Selbstverständlichkeit geworden. In den USA musste er – und die konkurrierenden Hersteller – den Dampfpflug erst einführen. Da hieß es, Geschäftspartner zu finden und Menschen zu überzeugen. Und das geschieht meist nicht allein durch harte Fakten, sondern auch durch ein wohlwollendes Erscheinen.

In den Südstaaten machte es sich bei Auftritten vor Plantagenbesitzern, die ehemals hunderte Sklaven hielten, nicht gut, sich gegen die Sklaverei auszusprechen, auch nicht, als die Frage sowieso längst entschieden war. Sklaverei zu tolerieren war allerdings ebenso töricht, wenn er mit Nordstaatlern zusammentraf – darum Eyths neutrale Position.

Aber er selbst gibt in seinen Schriften einige Anhaltspunkte über seine Denkweise bzw. sein Menschenbild. Als Ingenieur sieht sich Eyth vor allem dem technischen Fortschritt verpflichtet, der im ganz allgemeinen Sinn dem Wohl der Menschen dient, in dem er die Menschen von körperlicher Arbeit entlastet. Gleichwohl sieht er auch die negativen Seiten der Industrialisierung, als er die

liegen wiederum nicht im Interesse von Max Eyth. Er ist nach Amerika gekommen, um Dampfpflüge zu verkaufen.

Aber Eyth macht auch Ausnahmen. Für den Plantagenbesitzer Marshall, der vor dem Krieg 1.300 Sklaven besaß, pflügt Eyth mit seiner neu zusammengestellten Mannschaft mehrere hundert Morgen Land, allerdings mit der Vereinbarung, dass Marshall den kompletten Dampfpflugzug am Ende der Saison kauft.

Das Geschäft mit den Dampfpflügen verläuft schleppend. Aber Eyth hat sich auch noch um die Seilschifffahrt zu kümmern, bei der General Taylor sein Auftraggeber ist. Technisch hat Eyth die Sache

Arbeiterviertel in Großbritanniens Industriezentren Manchester, Sheffield und Leeds erlebt.

In Ägypten ist er Vorgesetzter vieler Arbeiter bzw. Fellachen, mit deren Arbeitseinstellung Eyth oft seine Not hat. Entsprechend äußert er sich deutlich über die oft schlechte Arbeitsmoral, der er manchmal auch mit körperlicher Züchtigung begegnet. Eine rassistische Denkart ist jedoch aus seinen Schriften nicht herauszulesen.

Zweifelhafter sind dagegen seine Aufzeichnungen während der ersten Monate in den USA. Wenn er auch prinzipiell gegen die Sklaverei ist, so relativiert er sie doch situationsgebunden: „... die plötzliche Befreiung der Neger ruiniert nicht bloß die Weißen, sondern mit Riesenschritten auch die Neger selbst. Im Kampf auf gleichen Fuße mit den Weißen gestellt, muß der Schwarze unfehlbar untergehen, wie der Indianer oder Australier. Nirgends auf der Welt waren die Neger besser daran – das Innerste von Afrika nicht ausgenommen – als in den Südstaaten der Union."[6]

Und an anderer Stelle: „Mein Blut begann zu kochen, wenn ich manchmal an die europäische Negersentimentalität à la Onkel Tom's Hütte dachte. Welche Ideenverwirrung doch solche verrückten Bücher anstiften! Und unsere guten Deutschen in Europa, wie in Amerika, nehmen das alles für bare Münze, stricken, schenken und fechten für die unterdrückte Rasse und haben es glücklich dahin gebracht, dass in dem einst reichsten Distrikte der Welt die Weißen samt den Schwarzen am Verhungern sind."[7]

Das sind deutliche Worte. So redet sicher kein Moralist, sondern eher ein Pragmatiker, der im praktischen Leben seine Erfahrungen gemacht hat und auch zu moralischen Zugeständnissen bereit ist.

im Griff. Doch auch hier ist das Problem der Geldmangel. Bereits Anfang März 1867, zwei Monate nach seiner Ankunft in New Orleans, überlegt Eyth, die Gegend wieder zu verlassen, da sich hier keine Dampfpflüge in nennenswerter Stückzahl verkaufen ließen.

Der Preis der Maschinen ist dabei das größte Hindernis. Und hier ist es der Zoll, der die Maschinen immens verteuert. Allerdings gibt es Mittel und Wege, auch dieses Problem zu lösen. So hat General Longstreet offenbar beste Beziehungen zur Politik. Eines Tages erscheint er mit dem Finanzminister des Landes bei Max Eyth. Er solle für eine Gesellschaft einen Arbeitsplan ausarbei-

„Cottonpicker" auf einer Baumwollplantage in den Südstaaten Amerikas.

ten, die in der nächsten Saison in der Region von New Orleans mit drei Dampfpflügen arbeiten soll. Voraussetzung für das Projekt ist allerdings, dass der Kongress ein Gesetz verabschiedet, dass für die nächsten zwei Jahre die Einfuhr von Dampfpflügen zollfrei zulässt.

In New Orleans war trotz aller Begeisterung für die Technik der Dampfpflügerei der geschäftliche Durchbruch für die Firma Fowler ausgeblieben. So begibt sich Max Eyth wieder auf Reisen, um Farmern in anderen Regionen der USA die Vorzüge des Dampfpfluges vorzustellen. Es geht wieder nach Norden: St. Louis und Springfield. Doch hier sind die Voraussetzungen für das Dampfpflügen wegen der zu kleinen Felder ungünstig. Eyth hält sich nicht lange in dieser Gegend auf und reist schließlich weiter über Chikago nach Buffalo an den Eriesee. Von New Orleans bis hierher hat er eine Strecke von rund 2.000 Kilometern zurückgelegt.

In Buffalo erwarten Eyth wieder seine Seilschleppschiffe, die nun endlich nach den gescheiterten Versuchen im eisigen Winter auf ihren Einsatz warten. Diese Schiffe lassen sich anders als die größeren Schrauben- und Raddampfer auch in schmaleren und flacheren Flüssen einsetzen. Für den Warenverkehr ist das enge Netz der Wasserwege im Norden der USA außerordentlich wichtig. Darum versprechen sich der Baron de Mesnil und Baron de Havre so viel von der Seilschifffahrt – nicht zuletzt ein gutes Geschäft.

Max Eyth kann ihre Erwartungen voll erfüllen. Schon der erste Einsatz endet mit uneingeschränk-

Die Levees von New Orleans/ Nordamerika (Max Eyth, 1867).

Die Seil- und Kettenschifffahrt in Deutschland

Die Seil- und Kettenschifffahrt mit Hilfe des Dampfantriebs begann Deutschland in den sechziger Jahren des 19. Jahrhunderts auf dem Rhein, der Elbe und dem Neckar. Zuvor fuhren auf den Flüssen Dampfschiffe, vor allem Seitenraddampfer, sei es als schnittige und schnelle Passagierschiffe oder als breite Dampfschiffe für den Gütertransport. Ab 1850 wurden auch Schraubendampfer eingesetzt.

Zwar gab es auch schon Anfang des 19. Jahrhunderts Pläne für Schleppdampfschiffe, doch die damals üblichen Holzschiffe hatten einen zu hohen Wasserwiderstand, der den Einsatz für die Schleppschifffahrt nicht wirtschaftlich erscheinen ließ. Das änderte sich mit der Einführung eiserner Kähne etwa ab dem Jahr 1840, die nun ein Vielfaches der vorher verwendeten Holzkähne transportieren konnten. Trotzdem war der Energie- bzw. Kohleverbrauch dieser Schleppdampfschiffe noch sehr hoch.

Diesen hohen Energieverbrauch zu senken war das Ziel bei der Einführung der Seil- und Kettenschifffahrt bzw. Tauerei ab etwa 1865. Ersten Berechnungen nach sollte bei gleichem Transportvolumen nur rund ein Viertel der Energie gegenüber den Schleppdampfschiffen nötig sein.

Im Jahr 1873 wurde die Central-Aktien-Gesellschaft für Tauerei auf dem Rhein gegründet und ein 43 mm starkes Drahtseil zwischen der holländischen Grenze und Duisburg in den Rhein gelegt. Allerdings zeigte sich in der Praxis, dass der Wartungsaufwand für das Seil sehr groß war und hohe Kosten verursachte, sodass die vorausberechnete Wirtschaftlichkeit nicht erreicht wurde. Hinzu kam, dass die Tauereischiffe nur eingeschränkt zu manövrieren waren und den anderen Schiffsverkehr behinderten. Außerdem wurden die anderen Dampfschiffe immer leistungsfähiger und sie nutzten die Energie effizienter. Ab der Jahrhundertwende wurde daher die Seilschifffahrt allmählich eingestellt.

tem Erfolg. „Die ersten schweren, keuchenden Stöße des Dampfes sagten mir alles. Die Klappen faßten das Seil mit eisernem Griff; langsam setzte sich das schwerbeladene Schiff in Bewegung, rascher und leichter dampfte die Maschine, und jetzt schossen wir mühelos dem Strom entgegen, durch schwimmende Eisfelder brechend, unter der ersten Brücke durch.

Der Erfolg war glänzend. Van Havre wartete nicht, bis wir am Ende unsrer Meile angelangt waren. Er stürzte ans Ufer, um die Telegraphen der halben Welt, den atlantischen nicht ausgenommen, in Bewegung zu setzen. Abends wurde wie billig etwas Sekt getrunken, und dann in Buffalo, Neuyork, Philadelphia, Washington und Pittsburg Zeitungssturm geläutet.“[8]

Wie oft folgt auch hier bald die Ernüchterung. Da der Eriekanal dem Staat gehört, muss eine Behörde die Verlegung des Schleppseils genehmigen. Und für den, der die Genehmigung erhält, ist sie „goldeswert“. Und auch hier zeigt sich wieder einmal, dass nur die richtigen Leute bestochen werden müssen, um die Genehmigung schließlich zu erhalten. Der Eindruck, den die allgemeine Korruption in den Behörden auf den verschiedenen Stufen auf Eyth macht, ist enorm und er beschreibt sie eingehend in seinem Büchlein „Geld und Erfahrung“, das zunächst als eigener Titel erscheint, Ende des Jahrhunderts mit anderen Titeln in den Band „Hinter Pflug und Schraubstock“ aufgenommen wird.

Für Max Eyth entwickelt sich die Seilschleppschifffahrt zu einem immer größeren und in näherer Zukunft wahrscheinlich auch lohnenderen Geschäft

Cincinnati, Ohio-Brücke (Max Eyth, 1866).

als die Dampfpflügerei. „Es scheint fast, als sollte ich auf amerikanischen Wassern festeren Fuß fassen als auf amerikanischem Land", stellt er im Mai 1867 fest.

Eyths Auftraggeber Baron de Mesnil bezog sich mit seiner Idee, die Schleppschifffahrt auf dem Eriekanal einzuführen, auf eine Technik, die in Frankreich auf der Seine angewendet wurde. Hierbei war im Fluss eine Kette versenkt. Diese Kette lief auf dem Boot über eine von einer Dampfmaschine angetriebene Trommel, sodass sich das Boot an der Kette vorwärts zog.

Baron de Mesnil wollte jedoch unabhängig von diesem patentgeschützten Verfahren sein. Und da er das Prinzip der Dampfpflügerei mit dem sich aufrollenden Drahtseil kannte, suchte er die Firma Fowler auf. Max Eyth war es schließlich, der die Idee de Mesnils mit Hilfe der Klappentrommel, der so genannten Clip-drum, für die Seilschifffahrt umsetzte. Einer der Vorteile des Seils gegenüber der Kette war, so Eyth, dass es haltbarer war und wesentlich ruhiger lief als eine Kette.

Die technische Umsetzung erforderte einige Mühe. So war eine Schwierigkeit, dass das Seil über die Trommel glitt, ohne zu greifen. Mit Federn, die das Seil spannten, zwischen die Klappen der Trommel pressten und für einen größeren Umschlingungswinkel sorgten, war das Problem beseitigt. Das ganze Verfahren funktionierte schließlich so gut, dass Max Eyth und Baron de Mesnil später ein Patent auf ihre Erfindung anmeldeten.

Als Max Eyth im Mai 1867 eine Reise nach Philadelphia, Washington und New York macht, besucht er auch das Patentamt in Washington, das ihm wie ein Tempel der Technik erscheinen musste. Berücksichtigt man allein die über viele Seiten umfassende Beschreibung der Abteilungen in seiner Aufzeichnung, meint man, dass Eyth tagelang in dem Gebäude unterwegs gewesen sein muss. Ihn scheint alles zu interessieren. Er entdeckt Registrierkassen für Omnibusse, Patentsärge oder Steinbohrmaschinen. Am längsten gerät dann jedoch Eyths Beschreibung der landtechnischen Erfindungen. Von Melkmaschinen, Butterfässern, Kühlapparaten und schließlich bis zu den verschiedensten Pflügen, Kultivatoren zur Unkrautbekämpfung und Sämaschinen.

Bemerkenswert ist Eyths Urteil über Modelle amerikanischer Dampfpflüge, „von welchen auch nicht einer, mit Ausnahme der natürlich hier vertretenen englischen Patente, von praktischer Bedeutung geworden ist. Alle gehen von dem Gedanken aus, die Maschine als direktes Pferd des Pfluges zu behandeln, was das Misslingen dieser Projekte, abgesehen von allen weiteren Details, sogleich erklärt."[9]

Dass sich gerade dieses Prinzip gut 30 Jahre später einmal gegenüber dem Dampfpflug durchsetzen wird, kann Eyth freilich nicht ahnen. Aber Eyth weiß sehr wohl die Leistung der amerikanischen Landmaschinenindustrie zu schätzen: „Der Mangel an Arbeitskräften für das enorme Gebiet der Landwirtschaft schuf die Mähmaschine und entwickelte das ganze Gebiet der landwirtschaftlichen Technik zu überraschender Vollkommenheit."[10]

Damit hatte er zweifellos Recht. Bereits 1831 entwickelte Cyrus McCormick den ersten funktions-

» Der Gedanke ist nur ein Teil der Erfindung, ein viel unbedeutenderer, vom praktischen Standpunkt aus, als man gewöhnlich annimmt. «

Ein Abstecher nach Washington
(im Mai 1867)

„Washington fand ich nicht nach meinem Geschmack. Das Abc der Straßen, dessen Trostlosigkeit fast in allen andern Städten des Ostens wenigstens durch ein paar alte Viertel gemildert ist, in welchen die Vorfahren des jetzigen Geschlechts ihrem Freiheitssinn in der Gestalt krummer Gassen Ausdruck verliehen, ist in Washington in seiner ganzen entsetzlichen Blüte zu genießen: Eine Linie durch das Kapitol von Ost nach West; eine zweite von Süd nach Nord. Von der ersten gerechnet: Straße 1, 2, 3 und so weiter bis 27 West, und Straße 1, 2, 3 bis 27 Ost. Von der zweiten an: A, B, C bis W Nord und A, B, C bis W Süd. X, Y, Z fällt in den Potomak, ist aber auf dem Stadtplan auspunktiert für künftige Pfahlbauern. Nun aber kommt das Schlaue! Nachdem der große Washington oder sein Stadtbaumeister diesen geistreichen Plan so weit fertig hatte, muß ihm doch der Gedanke gekommen sein, daß das System sich zwar bequem aber langweilig mache. Er zog deshalb diagonal durch das Kapitol vier weitere Linien, die unbarmherzig durch die schönen Quadrate schneiden; und dann eine Reihe Parallelen mit denselben in Entfernungen von sechs Häuserquadraten des Urplans. Auf diese Weise bildet das Kapitol den Mittelpunkt einer wunderbaren Straßensonne, die Schnittpunkte der wage- und senkrechten mit den diagonalen Linien aber eine Anzahl völlig gleichartiger Straßensterne zur vollständigen Verwirrung etwaiger Feinde des Landes. [...] Trotz des Abc und 1, 2, 3 findet kein Mensch seinen Weg, und ist man je so glücklich, West-H-Straße erreicht zu haben, die man seit einer Stunde gesucht hat: der nächste Stern ist sicher, den aus Ärger analphabetisch gewordenen Wanderer nach M oder D hinauszustrahlen. [...] Das Kapitol ist unstreitig schön. Die Summen, die es gekostet, hätten vielleicht mit größerem Vorteil verwendet werden können; die weiße Riesenkuppel, von einer Statue der Freiheit gekrönt, mag für den Unterbau zu hoch sein; die Verschwendung von Gold im Innern macht nicht den Eindruck, als sei besonders viel geschehen für Kunst und Geschmack; immerhin bietet der Bau mit seinen korinthischen Pilastern [...] einen stolzen, prächtigen Anblick dar."[11]

fähigen Mähbinder, der die Basis für die Gründung der McCormick Harvesting Machine Company im Jahr 1848 bildete.

Die Firma Jerome Increase Case baute 1842 die erste Dampfmaschine für die Landwirtschaft. Und lange Zeit produzierte kein anderes Unternehmen mehr Dresch- und Dampfmaschinen als Case.

1848 gründete der Hufschmied John Deere seine Pflugfabrik, die wenige Jahre später 4.000 Pflüge pro Jahr baute – und noch viel später der größte Landmaschinenkonzern der Welt wurde. Weitere Weltkonzerne auf dem amerikanischen Kontinent wie New Holland, Massey (Kanada) und Harris sollten folgen.

Im Sommer 1867 aber hat die Seilschleppschifffahrt Max Eyth noch voll im Griff. Weitaus schwieriger als die Lösung technischer Probleme erscheint nun die Überwindung der bürokratischen Hindernisse zur Erlangung der Konzession für die Seilschifffahrt auf dem Eriekanal. Sogar die Abgeordnetenkammer des Staates muss der Angelegenheit noch zustimmen. Unterdessen hat Baron de Mesnil in seinem Heimatland Belgien die Konzession für die Seilschifffahrt auf der Maas erhalten.

In Amerika gestaltet sich das ganze Unternehmen zunehmend schwieriger. Während die Entscheidung der Abgeordnetenkammer über den Antrag für den Eriekanal noch aussteht, machen sich Eyth und de Mesnil daran, auch andere Städte von dem System der Seilschifffahrt zu überzeugen. Im August 1867 schreibt Eyth: „In den letzten Wochen war ich abwechslungsweise in Neuyork, Philadelphia, Lambertsville, Trenton, Bordontown, Neucastle, Neuwark, Wilmington, sämtlich Städte und Städtchen in Pennsylvanien; Neujersey und Delaware, um die erforderlichen Kanalgesellschaften zu dem geplanten gemeinschaftlichen Vorgehen zu bewegen. Die Bearbeitung der acht Kanalpräsidenten ist kein Kinderspiel. Zunächst darf der unbekannte Ausländer herzhaften Widerspruchs sicher sein. Es braucht einige Zeit, bis sich die Leute nur die Mühe nehmen, unsre Pläne anzusehen. Geschieht dies endlich, so schauen sie ein wenig auf und werden höflicher. Sobald sich aber die Sache als etwas Neues, noch nicht Erprobtes darstellt, tritt ein Rückschlag ein."[12]

Die Niederlage scheint vollkommen, als die Abgeordnetenkammer die Pläne für den Eriekanal endgültig ablehnt. Dann werden aber doch noch zwei andere Projekte in Philadelphia für den Raritankanal und den Schuylkillkanal genehmigt. Und einige Wochen später folgten Zusagen für Missouri, Illinois, Indiana und Ohio, sodass das ganze Projekt der Seilschleppschiffart doch noch zu einem mehr als erfolgreichen Abschluss gebracht werden kann.

Zuckerhaus von Magnolia, Louisiana/Nordamerika (Max Eyth, 1867).

Schwieriges Terrain für den Dampfpflug

Weniger günstig verläuft dagegen die Entwicklung in der Dampfpflügerei. Mehrere Wochen hält sich Eyth in New York auf, um die Patentschriften für die Seilschleppvorrichtungen zu verfassen, und macht sich dann wieder auf den Weg nach New Orleans, wo doch einige Aufträge für Dampfpflüge eintreffen. Fünf Tage und fünf Nächte ist Eyth für die fast 3.000 Kilometer im Zug unterwegs, bis er über Umwege und Zwischenhalte New Orleans wieder erreicht. In Cincinnati blieb er eineinhalb Tage, „um die Brücken über den Ohio zu studieren. Im Brückenbau haben die Amerikaner mit Ausnahme dieser speziellen Gattung, der Drahtseilbrücken, nicht viel geleistet. In diesem Genre jedoch [...] sind die zwei Meisterwerke der Welt, die Niagara- und die Cincinnatibrücke unübertroffen. Eine dritte, welche Neuyork mit Brooklyn auf der Insel Long Island verbinden soll, ist im Begriff, angefangen zu werden. Der Tag in Cincinnati war mir ein wirklicher Genuß, obgleich ich meine Aufnahmen in Regen und Schnee zu machen hatte."[13]

Anfang Dezember 1867 ist Max Eyth wieder in New Orleans. Hier haben sich die Verhältnisse seit seiner Abreise im März nach seiner Einschätzung nicht gebessert. Bitter ironisch bemerkt er in seinen Aufzeichnungen, dass „die Sicherung der Herrschaft der republikanischen Partei mit Hilfe einer auf Bajonette gestützten Negerherrschaft [anfängt], bittere Früchte zu tragen, nicht bloß für den Süden, sondern für die ganze Union."[14] Die

Schwarzen wollen nicht für die niedrigen Löhne arbeiten, die ihnen die Plantagenbesitzer zahlen wollen, was zur Folge hat, dass ganze Güter nicht bewirtschaftet werden können. Allerdings sind die Preise für Baumwolle und Zuckerrohr sehr niedrig, sodass die Farmer keine höheren Löhne zahlen können oder wollen.

Eyth bedrückt die düstere Lage im Land zunehmend und er glaubt kaum noch, dass sich ein längeres Bleiben in Amerika lohnt. Wurzeln schlagen wollte er hier sowieso nicht, aber das eine Jahr, das er nun schon in Amerika ist, gab ihm auch nirgends Anlass, heimisch zu werden. Vielmehr schreibt er, dass er sich in den Bergen Beiruts und am Ufer des Nils heimischer fühlte, als er es in Amerika je sein werde. Ein knappes halbes Jahr aber sollte es noch dauern, bis er Amerika den Rücken kehrt. Aber dass es noch so lange dauern würde, bis er Europa wiedersieht, weiß er im Dezember 1867 noch nicht.

Zunächst hat er noch einige Verpflichtungen abzuarbeiten. Ende Januar unterstützt er die Landwirtschaftsgesellschaft von Louisiana bei einer Ausstellung, indem er seinen Dampfpflug zur Verfügung stellt. Die ganze Veranstaltung versinkt jedoch im Wasser des ewigen Regens. Und das hebt nicht gerade Eyths Stimmung.

Froh ist er, als er endlich den neuen Dampfpflug für den Plantagenbesitzer Lawrence in Empfang nehmen kann, um ihn auf dessen Magnoliaplantage einzusetzen. Dies ist noch einmal eine schöne Herausforderung, die Eyths Stimmung hebt. Die Magnoliaplantage liegt mitten im Mississippidelta, süd-

» Denke nicht soviel, tue mehr: es macht nicht so dumm. «

lich von New Orleans. An den Ufern, so beschreibt Eyth die Lage, reiht sich Plantage an Plantage. Die Felder reichen von den Flüssen zwei bis drei Kilometer ins Land hinein. Dahinter beginnt der Urwald, „der sich, fußtief im Wasser stehend, in undurchdringliche Sümpfe und brackische Lagunen verliert. Magnolien und Hickorybäume, Sykomoren und Eichen der struppigsten Art und jetzt dürren Girlanden von Schlingpflanzen und dem Louisiana eigentümlichen Baummoose behangen, geben selbst im Winter diesen Sumpfwäldern einen ungewöhnlichen Charakter und bilden die sogenannten Swamps, in denen Alligatoren und Schlangen jeder Art noch so heimisch sind wie vor Jahrhunderten. Entlang der Flussseite zieht sich parallel mit dem Ufer die etliche acht Fuß hohe ‚Levee‘, ein mit Pfahlwerk verstärkter Erddamm, hinter dem sich eine breite, meist wohlgepflegte Straße befindet. An derselben steht in einem Garten, von Orangenbäumen, Bananen, Aloes und Kaktussen umgeben, das Herrenhaus – ein einfacher, wohlgepflegter Holzbau, auf Steinpfeilern ruhend und mit breiter Veranda nach vorn und hinten versehen. Ein oder zwei ähnliche Häuser für die Mechaniker, Aufseher und für gelegentliche größere Besuche sind halb im Gebüsch versteckt, hinter dem das hohe Dach und die rauchenden Kamine der Zuckerfabrik hervorragen. Die Felder sind in Vierecken ausgelegt, deren Grenze von weiten Feldwegen und einem System von Kanälen gebildet wird, die das Regenwasser natürlich nicht dem höher gelegenen Fluß, sondern dem urwäldischen Swamp zuführen. Etwas abseits vom Zuckerhaus befindet sich eine Gruppe kleiner, weißer Häuschen, die in früheren Zeiten von den Sklaven des Guts bewohnt wurden und jetzt den schwarzen Arbeitern vermietet werden."[15]

Max Eyth wohnt in dem überaus komfortablen Herrenhaus und der Einsatz des Dampfpfluges lässt sich überaus gut an. Sogar die vormals skeptischen Nachbarn sehen der Arbeit des Pfluges nach eigener Anschauung nun weitaus wohlwollender zu. Und sogar der größte Zuckerrohrpflanzer Louisianas, Mr. B. Johnson, scheint sich zum Dampfpflügen bekehren zu lassen. Lawrence bestellt, vier Wochen nachdem sein erster Dampfpflug erstmals eingesetzt wurde, bereits den zweiten. Problematisch ist allerdings wieder die Zollfrage. Denn die Befreiung von der Zollgebühr für eingeführte Dampfpflüge endet im Sommer. Eyth verfasst darum eine Eingabe an den Kongress, der den Antrag auf Zollfreiheit für weitere drei Jahre zum Inhalt hat – Ende offen.

Bis Ende April arbeitet Eyth noch auf der großen Magnoliaplantage. Neben der Arbeit findet Eyth jedoch auch Zeit, die Gegend zu erkunden. Ihn interessieren vor allem die Indianergräber, die Indian Mounds, das sind bis zu 16 m hohe künstliche Erdhügel. Begleitet von einer kleinen Mannschaft fährt Eyth schließlich mit einem Boot auf einem der Flussausläufer in Richtung der Indian Mounds. Zunächst bieten die Ufer nichts als weite Flächen von Binsengräsern, die am Horizont vom Urwald begrenzt werden. „Nach einer Fahrt von anderthalb Stunden wurden die Ufer des Bayous waldig, und die alten, verrotteten Eichenstämme, die fast waagerecht über das Wasser hinliegen und deren senkrecht stehende Riesenzweige zu neuen Bäumen heranwachsen, die Schlingpflanzen und Moosgirlanden, welche von den Zweigen herabhängend, langsam vom Wasser bewegt werden, die als einzelne Pflanzen steifen Palmettos, deren gewaltige Fächer jedoch, in vornehmen Gruppen vereinigt, eine gewisse künstlerische Ordnung in das bodenlose Pflanzenlabyrinth bringen, geben Bilder von überraschender Mannigfaltigkeit. Eines der schönsten Waldbilder dieser Art fanden wir beim Durchkreuzen eines kleinen versumpften Bayous, über den ich, teils auf dem Rücken unsers Führers, teils von Baumstamm zu Baumstamm springend, setzte. Das schwarzbraune Wasser, voll modrigen Lebens, worin sich Schlangen von Finger- bis zu Manneslänge bewegen, ist fast begraben in niederem Schilf und fetten, wachsartigen Wasserpflanzen. Umgestürzte Baumstämme, mit Schwämmen und Orchideen überwachsen, strecken ihre Äste aus dem feuchten Grab."[16]

Bevor sie die Indian Mounds erreichen, schießt ein schottischer Begleiter noch Krokodile, die lautlos und kaum sichtbar durch das Wasser gleiten. Die Indian Mounds selbst findet Max Eyth am Ende weniger interessant als erhofft. Die Hügelgräber haben zwar eine imposante Höhe, sind aber vom Urwald nahezu überwuchert. Eyths Urteil ist ernüchternd: „... die einfachen Grabhügel eines Volkes, das durch die Jahrtausende sich nicht über die ersten Stufen des schlichtesten Jäger- und Fischerlebens zu erheben vermochte und dessen letzte Gräber selbst kaum noch ein halbes Jahrhundert überdauern werden."[17]

Wer drei Jahre lang nahezu täglich die Pyramiden Gizehs vor Augen hatte, mag zu diesem (falschen) Schluss kommen.

Schneller als geplant steht plötzlich die Abreise Eyths aus Amerika bevor. Als sie am Abend zurück von der Expedition müde und hungrig die Magnoliaplantage erreichen, erwartet Eyth ein Telegramm, das ihn zurück nach England ruft. Anfang Mai verlässt er den nordamerikanischen Kontinent, den er

» Auf andere
zu rechnen habe
ich glücklicher-
weise nahezu
verlernt. «

Die Vereinigten Staaten von Amerika von 1860 bis 1869

1860   Die Südstaaten sagen sich vom Norden los und gründen die Konföderierten Staaten Amerikas (CSA). Gründe für die Abspaltung sind einerseits soziokulturelle, politische und ökonomische Spannungen zwischen dem industrialisierten Norden und dem agrarisch geprägten Süden und andererseits die heftig diskutierte Sklavenfrage. Die Südstaaten befürchten, dass der neu gewählte Präsident Abraham Lincoln die Sklaverei abschaffen will.

1861   Ausbruch des Sezessionskriegs durch den Angriff der Südstaaten auf das Bundesfort Sumter bei Charleston (South Carolina) am 12. April 1861.

1862   Sklavenbefreiungsproklamation durch Präsident Lincoln. Die Seeblockade der Südstaaten-Häfen führen zu einem Exportstopp von Baumwolle, worunter die Textilindustrie in England extrem leidet und was dort zu einer Verelendung und Hungerkatastrophe unter den Arbeitern führt.

1862   Das so genannte Heimstätten-Gesetz (Homestead Act) führt zur verstärkten Besiedelung des amerikanischen Westens und zur weiteren Verdrängung der Indianer.

1863   Schlacht bei Gettysburg Anfang Juli 1863, die mit einem Sieg und dadurch mit zu einer Wende zu Gunsten der Nordstaaten endet.

1864   Besetzung des wichtigen südlichen Bundesstaates Georgia durch die Nordstaatenarmee unter General Sherman.

1865   Kapitulation der Südstaatenarmeen: General Lee am 9. April in Appomattox bei Richmond (Virginia) und General Johnston am 26. April in Durham (North Carolina). Präsident Lincoln wird bei einem Theaterbesuch am 14. April erschossen. Sein Nachfolger Andrew Johnson verfolgt mit der „Reconstruction" die Aussöhnung mit dem Süden, dessen Wirtschafts- und Sozialstruktur durch die Verwüstungen des Bürgerkriegs und durch die formale rechtliche Gleichstellung der emanzipierten schwarzen Bevölkerung völlig aus den Fugen geraten ist.

1866   Gründung der ersten Gewerkschaft in Amerika. Konföderierte Abgeordnete verhindern bei der Abstimmung einen Zusatz zur Verfassung, der allen Staatsbürgern gleiche Rechte garantieren soll.

1867   Russland verkauft Alaska für die Summe von 7,2 Millionen Dollar an die Vereinigten Staaten.

1869   Zum neuen Präsidenten wird der Republikaner Ulysses Grant, im Bürgerkrieg zuletzt Oberbefehlshaber der Nordstaatenarmee, gewählt.

1869   Fertigstellung der Union Pacific-Eisenbahn, die die Ost- und Westküste Amerikas verkehrstechnisch verbindet und für die rasante Besiedelung des Westens sorgt.

in seinem Leben nicht mehr betreten wird. Eineinhalb Jahre war Max Eyth im Osten, Norden und Süden des Kontinents unterwegs und legte dabei viele tausend Kilometer zurück, meist mit dem Zug. Schon vor der Abreise war Eyth und der Firma Fowler klar, dass es letztlich nur ein Versuch war, in den USA Fuß zu fassen. Unterschätzt wurden jedoch die Folgen des Bürgerkriegs, der große Teile der Wirtschaft in Mitleidenschaft zog. Das größte Hindernis war letztlich die Finanzierung der Maschinen. Leisten konnten sich die Dampfpflüge sowieso nur die großen Zuckerrohr- und Baumwollplantagen. Doch diese waren noch durch die Kriegsfolgen geschwächt und wegen der Sklavenbefreiung standen keine billigen Arbeitskräfte mehr zur Verfügung. Die niedrigen Erzeugerpreise, speziell für die Baumwolle, verschlimmerten die

Lage zusätzlich. Von den politischen Wirrungen der Nachkriegszeit, die immer noch von großem Misstrauen zwischen Nord und Süd geprägt waren, ganz zu schweigen.

Wie viele Dampfpflugzüge Eyth in den USA verkauft hat, teilt er nicht mit. Aus seinen Aufzeichnungen lässt sich herauslesen, dass es vielleicht eine Hand voll gewesen sind. Auf jeden Fall zu wenig, als dass sich Eyths Aufenthalt in den USA für die Firma Fowler in Bezug auf die Dampfpflügerei gelohnt hätte, aber diese hatte auch keine allzu große Erwartungen, sodass sie mit Eyths Ergebnis letztlich zufrieden war. Eyth zitiert einen Brief Fowlers an ihn: „You have done wonders under dificulties. Ich denke wie Sie, daß wir für den Augenblick die Sache in Amerika nicht weiter forcieren sollten. Wir haben alle unsere Pflicht getan."

» Ich gebe mir redlich Mühe, mich von der deutschen Erbsünde, das Fremde anzustaunen, nach Möglichkeit zu befreien. «

Weitaus besser entwickelte sich wider Erwarten die Seilschleppschifffahrt. Eyth konnte für sich ein Patent für die Führung des Seils anmelden. Doch inwiefern das ganze Projekt für Eyth und Fowler auch finanziell lohnend war, ist nicht überliefert.

Wie stark sich Max Eyth tatsächlich mit der Landtechnik in Amerika während seines Aufenthalts dort auseinander gesetzt hat, teilt er selbst nicht mit, wenn man von seinem Besuch im Patentamt in Washington absieht. Aber dass er sich über den Stand der Technik informiert hat, ist an einigen Stellen seiner Aufzeichnungen nachzulesen, wobei er die Pflüge und Mähmaschinen hervorhebt.

25 Jahre später, im Februar 1893, hält Max Eyth in Göttingen einen Vortrag über „Die Entwicklung des landwirtschaftlichen Maschinenwesens in Deutschland, England und Amerika". Hier schildert er kurz, unter welchen Bedingungen in den USA landwirtschaftliche Maschinen entwickelt wurden, die so ganz anders als in Europa waren: „Eine landwirtschaftliche Maschine kann nicht auf dem Papier erfunden werden, sondern auf dem Feld. Ich spreche nicht von dem bloßen Gedanken, der allein in den seltensten Fällen Ehrentitel einer Erfindung verdient. Auch dies machte Amerika zum Lande der landwirtschaftlichen Maschinen. Denn dort hat niemand Zeit, sich mit Ideen abzugeben, die er nicht sofort gebrauchen will. Der Landwirt erfindet seine Maschine, wie er sein Pferd anschirrt, er gebraucht sie sofort, er sieht und fühlt ihre Mängel, er ändert, verbessert, während sie arbeitet, und schließlich hat er ein Werkzeug, das auch in jeder anderen Hand bequem und handlich liegt und den Zweck erfüllt, den er als Landwirt von ihm verlangt. Hindernd, oder wenigstens das amerikanische Gerätewesen in eigentümlicherweise beeinflussend, war der Mangel an Kapital, unter welchem der Anfang dieser Bewegung litt. Die Tausende von kleinen Ansiedlern und Einwanderern hatten wohl Korn und Milch, aber kein bares Geld. Große Apparate waren ausgeschlossen; allzu teuer und sorgfältig hergestellte Geräte konnten nicht durchdringen. Auch rechnet der Amerikaner jetzt noch nicht auf eine lange Dauer seiner Maschine. Das Leben um ihn her pulsiert viel zu rasch. Das Geräte von heute ist in zwei Jahren durch ein besseres verdrängt – wozu das alte zum eigenen Nachteil erhalten? Der durch diesen Grundgedanken erzeugte Massenkonsum hatte eine gewaltige Wirkung auf die Fabrikation. Nirgends, selbst in England nicht, ist die fabrikmäßige Herstellung in sinnreicherer und großartigerer Weise eingerichtet."[18]

Auffallend ist für Eyth, dass die Dampfkultur in Amerika kaum Fuß gefasst hat. Als einen Grund dafür sieht er, dass anfängliche Entwicklungen davon ausgingen, dass die Lokomobile die Maschine direkt zieht – wie ein Pferd. Ein solches Verfahren konnte nach seiner Auffassung nicht funktionieren. Dass es die Amerikaner aber trotzdem versuchten, sieht er darin begründet, dass sich die kleinen amerikanischen Farmer aus Mangel an Kapital keine schweren Dampfmaschinen leisten konnten. Die Lokomobilen, die den Pflug direkt zogen, waren viel leichter, nicht so leistungsstark und weitaus billiger – aber immer noch zu teuer, um eine massenweise Verbreitung zu erlangen. So blieb der Dampfantrieb weitgehend auf stationäre Maschinen beschränkt, zum Beispiel für den Antrieb von Dreschmaschinen. Dampfpflüge mit der Seiltechnik, wie Eyth sie 20 Jahre lang in aller Welt vertrat, wurden nur vereinzelt in den Rohrzuckerdistrikten des Südens, in Kalifornien mit seinen Großbetrieben und in Kanada eingesetzt.

Eine ebenfalls amerikanische Eigenart sind spezielle Hackmaschinen zur Unkrautbekämpfung in Mais und Baumwolle, die sich mit dem Fuß unabhängig vom Fahrgestell steuern lassen. Und auch in der Mähmaschine sieht Eyth „in allen Stadien, die sie durchlief, eine echt amerikanische Erfindung". Auf der Weltausstellung in London 1851 waren die ersten amerikanischen Mähmaschinen in Europa zu sehen, welche „mit dem nie dagewesenen seitlichen Zug, den wunderlichen Bewegungsmechanismus mit der Anwendung ganz unerlaubter mechanischer Gedankensprünge, die unser wohlgeschultes geometrisches Denken zur Verzweiflung brachten, die Erfindungsart dieses ungebundenen und unbändigen Volkes von technischen Landwirten in ihrer ganzen Originalität vorführte. Tausende von Mähmaschinen waren damals schon in den vereinigten Staaten tätig. Jedes Jahr brachte neue Vervollkommnungen, jede Vervollkommnung neue Ansprüche."[19]

Eyth beschreibt auch die eigentümliche Art der Getreideernte in Kalifornien, wo nur die Ähren vom Halm geschnitten werden und in einen nebenher fahrenden Kastenwagen geworfen werden. Noch auf dem Feld werden die Ähren gedroschen. Bemerkenswert ist, so Eyth, die große Schlagkraft dieses Ernteverfahrens, denn die Schnittbreite der so genannten „Headers" (Köpfer) beträgt stolze vier bis fünf Meter. Aber dieses Verfahren ist auch nur unter klimatischen Voraussetzungen möglich, die die völlige Abreife des Korns auf dem Halm erlaubt – in Deutschland, wo auch noch 100 Jahre später mit dem Mähbinder geerntet wurde, nicht vorstellbar.

*An Bord der
City of Bristol/
England
(Max Eyth, 1868).*

Von der Qualität der Maschinen und von der amerikanischen Einstellung zur Maschinenpflege hat Max Eyth keine hohe Meinung: „Keinen guten Eindruck macht im allgemeinen die amerikanische Lokomobile, die unschön und meist schlecht gemacht erscheint. Man merkt ihr an, sie ist nur Mittel zum Zweck. So lange sie sich noch dreht, beschäftigt sich niemand mit ihr, während sie in England und neuerdings auch bei uns mit gebührender Rücksicht behandelt wird."[20]

Auch meint er beobachtet zu haben, dass die amerikanischen Maschinen im Allgemeinen leichter gebaut sind als die englischen, dafür aber einen höheren Bedienungskomfort bieten.

Ein wesentliches Merkmal des amerikanischen Landmaschinenwesens sieht Eyth in der schnellen und fortwährenden Weiterentwicklung der Maschinen. Der Maschinenumsatz ist wesentlich höher und daher rangiert der Aspekt der Haltbarkeit der Maschinen auch nicht so weit vorne, wie das bei Maschinen aus England der Fall ist. – The American way of live – auch in der Landtechnik ist er zu finden.

Zurück in England

Im Mai 1868 kehrt Max Eyth nach England zurück. Doch lange hält es ihn dort nicht. Er wird gleich von de Mesnil bedrängt, nach Brüssel zu kommen, damit er sich um die Seilschleppschiff-

fahrt in Belgien kümmere. Eyth arbeitet nun intensiv daran, die passenden Dampfmaschinen und Antriebe für die Tauerei weiterzuentwickeln. Im September setzt er auf einem Kanal bei Godarville, nordwestlich von Charleroi, kleine Seilschleppschiffe ein, die durch einen 1.250 m langen Tunnel unter einem Hügel gezogen werden. Sein Vorgänger und Konkurrent Bouquié, der schon zwei Jahre zuvor seine Schleppschiffe an dieser Stelle einsetzte, aber statt eines Drahtseils eine Kette verwendete und damit scheiterte, beobachtet die Aktion argwöhnisch. Er schließt mit einem Freund de Mesnils eine Wette ab, dass es das Boot von de Mesnil nicht schaffen würde, den Tunnel in weniger als zwölf Minuten zu durchfahren. Die Wette wird sogar in Brüssel wahrgenommen und am Tag der Entscheidung kommen zig Zuschauer, die dem Spektakel beiwohnen. Eyth siegt mit seinem Boot überlegen. Nicht einmal zehn Minuten braucht es für die Tunnelfahrt.

Auch in anderen Regionen nimmt das Interesse für die Schleppschifffahrt zu. Bis zum Ende des Jahres reist Eyth durch Belgien und die Niederlande, um die verschiedenen Projekte vorwärts zu bringen. Sogar in Dresden und in Österreich wird man aufmerksam, und Eyth reist in diesen Monaten viel, um die technischen Verfahren der Seilschleppschifffahrt vorzustellen.

Die Sache nimmt ihn so in Anspruch, dass er im August 1869 sogar überlegt, sich ganz der Schiff-

Deutschland von 1866 bis 1871

1866 Deutscher Krieg zwischen Österreich und Preußen, Auflösung des Deutschen Bundes.

1867 Preußen gründet den Norddeutschen Bund, Einführung der allgemeinen Wehrpflicht; Zoll, Post- und Telegrafenverkehr werden vereinheitlicht. Bismarck wird Kanzler.

1867 Entstehung der Doppelmonarchie Österreich-Ungarn (k.u.k.).

1867 Karl Marx beginnt sein Werk „Das Kapital".

1868 Wiederherstellung des Deutschen Zollvereins.

1869 August Bebel und Wilhelm Liebknecht gründen in Eisenach die Sozialdemokratische Arbeiterpartei.

1870 Ausbruch des Deutsch-Französischen Kriegs im Juli 1870. Deutsche Truppen belagern Metz und schneiden den Franzosen den Rückzugsweg ab. In der Schlacht bei Sedan wird die französische Armee geschlagen, Kaiser Napoleon III. gerät in Gefangenschaft. In Paris wird die Republik ausgerufen. Paris wird nun von der deutschen Armee belagert. Nach erbittertem Widerstand werden die republikanischen Truppen der Franzosen bei Amiens und Orléans geschlagen.

1870 Gründung der Deutschen Zentrumspartei.

1871 Gründung des Deutschen Kaiserreichs, Kaiserproklamation im Schloss Versailles am 18. Januar 1871. Berlin wird Reichshauptstadt.

fahrt zu verschreiben und das Dampfpflügen aufzugeben. Robert Fowler und Eyth legen in einem Gespräch allerdings fest, dass sich der deutsche Ingenieur in Zukunft wieder dem Dampfpflügen widmen soll. Damit bleibt Eyth der Landwirtschaft erhalten.

Und seine nächsten Reisen führen ihn endlich wieder nach Deutschland. Doch nicht in die Heimat Württemberg führt ihn seine Arbeit, sondern auf die großen Güter in der Region bei Halberstadt, die seinerzeit zur Provinz Sachsen im Königreich Preußen gehörte. „Der unternehmende landwirtschaftliche Verein von Halberstadt hat uns drei-

zehnhundert Morgen zum mietweisen Pflügen angeboten. Dabei soll sich zeigen, ob Dampfpflügen sogar auf deutschen Boden und in deutschen Händen möglich ist, nachdem Beduinen und Neger die Sache begriffen haben. Die Gegend zwischen Braunschweig, Magdeburg und Leipzig ist wie geschaffen dazu: reiche, große Gutsbesitzer, nahezu flaches Land, tiefer Boden und die Notwendigkeit einer gründlichen Bearbeitung, wo Rüben zu bauen sind."[21]

Tatsächlich lässt sich die Dampfpflügerei so gut an, dass Eyth noch im Oktober einen Dampfpflug verkaufen kann – und zwar einen der größten, die Fowler je gebaut hat.

Im Januar 1870 wird Eyth nach Ungarn geschickt. „Das Land ist flach und öde um diese Jahreszeit, das ist keine Frage. Die Wege sind bodenlos, und um die Lenausche Puštapoesie zu verstehen, ist's schon notwendig, die Sache aus der Entfernung zu betrachten, zum Beispiel vom Weinsberg aus. Aber Fünfkirchen liegt hübsch zwischen hohen, roten, wenn auch kahlen Weinbergen. Pest [Budapest] und Osen sind dagegen wundervoll gelegen. Die Aussicht auf Stadt und Land vom Blocksberg (auf Osener Seite) ist großartig: nach Süden die unendliche, donaudurchflutete Ebene, nach Norden und Osten – dort die romantische Festung, hier die reiche, lebendige Stadt, und in der Ferne Hügel und Berge in bunter Mannigfaltigkeit! Es hat einige Ähnlichkeit mit Prag, macht aber ein sonnigeres freundlicheres Gesicht. Man könnte glauben, dort eine goldene Vergangenheit, hier eine goldene Zukunft zu sehen."[22]

Auf den Zuckerrohrfeldern Trinidads

Eyth kann eigentlich jeder Gegend, die er bereist, Schönes abgewinnen, wenn sie auf den ersten Blick auch unattraktiv erscheint. Doch wie froh ist er, als er die Aussicht hat, wieder nach Übersee zu reisen. Vor allem entgeht er dem ungemütlichen Winter in England. Anfang März 1870 geht die Reise nach Trinidad, die zu den Westindischen Inseln vor der Nordküste Südamerikas gehört und zu Eyths Zeit eine Kolonie der Briten war. Auf den Zuckerrohrplantagen Trinidads sind bereits etliche Dampfpflüge im Einsatz, jedoch steht ein Teil der Maschinen still, weil die Technik für die Verhältnisse auf dem gerodeten Urwaldboden zum Teil nicht geeignet ist. Die Aufgabe Eyths ist, mit den Zuckerrohrpflanzern technische Verbesserungen der Dampfpflüge zu erörtern, um sie den Bodenverhältnissen und Anbaumethoden auf Trinidad anzupassen. Doch auch hier

*Corinth, Napa-
rima / Trinidad
(Max Eyth,
März 1870).*

*Das Cooliefest,
Trinidad (Max
Eyth, 1870).*

kann er sich an der Landschaft und der Hauptstadt
des Inselstaates nicht satt sehen.

„Port of Spain ist eine der lieblichsten Städte
Westindiens. Am Rande einer großen, grünen, vom
Meere bespülten Ebene, auf welcher, weiter nach
Norden, Haine von Palmen, Tamarinden und Fei-
genbäumen mit Zuckerfeldern wechseln, hat es den
spiegelnden Golf von Paria vor sich. Hinter der
Stadt, nur getrennt durch eine parkartig angelegte

Savanne, steigen die steilen, dichtbewaldeten Berge
der großen nördlichen Gebirgskette der Insel empor, die in kecken, mächtigen Formen, durch tiefe
Täler zerschnitten, von Westen nach Osten die ganze Insel durchstreicht und deren Fortsetzung über
die ‚Bocas‘ hinüber in den Granitbergen von Ve-
nezuela am glänzenden Horizonte erscheint. Eine
Talschlucht, in duftige, blaugrüne Schatten gehüllt,
öffnet sich gerade dem Meere zu, verführerisch

Roseau,
Dominica/
Mittelamerika
(Max Eyth, 1870).

St. Thomas (Max
Eyth, 1870).

trotz der Hitze und der wohlgemeinten Warnung der Eingeborenen."[23]

Die Pflüge werden auf den Böden Trinidads stark gefordert. Dennoch geht die Arbeit voran und Eyth nimmt auch zahlreiche Anregungen für Verbesserungen der Dampfpflüge mit, als er im Mai 1870 wieder zurück nach England reist.

Während eines Aufenthalts in Österreich zwei Monate später erhält er Besuch von Robert Fowler, der auf der Rückreise von Ägypten ist. Die Kontakte zum Vizekönig bestehen noch immer. Nicht die Baumwolle ist jetzt das Hauptprodukt der ägyptischen Landwirtschaft, sondern das Zuckerrohr.

Fowler kommt mit einem lukrativen Auftrag aus Ägypten. Der Vizekönig Ismail Pascha will zur kommenden Saison 100.000 Hektar Land gepflügt haben. Die Leitung für diesen höchst lukrativen Auftrag will Fowler dem in ägyptischen Verhältnissen erfahrenen Max Eyth übergeben. Und der lässt sich nicht lange bitten. Hinzu kommt, dass er auf dem Nil auch die Seilschleppschifffahrt einführen will und diesem Ziel mit der in Aussicht stehenden Reise ein Stück näher kommt.

1870/71 – Krieg zwischen Deutschland und Frankreich

Doch das Wiedersehen mit Ägypten, das er vor mittlerweile fast vier Jahren verlassen hatte, sollte noch bis Anfang 1871 dauern. Denn erneut erschüttert ein Krieg das Land. Im Juli 1870 erklärt Frankreich Deutschland den Krieg. Eyth schreibt in Oxford: „Wie ein Blitzstrahl trifft uns soeben die Nachricht, die ganz Europa durchzittert und vor der alle andern Interessen in nichts verschwinden. Die Abendzeitungen sind voll Entrüstung gegen Frankreich, dem man die Schuld am Ausbruch des Kriegs beimißt. An eine Beteiligung Englands denkt jedoch niemand, selbst wenn Belgien angegriffen würde. Alles ist voll fieberischer Erwartung. Man fühlt in solchen Zeiten, wie selbst menschliche Entschlüsse und Handlungen in der Hand einer zermalmenden Notwendigkeit ruhen, die kein einzelner zu meistern, kaum annähernd voraus zu berechnen vermag. ‚Scharf und kurz', ist alles, was man hier von den nächsten Wochen erhofft."[24]

In England, berichtet Eyth, ist von nichts anderem die Rede als vom Krieg, wobei die Stimmung überwiegend prodeutsch ist. Allerdings macht sich der Krieg auch bald bei den Geschäften bemerkbar, wenn auch nicht so gravierend wie in anderen Industriebereichen wie etwa in der Textilindustrie.

Eyth arbeitet, weitgehend unberührt von den Kriegsereignissen, weiter an seinen Dampfpflügen, entwickelt ein Gerät zum flachen Pflügen, bereitet einen Dampfpflugwettbewerb für das nächste Jahr vor. Letztlich hofft er, einige Monate in England bleiben zu können, um die Arbeit zu beenden. Diese Zeit soll er bekommen.

Zur Waffe greift Max Eyth auch in diesem Krieg nicht. Anders als sein 21-jähriger Bruder Eduard, der als Freiwilliger die Uniform anzieht, später an der Schlacht bei Sedan teilnimmt und wochenlang bis Januar 1871 vermisst wird. Allerdings erhält Eyth ein Schreiben einer Militärbehörde in Berlin, die ihn als Agenten anwerben will und damit sein patriotisches Empfinden weckt. Ausgestattet mit einem britischen Pass könne er „Erkundigungen einziehen, ob und welche Truppen in den nördlichen Häfen des Landes zusammengezogen werden". Eyth wäre darauf „herzlich gern" eingegangen, wenn Fowler ihm diesen Plan nicht ausgeredet hätte.

Auch wenn Eyth nun schon über Jahre hinweg im Ausland lebt, interessiert ihn Deutschland nach wie vor. Mit der Entwicklung, die Deutschland unter Einfluss und Führung des preußischen Ministerpräsidenten Bismarck nimmt, ist er offensichtlich zufrieden. Die Siege der deutschen Truppen heben ebenfalls Eyths Stimmung. Deutsche Truppen siegen am 4. August bei Weißenburg und am 6. August auch bei Wörth und Spichern.

Noch vor dem Ende des Kriegs schreibt er am 13. August 1871: „Die Zeiten sind aus allen Fugen, und die Weltgeschichte überstürzt sich. Wer hätte gewagt zu hoffen, was wir in den letzten Wochen erlebt haben? Entspricht das Ende dem ruhmvollen Anfang, so steht Deutschland für das nächste Jahrhundert da, wo es hingehört: an der Spitze Europas. Ein solches Ziel hätten wir doch nie erreicht ohne 66."[25]

Doch noch ist der Krieg nicht zu Ende. Die französische Rheinarmee wird vom 14. bis 18. August bei Colombey-Nouilly, Vionville-Mars-la-Tour und Gravelotte-Saint-Privat geschlagen und in die Festung Metz zurückgeworfen und eingeschlossen. Bei dem Versuch, diese zu befreien, werden weitere Truppen von den Deutschen nach Sedan abgedrängt, wo sie am 2. September kapitulieren. Napoleon III. wird gefangen genommen. Zwei Tage später wird in Paris die Republik ausgerufen.

Dazu Eyths Kommentar eine Woche später: „Welch ein Monat! Die ganze Welt ist von diesen Schlägen betäubt. [...] Was wenige Leute glauben wollen, wird mir immer klarer: dass in den großen Beziehungen zwischen Nationen das Recht in höherem Sinne stets auf der Seite der Macht, der Kraft ist."[26]

Dass er Deutschland im Recht sieht, ist durchaus legitim, war es doch Frankreich, das Deutschland den Krieg erklärte, wenn dem auch eine Provokation Bismarcks vorausging. Eyth kennt durchaus auch die größeren Zusammenhänge, zum Beispiel dass Frankreichs Machtposition in Europa nach dem Deutschen Krieg 1866 geschwächt war und Preußen seine Position innerhalb Deutschlands, aber auch Europas, nicht nur festigen, sondern weiter zu stärken suchte. Äußerer Anlass für die Kriegserklärung Frankreichs war die Frage der hohenzollernschen Thronkandidatur in Spanien. Frankreich forderte den Verzicht der Kandidatur von Erbprinz Leopold von Hohenzollern-Sigmaringen in Spanien und eine Verzichtserklärung Preußens bezüglich weiterer Kandidaturen. Der Vorgang war in einem Telegrammbericht an Bismarck festgehalten und ging als „Emser Depesche" in die Geschichte ein. Bismarck ließ den Text gekürzt und redigiert veröffentlichen, was eine Brüskierung Frankreichs im diplomatischen Umgang miteinander bedeutete. Dies und die gespannten Beziehungen zwischen Frankreich und Deutschland führten schließlich zur Kriegserklärung Frankreichs am 19. Juli 1870.

Eyth ist durchaus dafür, dass nach der Schlacht von Sedan und der Ausrufung der Republik nun Richtung Paris marschiert wird. Auch in der politischen Beurteilung ist er pragmatisch. „Wenn Frankreich nicht so gedemütigt ist, dass der frechsten Lüge kein Ausweg mehr bleibt, sind die halben Früchte des fürchterlichen Kampfes für uns in einem Jahr wieder verloren."[27] Andererseits ist er dafür, dass Elsass und Lothringen im Zweifel aufgegeben werden. „Deutschland hat [...] diese Provinzen gründlicher verloren als mit Waffengewalt, ihr Herz ist französisch geworden, und Deutschland ist mächtig genug auch ohne sie. Ich sage nicht, wie es hier vielfach geschieht, wir sollten die Großmütigen spielen. Lassen sich die Provinzen regieren, ohne ein beständiger Pfahl im Fleisch zu sein – gut. Wenn nicht, so sollten wir stark genug sein, träumerischen Theorien zu entsagen, wenn es sich um eine bessere Wirklichkeit handelt."[28]

>> Nicht die Not allein macht erfinderisch. Es gibt eine Lust am Erfinden, die von der Not unabhängig ist. Aber nur die Not reift Erfindungen. «

Suk en Nahassin, Kairo/Ägypten (Max Eyth, Februar 1866).

Neue Aufgaben in Ägypten

Unterdessen hat sich Max Eyth weiter seinen Tagesgeschäften zu widmen. Ein Kultivator, den er mitentwickelte, wird patentiert, die neue Form einer Straßenlokomotive ist in Arbeit. Sogar der Vizekönig Ismail Pascha aus Ägypten meldet sich wieder und bestellt sage und schreibe 28 Lokomotiven, mit dem das Zuckerrohr von den Feldern zu den Fabriken transportiert werden soll. Überhaupt hatte sich einiges in Ägypten geändert: Die Baumwollzeit war vorbei. Nun sollte Zuckerrohr die Devisen bringen, die die Baumwolle dem Land innerhalb weniger Jahre in märchenhaftem Ausmaß beschert hatte. Zuckerrohr wurde zwar schon lange in Ägypten angebaut und in Mittelägypten und im Nildelta standen auch schon einige Fabriken. Im Jahr 1868 setzte der Vizekönig jedoch eine enorme Erweiterung des Zuckerrohranbaus in Gang. Innerhalb von zwei Jahren wurden 18 große Fabriken bestellt, die Eyths Angaben zufolge 200 Tonnen Zucker täglich produzieren konnten.

Die Fabriken wurden im Abstand von zehn Kilometern entlang dem Nil gebaut. Jede dieser Fabriken musste bei voller Auslastung täglich mit 2.000 Tonnen Zuckerrohr beliefert werden. Das entspricht einer Menge von 400 Eisenbahnwaggons. Um diese logistische Herausforderung zu meistern, wurde sogar der berühmte Ingenieur John Fowler zum technischen Leiter ernannt. John Fowler – nicht verwandt mit dem Dampfpflüger aus Leeds – war der Planer der ersten Londoner U-Bahn und galt als ein ausgewiesener Fachmann. Die Eisenbahnen zur Verfügung zu stellen war kein zu großes Problem – auch wenn die Lieferung Zeit beanspruchen sollte. Wie jedoch die gigantischen Mengen an Zuckerrohr von den Feldern zu den Waggons transportiert werden sollten, war eine fast unlösbare Aufgabe. Am Ende lief alles in ein Chaos. Nur ein Teil der geplanten Fabriken wurde tatsächlich gebaut und diese produzierten eine weitaus geringere Menge Zucker, als ihre Leistungsfähigkeit es eigentlich zuließ. Ganz zu schweigen vom Auftrag des Vizekönigs, dass Fowler 100.000 Hektar Zuckerrohrfläche mit seinen Dampfpflügen umbrechen sollte. Dieser Vertrag hatte sich zerschlagen, sodass hunderte und aberhunderte Fellachen mit Ochsen und Hakenpflügen die Flächen zu pflügen hatten.

Doch diese Probleme beschäftigen Max Eyth einstweilen nicht. Er plagt sich während der nächsten Monate mit dem Alltagsgeschäft herum: dem Preispflügen von Wolverhampton, das schließlich mit dreizehn Preisen für Fowler überragend abgeschlossen wird. Und dann geht Eyth auch wieder auf Reisen. Auf dem Gut Seelowitz bei Brünn in Mähren, das im Besitz des Erzherzogs Albrecht ist, setzt er erfolgreich Dampfpflüge ein.

Wichtig für Eyth ist schließlich auch, dass im Dezember 1871 endlich die Gesellschaft für Seilschifffahrt auf dem Rhein mit Beteiligung de Mesnils zustande kommt. Denn die bestehende Konzession lief zum 1. Dezember ab. Nun wird sie bis April 1872 verlängert.

Und dann winkt Anfang 1872 schon wieder Ägypten. Immer noch ist das Land am Nil, namentlich der Vizekönig Ismail Pascha, einer der größten Auftraggeber der Firma Fowler. Und Max Eyth ist dort ihr wichtigster Vertreter, denn er kennt sich mit den Verhältnissen in Ägypten am besten aus. Nicht allein die besten Kenntnisse im Dampfpflügen sind dort gefragt, sondern auch Fähigkeiten in Fragen der Bewässerung. Und die hat sich Eyth in seinen drei Jahren in Stellung bei Halim Pascha zweifelsfrei erworben. Eyth hatte im Auftrag des Vizekönigs einen umfangreichen Bewässerungsplan entworfen. Außerdem soll er sich um die zahlreich bestellten Dampfpflüge kümmern, die gleichzeitig als Straßenlokomotiven benutzt werden können, um das Zuckerrohr von den Feldern zu den Zuckerfabriken zu transportieren. Und schließlich hat er sogar für den Aufbau einer Zuckerfabrik in Feschna (El-Fashn), knapp 15 Kilometer südlich der Stadt Biba in Mittelägypten, zu sorgen, die noch in einem Wirrwarr von Einzelteilen auf dem vorgesehenen Bauplatz lagert. Von den geplanten, zahlreichen Zuckerfabriken ist nicht eine fertig geworden. Und die zwei alten Fabriken in Minieh (El-Minya) und Rhoda (El-Rôda) in der großen Oase El-Faiyûm, knapp hundert Kilometer südlich von Kairo gelegen, sind in einem desolaten Zustand, sodass unklar ist, wo die ungeheuren Mengen an Zuckerrohr, die auf den Feldern wachsen, demnächst verarbeitet werden sollen.

In Ägypten angekommen, muss sich Eyth ein zweites Mal um seinen Hausstand kümmern. Sein früheres Haus in Schubra kann er nicht mehr beziehen, da es von einem Seidenraupenzüchter bewohnt wird. Allerdings ist Eyth beeindruckt, wie sehr sich Kairo in den vergangenen sechs Jahren verändert hat. „Die Stadt wimmelte von alten Bekannten und setzte mich mit dem veränderten Gesichte ihrer neuen Stadtteile in Erstaunen. Ein französisches Theater, eine Oper, ein Zirkus, ein Park, eine Nilbrücke, Häuser und Straßen, wo früher Stachelbirnen und Palmen wucherten.“[29]

Im Februar geht die Reise nach Minieh, wo die Zuckerfabrik und die noch in zahlreichen Kisten verpackten Dampfpflüge warten sollen und wo Max Eyth den Vizekönig treffen wird. In Minieh findet Eyth jedoch kein festes Haus vor. Vielmehr muss er mit seiner Mannschaft ein Zeltlager beziehen, das im Lauf der nächsten Wochen auf sieben Zelte anwächst. Immerhin hat Eyth ein kleines Zelt für sich.

Überraschend trifft kurz darauf Robert Fowler ein, der aus dem vierzig Kilometer entfernten Feschna kommt, wo er sich über den Bau der neuen Zuckerfabrik informiert hat. Zufällig kommt Fowler im Gespräch mit dem Vizekönig auf die Kettenschifffahrt zu sprechen, ein Projekt, das der Vizekönig für den Kanal zwischen Alexandrien und Kairo erwägt. Fowler packt die Gelegenheit beim Schopfe und versucht, ihm gleich die Seilschifffahrt, wie Eyth sie für Fowler entwickelt hat, nahe zu bringen. Kurzerhand erhält Eyth eine Audienz bei Ismail Pascha und erklärt ihm in allen Einzelheiten die Vorteile der Tauerei. Der Vizekönig ist beeindruckt und sendet umgehend einen Vertrauten nach Belgien, der die Methode vor Ort studieren soll.

Das fließende Wasser treibt das Wasserschöpfrad an (Oberägypten).

Oberägypten im 21. Jahrhundert. Ein Fellah pflügt mit zwei Rindern und dem Hakenpflug.

Wasserschöpfwerk mit Göpelantrieb (Oberägypten).

*Das Niltal bei Mi-
nieh (Max Eyth,
1872).*

*Bazar, Minieh
(Max Eyth, 1872).*

wiederum Tage später kommen die in 170 Kisten verstauten Teile der Dampfpflüge endlich an dem Bestimmungsort in Minieh an. Es kostet etliche Strapazen, bis die Dampfpflüge in dem mittlerweile heißen Klima zusammengebaut sind. Und als sie endlich einsatzbereit sind, wird der Vizekönig für eine Vorführung erwartet. Doch der kommt nicht. Unterdessen wird Eyth wegen der Seilschifffahrtprojekts nach Kairo gerufen. Gleichzeitig wird bestimmt, dass die mittlerweile zusammengebauten Dampfpflüge nach Feschna gefahren werden sollen. Und nun beginnt die Odyssee der Dampfpflüge. Als Eyth zurück von Kairo in Feschna ankommt, ist ein Teil der Dampfpflüge und der Ausrüstung per Eisenbahn in Feschna angekommen. Der Rest ist nach Megagga gelangt. Eyth hat alle Mühe, die fünf ersten Dampfpflüge samt Ausrüstung wieder zusammenzustellen, die am wiederum neuen Bestimmungsort Megagga ankommen sollen. Ein Teil der Ausrüstung bleibt jedoch verschollen.

Weitere Dampfpflüge, die Eyth übergeben soll, folgen. War es den Bezirksvorstehern der Region zuvor noch ein Angang, Eyth beim Transport der Maschinen zu unterstützen, ändern sich die Verhältnisse plötzlich zum Besseren.

Die Zuckerrohrfelder zwischen Rhoda und Bibe (Biba) werden mit dem Wasser aus dem Ibrahimieh-Kanal bewässert. Im Frühjahr versandet der Kanal regelmäßig. Das ist zwar in der Regel kein existen-

Allerdings stellen sich auch neue Probleme ein. Die Dampfpflüge, die längst in Minieh sein sollen, sind verschollen, und es dauert etliche Tage, bis sie ausfindig gemacht werden können. Sie waren mit der Eisenbahn sechzig Kilometer weiter südlich in Megagga (Maghâgha) angekommen. Und

zielles Problem. Doch im Frühjahr 1872 führte der Nil ungewöhnlich wenig Wasser, sodass das Wasser nicht in den Kanal fließen konnte. Nun mussten Pumpen her, die das Wasser aus dem Nil in den Kanal pumpten. Alte Pumpen wurden wieder in Stand gesetzt und Dampfmaschinen zum Pumpen herangezogen. Die Dampfpflüge wurden ebenfalls ihrem ursprünglichen Zweck entfremdet und zum Wasserpumpen genutzt. Eyth konnte es egal sein. Er ließ sich die Ablieferung der Dampfpflüge von Abteilungsleitern oder Bezirksvorstehern quittieren, die nun froh waren, eine Dampfmaschine von Eyth ergattert zu haben. Damit war sein Auftrag in Ägypten erfüllt und die Abreise stand bevor – wäre da nicht doch das Bewässerungsprojekt gewesen. Immerhin hatte es Eyth viele Stunden Arbeit gekostet, die Zeichnungen und schriftlichen Darlegungen anzufertigen. Und angesichts des enormen Wasserproblems will Eyth eigentlich auch sein fein ausgearbeitetes Bewässerungsprojekt vorstellen. Doch gerade dies sollte kompliziert werden und die eigentlich ruhige Abreise – nichts drängte Eyth zur Eile – sollte plötzlicher vonstatten gehen, als er dachte, und geradezu in einer Flucht enden.

Nichtsahnend schreibt Eyth zunächst einen Brief an den wichtigsten Vertreter der Firma Fowler in Ägypten, Mr. Smart, ob er nun seinen großen Bewässerungsbericht präsentieren dürfe. Smart leitete den Brief weiter und nun brauchte Eyth nur noch auf ein Signal des Vizekönigs warten.

Gleichzeitig schickt er eine Nachricht nach Leeds, dass er vorhabe, das Bewässerungsprojekt vorzustellen. Die Antwort aus Leeds kam prompt und sicherheitshalber gleich mit zwei Telegrammen: Er dürfe den Bericht „unter keinen Umständen" vorlegen. Ein drittes Telegramm gleichen Inhalts, das kurz darauf eintraf, machte den Ernst dieser Anweisung deutlich.

Gleichzeitig erwartete Eyth jede Stunde eine Nachricht des Vizekönigs, dass er sich in Kairo einzufinden habe. Eyth blieb nichts anderes übrig, als sich dem Dilemma durch Flucht zu entziehen. So reiste Eyth Anfang Mai 1872 von einem Tag auf den anderen aus Ägypten ab. Die Gründe für die Verwirrung sollte er erst in London erfahren. Eyth geht davon aus, dass es zu einem Streit zwischen der Firma Fowler und dem beratenden Ingenieur des Vizekönigs in der Bewässerungsfrage gekommen war. Hätte Eyth seine Pläne in Ägypten bekannt gemacht, wäre dies hinter dem Rücken dieses Ingenieurs geschehen, und der Streit wäre wahrscheinlich vollends eskaliert. Und das lag nicht im Interesse der Firma Fowler, da ein Streit weitere Geschäfte erschwert hätte.

Arbeiterstreiks in England

Während des Sommers bleibt Eyth in Leeds. Endlich hat er Zeit, weitgehend ungestört am Zeichenbrett zu arbeiten. Einige Male reist er nach London, um mit amerikanischen Gesellschaften über Projekte der Seilschleppschifffahrt zu diskutieren. Außerdem macht er Ausflüge zur Erholung in den Norden und besucht die Landwirtschaftausstellung in Cardiff, wo er es genießt, einmal nicht seine Dampfpflüge präsentieren zu müssen, sondern einfach nur Besucher zu sein.

Aber auch sein Arbeitsgebiet ändert sich wieder. Er ist nicht nur an der Weiterentwicklung der Lokomobile und Geräte beteiligt, sondern kümmert sich nun auch um die weitere Automatisierung, das heißt auch Rationalisierung, in der Fabrik und konstruiert Werkzeugmaschinen, die die Handarbeit in der Produktion zum Teil ersetzen und die Produktivität enorm erhöhen. Dies geschieht nicht aus reinem Selbstzweck, sondern es sind nach Eyth die natürlichen Folgen der Arbeitsverhältnisse. „Die Leute sind entschlossen, mehr Geld zu verdienen und weniger zu arbeiten. Das eine ist berechtigt und wird auch von den Fabrikherren nach allen Richtungen hin bereitwillig zugestanden. Das andere bringt uns in schwere Not. Der erste Schritt in dieser Richtung war die jetzt überall siegreiche Neunstundenbewegung. Mit Akkordarbeit machte dies fast keinen Unterschied. Jetzt aber beschlossen die Leute, daß keine Überzeitarbeit mehr gearbeitet werden dürfe.

Damit war die Leistungsfähigkeit einer bestehenden Fabrik um ein Fünftel oder ein Sechstel vermindert, und es bleibt nichts anderes übrig, als entweder sich einfach in die Tatsache zu fügen, oder die Fabrik zu vergrößern, mehr Raum und mehr Werkzeugmaschinen anzuschaffen, mehr Leute einzustellen."[30]

Eyth können sicher keine sozialreformerischen Neigungen zugesprochen werden. Er hat zwar Verständnis für Forderungen nach höheren Löhnen der Arbeiter, aber er ist völlig gegen eine Verringerung der Arbeitszeit, weil die Arbeitskosten dadurch steigen. „Die Geschäfte sind im letzten Jahre glänzend gegangen. Die Art aber, wie sich die Arbeiter an dem Gewinn solcher Ausnahmsjahre zu beteiligen suchen, ist das Unglück. In den Kohledistrikten, wo die Löhne reißend gestiegen sind, besteht die einzige Folge darin, daß die Leute anstatt fünf oder sechs Tage nur vier Tage in der Woche arbeiten, und dabei ist diese Klasse des Volks hier noch weniger als in Deutschland befähigt, die gewonnene freie Zeit vernünftig zu benutzen."[31]

» Wo wären wir alle, wenn nicht etliche von uns ehrgeiziger wären, als gut für sie ist. «

> **» Es gibt viel Menschliches in einem Ingenieur, was die Welt außer unsern Kreisen erst noch zu lernen hat. «**

Max Eyth und die Religion

Während des Deutsch-Französischen Krieges liest Eyth in Zeitungen veröffentlichte Briefe deutscher Soldaten. Seine Reaktion darauf:

„Besonders und wohltuend auffallend ist in fast allen [Briefen; Ergänzung von G.T.] die Erregung des bei den Deutschen unsrer Jahrzehnte fast mehr als gebundenen Gefühls. Wenn Schleiermachers Begriffsbestimmung der Religion als ‚absolutes Abhängigkeitsgefühl‘ nicht für die ganze Welt gültig ist, so ist sie es jedenfalls für die germanische Rasse. Ich habe die Sache mehr als einmal an mir erfahren, und die Geschichte unseres Volkes zeigt sie in allen schweren Stunden. Sobald der Mensch sich in der Hand von Kräften und Gewalten sieht, die er nicht mehr beherrscht, so beugt er sich vor seinem Gott. Der nämliche Gott, dem man in ruhigen Zeiten endgültig nachgewiesen hat, daß er sich nicht in das Walten und Weben seiner Natur zu mischen hat, regiert dann plötzlich Land und Wasser, leitet Kugeln dahin und dorthin und beschäftigt sich ganz besonders mit dem Wohl und Weh unsers armen Leibes. Werden die Zeiten besser, schmeckt uns wieder Essen, Trinken und Schlafen, so werden wir auch wieder die alles zergliedernden Philosophen, die wir zuvor gewesen sind."

(aus: Max Eyth „Im Strom unserer Zeit", Band I+II, Seite 361/362)

Eyths Betrachtungsweise bei der Frage der Arbeitszeit mag von seiner Position aus verständlich sein. Er arbeitet, wie in seinen Aufzeichnungen nachzulesen ist, auch noch abends. Allerdings ist seine Arbeit körperlich weniger anspruchsvoll als die eines gewöhnlichen Arbeiters und er findet in der Arbeit völlige Befriedigung, sofern sie das reine Konstruieren betrifft. Strapazen körperlicher Arbeit nimmt er in Kauf, da sie Teil seiner Pflichten sind. Doch nicht selten erwähnt er, dass ihm die körperliche Anstrengung nicht sehr behagt.

Eyth reflektiert durchaus die Situation der Arbeiter. Doch seine Sichtweise ist die des Unternehmers, in dem Sinne: Was gut ist für die Firma, ist auch gut für die Mitarbeiter. Und so ist Eyths Position zu den Forderungen der Arbeiterschaft eher kritisch. Doch als sich die Lage nach dem Streiksommer bis zum Ende des Jahres wieder beruhigt hat, gibt Eyth auch an die Adresse der Fabrikbesitzer gerichtet zu: „Auch sie müssen gelegentlich daran erinnert werden, dass Kapital und Arbeit ein sehr wankelmütiges Gleichgewicht haben. Diese Dinge sind den Naturkräften näher verwandt, als man annimmt, und haben, wie Wasser, das Streben, ihren richtigen Höhenspiegel zu finden, den ein einseitiger Druck, eine plötzliche, örtliche Welle nie auf die Länge stört. Freilich wird dabei mancher unfreiwillig kalt gebadet und will sich mit allgemeinen Wahrheiten nicht trösten lassen."[32]

Schriften von Karl Marx, der, in London lebend, die Zustände in der englischen Industrie und der Arbeiterschaft analysiert hatte, dürften Eyth fremd gewesen sein. Der erste Band von „Das Kapital" war 1867 erschienen.

Eyths eigenes Verhältnis zur Arbeit ist geprägt von seinen Aufgaben als Ingenieur. Wie schon in seiner Jugendzeit braucht man ihn auch nicht als gereiften Mann von 36 Jahren zur Arbeit anhalten. Er will schaffen, er will den Fortschritt mitgestalten. Diese Teilhabe ist auch ein Teil seiner Selbstverwirklichung. Doch welcher Impetus liegt dem zugrunde? Der sonst so frei Auskunft Gebende gibt sich in diesem Punkt ausgesprochen schweigsam.

Aufgrund seines pietistisch geprägten Elternhauses liegt der Gedanke nahe, dass Max Eyths Tatkraft religiös motiviert sein könnte. Aber in seinen Schriften erscheint sein Tatendrang nicht als Pflicht, sondern als Wille. Es heißt bei ihm stets „Ich will", nicht „Ich muss". Sein Ansporn ist immer das eigene Bedürfnis zur kreativen Problemlösung.

Es ist möglich, dass seine Schaffenskraft, wenn nicht allein von reinem Interesse, von einer protestantischen Arbeitsethik calvinistischer oder pietistischer Prägung herrührt. Eyths Tatkraft korrespondiert jedenfalls mit einer solchen Ethik, aber sie tritt in säkularisierter und nicht in religiöser Form in Erscheinung.

Eine solche Arbeitsethik kann jedoch nicht von der Pflicht getrennt werden. Und wenn Eyth der protestantischen Arbeitsethik anhängt, zählt die Pflichterfüllung im Beruf zu den sittlichen Anforderungen, denen sich alle Menschen stellen müssen – auch die Arbeiter in der englischen Industrie im Jahre 1872.

„Nicht Muße und Genuß, sondern nur Handeln dient nach dem unzweideutig geoffenbarten Willen Gottes zur Mehrung seines Ruhms. Zeitvergeudung ist also die erste und schwerste aller Sünden. [...] Wertlos und eventuell direkt verwerflich ist daher auch untätige Kontemplation, mindestens wenn sie auf Kosten der Berufsarbeit erfolgt."[33] Auch diesen Positionen einer protestantischen Ethik folgt Eyth in seinem Leben von Jugend an.

Somit wird das protestantische bzw. pietistisch geprägte Elternhaus seine Spuren bei Max Eyth hinterlassen haben. Der Pietismus hat sich besonders auf sein reflektierendes schriftstellerisches Schaffen ausgewirkt. Aber der Glaube bleibt in seinen Schriften im Hintergrund, obwohl Eyth gläubig ist. Mit seiner täglichen Arbeit bringt er den Glauben nicht in Verbindung, es sei denn in ironischen Darstellungen von Schicksalsergebenheit, wenn einmal Menschen und Maschinen nicht so „funktionieren", wie sie es nach Eyths Ansicht sollen.

Erneute Ägyptenreise

Im Jahr 1873 findet in Wien wieder eine Weltausstellung statt, die alle Kräfte Max Eyths binden. Gut für die Firma Fowler, aber zu dieser Zeit eher ungünstig für Eyth ist, dass sich nun auch in England Interessenten für die Seilschleppschifffahrt finden, die Eyth nun betreuen muss. Er ist in diesem Bereich bei Fowler der ausgewiesene Fachmann, doch gleichzeitig soll er an den Neuentwicklungen für die Weltausstellung arbeiten, die im Frühjahr beginnt. Weihnachten 1872 kann sich Eyth vor Arbeit nicht retten. „Ich habe deshalb die Feiertage mit Kanalstudien, mit Plänen von Schiffen und Schiffsmaschinen, mit Kostenberechnungen über Seil- und Kettenschiffahrt gefeiert und bin leider nicht so weit gekommen, als ich hoffte."[34]

Und damit nicht genug. Ende Februar wird Robert Fowler wieder nach Ägypten gerufen und Eyth soll ihn begleiten, weil das Projekt der Seilschifffahrt auf dem „Machmudiehkanal" zwischen Alexandrien und der Mündung in den Rosettazweig des Nils bei El-Mahmûdiya konkret wird. In Ägypten angekommen, soll Eyth die Kosten der Seilschleppschifffahrt auf dem Kanal für zwei Jahre berechnen. Damit er sich eine Vorstellung von dem Kanal machen kann, soll er einen eigenen Dampfer zur Verfügung gestellt bekommen. Doch wieder kommt es anders. Jetzt soll Eyth seine Berechnungen ohne eine Ortsbesichtigung mit gründlicher Datensammlung erstellen – für Eyth, dem peniblen Ingenieur, ein Unding. Doch die Sache hatte ihren Grund. Denn wie Eyth herausfindet, ist gleichzeitig eine andere Gruppe damit befasst, einen Gegenbericht zu Eyths Ausarbeitung zu verfassen.

Also betreibt Eyth „technische Poesie", um aus dem schmalen Datenmaterial eine möglichst genaue Berechnung zu erstellen, zum Beispiel, wie hoch der Kohleverbrauch sein wird. Als Eyth dem Kabinettschef des Vizekönigs die Schwierigkeit der Berechnung darlegt, äußert dieser nur, dass es doch ganz unmöglich festzustellen sei, wie hoch

Gegend bei der Pyramide von Meidum, östlich der Oase El-Faijum.

der Kohleverbrauch sein wird. Das beruhigte Eyth, und schließlich war der Vizekönig mit der Berechnung zufrieden, doch entscheiden will er sich erst nach weiteren Berechnungen.

Darum will sich Eyth die Mündung des Kanals in den Nil ansehen. „Man geht zu diesem Zweck nach Damanur, einer kleinen Stadt im Delta, und reitet auf einem beliebigen Tier und zweifelhaften Wegen ungefähr drei Stunden lang nach Osten. In meinem Fall war es ein Gaul mit den Manieren eines Maulesels und der Geschwindigkeit einer Kuh. Der Sattel war ein wundersames Gefüge aus Stricken, Baumwollsäcken und Haaren. Steigbügel hatte die Maschine nicht, was nach einem sechsstündigen Ritt zuckende Lähmungserscheinungen in der unteren Hälfte des Menschen hervorruft. Im übrigen verbrannte ich mir, wie in alten Zeiten, die Nase und freute mich der grünen Natur, obgleich sie flach war wie ein Teller."[35]

Nach Eyths Rückkehr stand fest, dass eine Entscheidung über eine Zusage des Königs nicht zu erwarten war. Eyth drängte Fowler, dass er sich wieder auf den Weg zurück nach England machen könne, um weiter für die baldige Weltausstellung zu arbeiten. Und schon wenige Stunden später war Eyth auf der Rückreise. Lange hat sein Aufenthalt in Ägypten dieses Mal nicht gedauert. Trotzdem hatte Eyth Gelegenheit, „altbekannte Plätzchen, die Zitadelle, die Pyramiden, die ewig schönen Höhen des alten Mokatam" zu besuchen. Und sogar eine Aufführung der Oper „Aida" besucht er. Diese Oper gab der Vizekönig Ismail Pascha bei Giuseppe Verdi für das Italienische Theater in Kairo

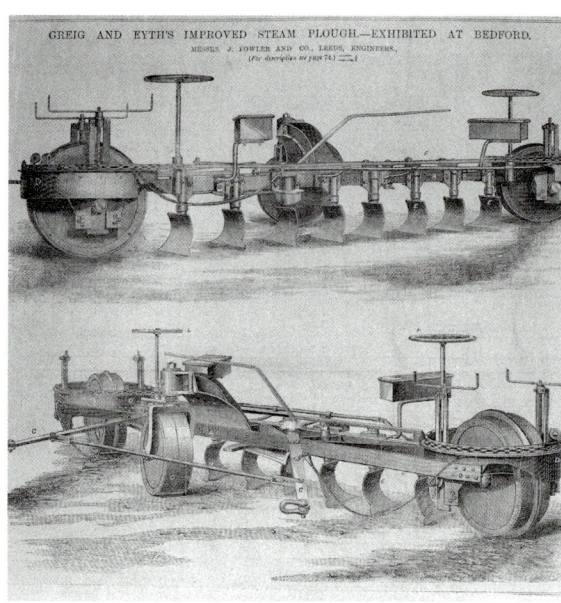

Max Eyth über das zentrale Gebäude der Weltausstellung in Wien 1873: „Eine Pyramide, wie die von Cheops, in modernerer Form, kolossal, glänzend, erdrückend, nutzlos."

Von Max Eyth zur Weltausstellung in Wien entwickelter Wendepflug.

in Auftrag, das zur Eröffnung des Suezkanals gebaut wurde.

Im Mai 1873 öffnet schließlich die Weltausstellung in Wien. Doch anstatt euphorisch zu sein, ist Max Eyth am Eröffnungstag eher übel gelaunt. Er empfindet die Ausstellungseröffnung mit all ihrem „erlogenen Prunk" als riesige Lüge. Ein unfertiger Brunnen wird mit Blumen nur unvollkommen verdeckt. Eine „gottverlassene Stearinkerzenpyramide" oder ein „gewaltiger französischer Bronzelöwe" sind nur Ausdruck vordergründigen Prunks. Den größten Unmut erzeugt das zentrale Gebäude der Ausstellung: „Eine Pyramide wie die von Cheops in modernerer Form, kolossal, glänzend, erdrückend, nutzlos. Eine Eintagspyramide, mit Schaum- und Flittergold behängt und mit zwanzig Millionen zu bezahlen. Ich bejammere nicht das Geld, das mich nichts angeht und das ohnedies im Lande Österreich den Weg alles Fleisches angetreten hat. Mich ärgert die Arbeit der Tausende von Menschen, die vergeudete Zeit, die verschwendete Kraft, welche nötig war, um ein Ding zu schaffen, das morgen weggeblasen ist."[36]

Eyths Kritik fällt sogar noch stärker aus, indem er den Nutzen der Weltausstellungen überhaupt in Zweifel zieht, da sie nichts Neues mehr bieten. Der schnelle Warenverkehr über die ganze Welt macht Neuheiten schneller bekannt, als es eine alle fünf Jahre stattfindende Weltausstellung könnte. Außerdem sind die Preisvergaben ein „unverfälschter Schwindel", weil die Preisrichter gar nicht in der Lage sind, die Maschinen, die vor Ort vorgeführt

werden, zu beurteilen. „Und gerade auf unserem Gebiet, wo man den Herren nichts weiter zumutet, als sich aus einer unlöslichen Aufgabe mit Anstand herauszuziehen! Guter Wille – Gezappel – Impotenz – Ärger – Verzweiflung – und schließlich eine allgemeine, weinerliche Verstimmung über Sonne, Mond und Sterne, das ist ungefähr das Bild der Ausstellungsleitung in Richterangelegenheiten."[37]

Vielleicht ist der Eindruck, den Max Eyth von Ausstellungen dieser Art hat, nicht neu, und sicher sind Weltausstellungen, die sich auch immer mehr nach der Präsentation der Länder ausrichten, nicht mit rein landwirtschaftlichen Ausstellungen, wie er sie aus England kennt, zu vergleichen. Doch deutlich wird Eyths Anspruch an eine Ausstellung: Präsentation von Neuheiten, effektive Vermittlung von nützlicher Information, Vermeidung überflüssigen Gepränges. Schon zehn Jahre zuvor in Ägypten plante er eine Maschinenausstellung, wusste er doch, dass Neuheiten so am besten bekannt gemacht werden können. Doch als sich Eyth über die Ausstellung in Wien ärgert, soll es noch elf Jahre dauern, bis er seine eigenen Vorstellungen über ein modernes und effektives Ausstellungswesen allmählich in die Tat umsetzt.

Im August 1873 kann sich Eyth von der Weltausstellung absetzen, da ihn in England andere Aufgaben erwarten: die Seilschleppschifffahrt auf dem Bridgewaterkanal, wo er Versuche mit einer neuen Technik macht. Außerdem verkauft er Dampfpflüge an die Thurn und Taxis'sche Verwaltung nach Kroatien und nach Regensburg. Im ganzen Deut-

Wiszkowsky/
Ukraine
(Max Eyth, 1874).

schen Reich, so zählt er zusammen, arbeiten rund 90 Dampfpflüge, die meisten davon in den Zuckerrübenanbaugebieten, wo der Boden tief bearbeitet werden muss. „Das wachsende Bedürfnis wird schon nachhelfen überall, wo große Güter vorhanden sind, oder wo man schließlich die Kunst erlernt, sich zu vereinigen, oder endlich, wo das Mietsystem sich einbürgert wie in England. Dort pflügen heute über 100 Gesellschaften zur Miete, von welchen einzelne mehr als 20 Dampfpflüge beschäftigen."[38]

Bis Mai 1874 arbeitet Eyth intensiv an dem Projekt des Bridgewaterkanals. Er verbessert die Technik der Schleppvorrichtungen ständig und führt zahlreiche Versuche durch – mit Erfolg. Doch am Ende kauft die Kanalgesellschaft keine Schleppboote, sondern Schraubendampfer. Monatelange Arbeit, auch viele in der Freizeit geleistete Stunden, sind umsonst. „Aber die Welt geht nicht unter, wenn auch manchmal ein Sturm die Bäumlein ausreißt, die wir am liebevollsten pflegen."[39]

Max Eyth erkundet Osteuropa

Eyth widmet sich nun wieder sein Dampfpflügen. Mit Erfolg setzt er einen neuen Wendepflug ein und doch möchte er am liebsten wieder seinen Reisekoffer packen. Aber erst im September 1874 steht eine neue Reise an, die ihn nach Warschau führt, das zu dieser Zeit zum Kaiserreich Russland gehört. In Warschau arbeitet Fowler mit der Firma Lilpop & Cie zusammen, die die Dampfpflüge weiterverkauft. Ursprünglich ging Eyth davon aus, dass er den neuen Dampfpflug auf polnischen Äckern einsetzen würde. Nun erfährt er, dass der Pflug für den Grafen Vranizky in Stawischtsche, fast hundert Kilometer entfernt von der Eisenbahnstation von Fastow in der Region von Kiew in der Ukraine, bestimmt ist. Das bedeutet noch einmal eine Strecke von über 600 Kilometern, für die er mit dem Zug fast zwei Tage benötigt.

In dem zu jener Zeit armseligen Dorf Fastow trifft er auf den Vertreter der Fa. Lilpop & Cie. Dieser meint, dass der Graf nicht auf seinem Gut in Stawischtsche, sondern in Bjelaja Zerkow (Bila Cerkva) anzutreffen sei. Um sicherzugehen, will sich Eyth am nächsten Tag auf den Weg zu beiden Orten machen, zumal Bjelaja Zerkow auf dem Weg nach Stawischtsche liegt.

Am nächsten Morgen geht es in aller Frühe mit einem Dreigespann kleiner, aber flotter Pferde und einem mit Heu gefüllten Wagen zum Gut des Grafen Vranizky. „Mit dem Notizbuch in der Hand und ziemlich viel Sorgen im Herzen geht's den staubigen Feldwegen entlang, Entfernungen notierend, Brückchen und Graben untersuchend, nach Wasser umherspähend. Riesengroße Feldstücke, prächtiger Boden, unabsehbare Flächen."

Ohne Infrastruktur ist der Einsatz von Dampfpflügen nicht möglich. Das heißt, es muss Wasser und Holz für die Dampfmaschinen in erreichba-

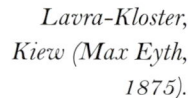

Lavra-Kloster, Kiew (Max Eyth, 1875).

rer Entfernung zur Verfügung stehen. Nach einiger Zeit entdeckt er auch aufgestaute Teiche in Dörfern. Aber Brennholz gibt es nicht. Als Brennstoff für die Dampfpflüge dient Stroh, ein Umstand, der ihm noch einige Schwierigkeiten machen wird.

Schließlich erreicht er nach vierstündiger Fahrt sein erstes Ziel Bjelaja Zerkow, rund achtzig Kilometer südlich von Kiew.

„Drei Kirchen mit grünen Dächern, stattliche Regierungsgebäude. Das muss man der russischen Regierung lassen, daß, was sie tut, in achtunggebietendem Lapidarstil dasteht, soweit es von außen ersichtlich ist, in auffallendem Gegensatz zu der Art des Bauens in der Türkei oder Ägypten! Die Wohnhäuser sind alle einstöckig, die Straßen weit, ungepflastert und tief mit Staub bedeckt."[40]

Staub ist der bestimmende Eindruck, den die Gegend am Ende des Sommers bei Eyth hinterlässt. Und so muss er sich, bevor er sich dem Grafen vorstellt, im Gasthaus zunächst waschen und neu einkleiden. Aber noch immer ist er nicht angekommen. Das Gut liegt eine Stunde außerhalb der Stadt. Als er schließlich dort ankommt, erfährt er, dass der Graf erst spät am Abend ankommt und Eyth ihn erst am nächsten Morgen antreffen könne. So geht die Fahrt zurück in die Stadt und am Tag darauf wieder zum Gut. Dort erwartet Eyth dann die nächste Überraschung:

„Es stellte sich heraus, daß es zwei Grafen Ladislaus Vranizky, Onkel und Neffe, gibt, und daß der meinige zehn Stunden weiter entfernt wohnt."[41] Und das war eben in Stawischtsche.

„Wieder ging es wie gestern über die Hochebene hin, nur schien sie noch end- und wasserloser, daß mir das Herz ordentlich sank. Auf halbem Weg, an der Grenze der Besitzungen von Onkel und Neffe, wurde ich aus meiner Droschke mit vier prächtigen Pferden in ein bescheidenes Bauernwägelchen mit zwei Gäulen umgeladen, das mich nach vier Stunden dickbestaubt in Stawischtsche absetzte."[42] Dort erwartet ihn harte Arbeit.

Zunächst müssen aber die Dampfpflüge vom Bahnhof Fastow nach Stawischtsche überführt werden, ein Weg, den sie auf eigenen Rädern zurücklegen sollen. Weil unterwegs jedoch kaum Wasser und Holz anzutreffen sind, müssen das Brennmaterial und Wasser mitgeführt werden. Somit stellt Eyth eine wahre Karawane zusammen: von Ochsen gezogene Wasserfässer, ganze Wagenladungen mit Holzbalken, damit die Brücken, über die die tonnenschweren Lokomobile rollen, gestützt werden können.

Am Einsatzort muss Eyth die Maschinen erst noch den Verhältnissen anpassen. Die Befeuerung der Dampfmaschinen mit Stroh hatte Eyth zwar schon in England entworfen, und entsprechend

*Kiew, Untere
Stadt/Ukraine
(Max Eyth, 1875).*

wurden die Dampfpflüge ausgestattet. Doch im Dauereinsatz versagt die ursprüngliche Lösung. Wochenlang probiert Eyth verschiedene Varianten aus, damit das Stroh in der Brennkammer wohldosiert verbrennt, nicht zu schnell und nicht zu langsam. „Viel und wilde Arbeit", die zwar mit verbrannten Haaren bezahlt wird, am Ende jedoch erfolgreich ist.

Neben der Arbeit hat Max Eyth aber auch genug Zeit, das Land auf sich wirken zu lassen und wieder zu zeichnen. „Man muß die Hochflächen der Ukraine sehen, wenn das wogende Meer der Kornfelder der Sichel zureift, wenn sich, soweit das Auge reicht, der goldene Segen dieses wunderbaren Gaus ausbreitet, und nichts auf der Welt zu sein scheint als ein blauer Himmel und die goldgelbe, dankbare Erde. Auch hat die Ukraine ihre Tälchen, ihre Teiche, ihre versteckten Wäldchen, wahre Schmollwinkel der Schönheit der Natur, in welche sie sich versteckt zu haben scheint, und aus denen sie nur um so reizender, weil oft so ganz unerwartet hervorlächelt. Dann hat sie ihre Sonnenuntergänge, glühend in wirbelndem Staube, der jedem bewegten Wesen folgt wie ein Schatten, und dann ihre stillen Sonnenaufgänge —"[43]

Bis Ende Oktober bleibt Max Eyth in der Ukraine, von der ihm das verbrannte Stroh und der „unglaubliche Staub dieser Steppen" noch in den Glie-

dern stecken. Dann geht es zurück nach London – aber nicht auf direktem Weg, denn schließlich durchquert er ganz Europa. Und schon in vielen Regionen wird der Boden jetzt mit dem Dampfpflug umgebrochen. Auf der Rückfahrt besucht Eyth daher noch Kunden in Ungarn, Zagreb (Kroatien), Seelowitz (Mähren), Prag, Regensburg, Frankfurt, Köln und Lüttich.

Dampfpflügen in Norditalien

Wie schon im Jahr zuvor hat Eyth auch dieses Jahr keine ruhigen Weihnachten. War er vor einem Jahr mit den Vorbereitungen zur Weltausstellung in Wien mehr als beschäftigt, so wird er dieses Jahr Weihnachten und den Jahreswechsel in Ferrara in Italien verbringen. Ihm ist es als „Alleinstehendem" ganz recht. „Der Christabend ist für unsereinen der allerfatalste im Jahr. Wohl mir, wenn ich während desselben auf den Pyramiden sterngucken, in der Mammuthöhle Steine klopfen oder an den Pomündungen im Sumpf waten kann. Wo und wann immer der tiefste Grundton des menschlichen Daseins berührt wird, ist's ein wehmütiges Moll. Das ist nicht zu ändern, wie man's auch einrichten mag."[44]

Nach dem kurzen – und eher ruhigen – Aufenthalt in Ferrara beginnt das neue Jahr wieder arbeits-

Sumpffieber

Von Max Eyth

Ich lieg' in fremdem Lande krank
– zum Kuckuck Po und Tiber! –
In allen Kleidern den Sumpfgestank,
In allen Gliedern das Fieber.

Sie deponierten mich in Turin,
Im trefflichen „Hotel Feder",
Und sagten: „ein Glück sei's immerhin,
Daß meine Natur von Leder".

Ich hab' mit Erfolg in der Fische Revier
Gepflügt und Gräben gezogen,
Und Frösche und Kröten hab' ich um ihr
Historisches Recht betrogen.

Mit Schweiß und Blut und Dampfeskraft
Schuf ich Felder im sumpfigen Tale;
Jetzt heißt es: es bleibe doch zweifelhaft,
Ob sich die Geschichte bezahle.

Doch sicher ist: ich liege krank,
Vom Fieber gründlich gemeistert,
Und sicherer des Teufels Dank,
So oft man sich begeistert.

reich: „Drahtseilboote, die in den Kanälen von Demarara schwimmenden Dampfpflugmaschinen das Fahrwasser frei zu halten haben, das Podeltaprojekt, wo zunächst eine Muster- und Versuchsfarm angelegt werden soll, neue Strohfeuerungsmaschinen für Russland und eine Patentschiebersteuerung, die mich mehrere freudig-schlaflose Nächte gekostet hat."[45]

Und damit nicht genug. Der Vizekönig von Ägypten, Ismail Pascha, bestellt bei Fowler 30 Lokomotiven für die Eisenbahn im Sudan. Der Sudan wurde 1820 von Mehmed Ali erobert und gehörte seitdem zum Herrschaftsgebiet Ägyptens. Der Auftrag ist Fowler natürlich willkommen, bedeutet aber auch eine gewaltige Kraftanstrengung.

Eyths Engagement in der Ukraine und in Italien tragen Früchte; in beide Länder gehen Dampfpflüge nach seinen Plänen. Und auch ein großes Geschäft mit Kuba, das sich bereits im letzten Sommer angekündigt hat, wird umgesetzt. Eine ganze Schiffsladung mit Dampfpflügen, Lokomotiven, Dampfkränen und eine Sägemühle gehen an einen Zuckerrohrpflanzer auf Kuba. Aber nicht Max Eyth

begleitet dieses Projekt, sondern sein um 15 Jahre jüngerer Bruder, der ebenfalls als Ingenieur bei Fowler angefangen hat. „Das wäre etwas, bei dem sich unser Eduard seine technischen Sporen verdienen könnte", schreibt Max Eyth noch im Sommer 1874. Doch das Schicksal will es anders. Am 6. Mai 1875 stirbt Eduard Eyth auf Kuba an einem tropischen Fieber.

Im Mai reist Eyth wieder nach Stawischtsche, um den neuen Dampfpflug einzusetzen, und unternimmt auch weitere Reisen in den Osten der Ukraine, wo er drei Aufträge für Dampfpflüge entgegennehmen kann.

Vier Wochen später besucht er wieder Italien. Wie anders zeigt sich jetzt die sommerliche Poebene bei Ambrogio im Vergleich zur letzten Reise im kalten Dezember. Doch bald zeigt sich schon die Kehrseite des warmen Klimas. „Überall riecht und spürt man die Sumpfluft, Sumpfwasser, Sumpffieber. Bei den Wohlhabenden gehört Chinin zur täglichen Nahrung. Das einzig Tröstliche ist, daß eigentlich niemand an diesem Übel stirbt und dass die Leute sich achtzig Jahre lang schütteln und den Fieberschweiß von der Stirne abtrocknen. Die heißen Tage, die kaltfeuchten Morgen und Abende, der Geruch von faulen Pflanzen und stehendem Grundwasser verrät alsbald, was der Neuling zu erwarten hat."[46]

Eyth hätte es sich denken können. Auch er erkrankt am Ende seines Aufenthalts an Sumpffieber, das ihn während der Rückreise in Turin mehrere Tage ans Bett fesselt. Aber das ist noch kein Grund, untätig zu bleiben. Also schreibt er Gedichte.

Im Herzen Russlands

Das Jahr 1876 steht ganz im Zeichen einer mehrmonatigen Russlandreise. Der ehemalige englische Parlamentsabgeordnete Butler-Johnston war nach einer Kur in Russland geblieben und hatte sich in Timaschwo bei Samara niedergelassen, über 900 Kilometer östlich von Moskau. Dorthin sollten im Juli sechs Dampfpflüge mit Geräten, eine kleine Maschinenfabrik und eine Knochen- und eine Sägemühle verschickt werden, alles verpackt in rund 300 Kisten.

Eyth, mittlerweile 40 Jahre alt, reist nach der Fahrt über den Kanal von Ostende aus mit dem Zug über Berlin, Petersburg, Moskau nach Nischni Nowgorod und von dort mit dem Dampfer auf der Wolga nach Samara. Nachdem Eyth die Maschinen nach seiner Ankunft an verschiedenen Orten „eingesammelt" hat, müssen sie von einem kleinen Ort bei Samara noch einmal über 80 Kilome-

Nischni Nowgorod / Russland (Max Eyth, 1876)

Moskau, vom Kreml aus (Max Eyth, 1876).

ter auf dem Landweg nach Timaschwo überführt werden. Wie bereits vor fast zwei Jahren in der Ukraine stellt Eyth einen ganzen Tross zusammen, der Brennstoff, Wasser und Baumaterial zur Straßen- und Brückenbefestigung mitführt.

Ganz glatt geht die zweitägige Fahrt nicht. Allem Anschein zuwider bricht der Boden einmal durch das hohe Gewicht einer Dampfmaschine ein. Sie versinkt bis zu den Achsen im Moorboden und es braucht bis zum nächsten Tag, um die Maschine wieder flott zu machen.

Kaum in Timaschwo angekommen, erwartet Eyth ein Telegramm. Er solle sofort zurück nach Petersburg kommen, um eine Straßenlokomotive, die für das russische Militär bestimmt ist, in Empfang zu nehmen und sie dann vorzuführen.

Zurück nach Petersburg: Das hieße, eine Strecke von über 1.600 Kilometer zurückzulegen. Die Reise ist zwar lang, aber durchaus komfortabel: „Man sieht fast nichts als die oberflächlichste Oberfläche des Landes, und lernt nichts, als wo Bahnwirtschaften sind und was sie bieten. Die erstere wird von

den unabsehbaren Feldern und Wäldern der frucht-
barsten Provinzen des Reiches gebildet. Die letz-
teren verdienen gleichfalls alles Lob. Ausgezeich-
neter Tee, vortreffliches Bier, Eßwaren aller Art in
der reinlichsten, ja elegantesten Ausstattung. Keine Batzenwürste, kein Backsteinkäs à la russe. Das
Reisen mit Dampf ist in keinem Lande so bequem
gemacht wie hier. Langsam freilich geht's, und die
Entfernungen sind riesig. Aber die Zeit wird pünkt-
lich eingehalten, und so weiß man wenigstens, was
man zu erwarten hat."[47]

In Petersburg erwarten Eyth nicht nur die eigenen Straßenlokomotiven – sondern auch die der
Konkurrenz. Fowlers eifrigster Gegner im Bau von
Straßenlokomotiven Aveling hat ebenfalls eine Einladung des russischen Kriegsministeriums erhalten.
Als Eyth in Petersburg eintrifft, ist der Vertreter
Avelings schon seit Tagen in stetem Kontakt mit den
russischen Offizieren und kann sich in bestes Licht
stellen. Am nächsten Tag sollen beide Lokomotiven
in das rund zehn Stunden entfernte Lager der russischen Garde gefahren werden. Doch bereits zu
Beginn stellen sich an der Maschine von Eyth die
ersten Schwierigkeiten ein. Zunächst bricht eine
kleine Straßenbrücke unter der Last der Lokomotive ein. Doch wegen der außergewöhnlich großen Räder der Lokomotive – eine Erfindung Eyths
– kann sie von selbst wieder aus dem Graben he-
rausfahren. Dann das zweite Malheur: Die Speisepumpe, die dafür sorgt, dass dem Kessel kontinu-
ierlich Wasser zugeführt wird, versagt. Fährt man
trotzdem weiter, kann der Kessel explodieren. Damit das nicht passiert, ist eine Sicherheitsvorrich-
tung eingebaut. Durch die einsetzende Überhitzung
schmilzt ein Bleipfropfen über der Brennkammer,
sodass Wasser in die Brennkammer eindringt und
das Feuer löscht. So wird die Überhitzung und damit eine Explosion des Kessels verhindert.

Gewöhnlich merkt der Fahrer der Maschine
schon vorher, was sich anbahnt. Und bevor der Bleipfropfen schmilzt, sollte er selbst schon das Feuer
in der Kammer löschen. Das spart schon einmal
die Arbeit, den Bleipfropfen zu ersetzen. Aber vor
allem spart es Zeit, denn die Maschine muss sich
zunächst abkühlen, ehe man sich an die Reparatur
machen kann.

Eyth ist diese Panne zwar peinlich, da sie einen
ungünstigen Eindruck auf die Militärs macht, aber
schließlich geht die Fahrt doch weiter auf eine etwa
fünf Kilometer entfernte Hochebene, wo die Artil-
lerie bereits mit ihren Kanonen wartet, die Eyth
und sein Konkurrent anhängen sollen, um sie pro-
beweise durchs Gelände zu ziehen. Doch gerade angekommen, muckt die Pumpe aufs Neue. Eyth ist
froh, dass Aveling mit der Testfahrt unter den Augen des Großfürsten Nikolajewitsch beginnen soll.
So kann Eyth versuchen, die Speisepumpe doch
noch in Gang zu setzen. Aber sie will nicht funktionieren. Doch Eyth hat noch Glück im Unglück,
denn Aveling geht es nicht viel besser. Er wirft während der Fahrt eine Kanone um. Der Großfürst verlässt nun die Vorführung, ohne das Versagen von
Eyths Lokomotive wahrzunehmen. Doch schließlich geschieht das Wunder doch noch, wenn auch
nicht unter den Augen des Großfürsten: Als Eyths
Lokomotive noch einmal mit Wasser befüllt wird,
fängt die Pumpe an zu saugen; so kann die Maschine wenigstens den Weg zurück ins Quartier antreten. Nun heißt es, auf den nächsten Tag zu hoffen.
Denn dann wird der Kriegsminister selbst die Maschinen in Augenschein nehmen. Damit die Pumpe
am nächsten Tag auch wirklich funktioniert, erneu-
ert Eyth sicherheitshalber die Dichtungen.

Und so geht es am nächsten Tag wieder ins Gelände. Heute soll Eyth mit der Vorführung beginn-
nen. Doch es passiert wieder. Die gestern reparier-

ten Dichtungen mit neuem Kautschuk reißen und damit steht die Maschine wieder still. In weißen Dampf gehüllt, reparieren Eyth und sein Heizer mit verbrühten Händen die Dichtung, sodass die Maschine doch wieder ihren Dienst tut.

Die Pannenserie war damit aber noch nicht zu Ende. Aveling hatte mittlerweile Eyths Kanonenwagen angehängt, blieb aber in einem Loch im Gelände stecken. Hier konnte Eyth mit den großen Rädern seiner Lokomotive glänzen. Er durchfuhr die Mulde problemlos. Doch dann brachen die Verbindungen einiger Röhren seiner Lokomotive und schon stand sie unter den Augen des Kriegsministers wieder still.

Hoffen auf den nächsten Tag, und wieder geht es ins Gelände. Bei der Fahrt nach Kolpino ist eine lange Holzbrücke über einer Schlucht zu überqueren. Weder der Fahrer von Avelings Lokomotive noch Eyth wollen es riskieren, über die Brücke zu fahren. Schließlich befiehlt ein General einem einfachen Soldaten, die Lokomotive über die Brücke zu steuern. Allen Zuschauern ist nicht wohl, als die tonnenschwere Lokomotive über die ächzende Holzkonstruktion rollt. Aber es gelingt.

Die Fowler'sche Lokomotive ist jedoch zwei Tonnen schwerer. Und dass ihr die Überfahrt ebenso unversehrt gelingen würde, steht keinesfalls fest. Eyth schlägt darum vor, über einem Umweg durch die Schlucht auf die andere Seite zu fahren. Der Vorschlag wird ihm gewährt. Und er kann zeigen, dass sich die großrädrige Lokomotive problemlos durch unwegsames Gelände bewegen kann. Endlich ein Erfolg! Auch der folgende Tag läuft aus der Sicht Max Eyths bestens, denn nun hat er es mit „wirklicher" Arbeit zu tun. Es sollen mehrere Kanonen aus verschiedenen Stellungen ins Quartier gezogen werden. Eine Aufgabe, die Eyths Lokomotive vorbildlich löst.

Und der Lohn der ganzen Plackerei: Am Ende kann Eyth der russischen Armee zwei Lokomotiven verkaufen, Aveling sechs.

Nach dieser anstrengenden Episode fährt Eyth zurück nach Timaschwo. Fünf Tage dauert die Reise, auf der er ein wenig Zeit zur Erholung und zur Besichtigung Nischni Nowgorods hat. Vor allem der Blick vom Kreml herab auf die Stadt und die Umgebung beeindrucken ihn. „Zunächst Sonne und blauer Himmel, soviel das Herz bedarf. Dann ein meerartiger Horizont, dessen dunkleres Blau eine weite Fläche begrenzt, die nach allen Seiten hin mit gelben Feldern, grünen Wäldern und sanften Tälern durchzogen ist. Zwei mächtige Ströme durchfluten diese Ebene, die Wolga und die Oka, und vereinigen ihre breiten Silberfluten unmittelbar unter

Straßenlokomotive von Fowler mit einem von Max Eyth entwickelten Kessel.

Zwei-Zylinder-Straßenlokomotive von Fowler. Die Idee der Räder mit 4 m Durchmesser stammt von Max Eyth. Die Lokomotive soll sich dadurch auch in unebenem Gelände leichter bewegen können.

uns. [...] Eigentümlicher noch ist das Flußbild, das diese Halbinsel umzieht. Viele Hunderte von Booten aller Art, deren Bau ihre Herkunft vom Fuß des Urals oder vom kaspischen Meer verrät, liegen dicht gedrängt auf der glänzenden Fläche. Mehr als hundert Dampfschiffe bezeugen, daß auch der fernere Westen sich mit gewohnter Gewaltsamkeit der mächtigen Verkehrsstraße bemächtigt hat. [...] Hohe grüne Terrassen, die Mauern des Kremls mit mittelalterlichen Zinnen, weiße Kirchen mit grünen oder goldenen Kuppeln, und in den tiefeingerissenen Schluchten, welche die ganze Berghöhe dem Strome zu zerklüften, sattgrüne Wäldchen, schatti-

Zuckerfabrik in Sausal in Nord-peru (Max Eyth, Oktober 1877).

Allgemeine technische Erfindungen (1876–1895)

1876	Graham Bell führt sein Telephon vor
1876	Viertaktmotor von Otto vorgeführt
1878	Sir Joseph Wilson Swan entwickelt eine haltbarere Glühbirne
1879	Verbesserte Kohlenfadenbirne von Edison
1879	Werner von Siemens entwickelt die erste elektrische Lokomotive
1879	Erfindung des Thomasstahls aus phosphorhaltigem Eisen
1885	Benz' Motorwagen und Daimlers Reitwagen
1886	Daimlers Motorkutsche
1888	Patent auf Luftreifen für Dunlop
1889	Drehstrommotor mit Kurzschlussläufer von Dolivio-Dobrowolsky, Beginn brauchbarer Drehstrommotoren
1891	Flugversuche von Lilienthal
1893	Rudolf Diesel erfindet den Dieselmotor
1893	Benz' Velo, das erste Auto in Serienproduktion
1895	Patent auf Luftreifen für Michelin

ge Gärten und trauliche Häuschen und Winkelchen aller Art.«[48]

Ganz anders das ländliche Timaschwo, wo er bald darauf eintrifft: Timaschwo ist ein großes Dorf und rundherum liegen – soweit das Auge blicken kann – tausende Hektar bester Ackerfläche.

Auch die Dampfpflüge laufen hier ohne Störung; die Reparaturwerkstatt und die Sägemühle sind im Aufbau. Und dennoch ist Max Eyth skeptisch: »Unter den wenigen Reichen der Gegend scheint ein Glaubensartikel festzustehen: daß alles in die Landwirtschaft gesteckte Geld verloren ist. Wächst etwas auf den Feldern, so wird es gestohlen; wächst nichts, so müssen sogar die Spitzbuben hungern. Was jedoch sicher wächst, das sind die Schulden, die unausrottbar das ganze Land überwuchern. Die wirkliche Schuld liegt natürlich an den Leuten selbst. Sie haben oder hatten meist ungeheure Besitzungen, die ein solcher Besitz mit sich bringt. Sie verklimpern ihr Geld und verspielen ihre Zeit in Petersburg, Paris und Monako; dann wundern sie sich, daß alles schief geht.«[49]

Reise durch die Kordilleren

Die erste Hälfte des Jahres 1877 verläuft für Max Eyth recht ruhig. Größere Reisen stehen nicht an und so widmet er sich seiner Arbeit in Leeds. Erst im August ergibt sich wieder ein neues Reiseziel, das von England weiter entfernt liegt als alle anderen zuvor: Peru. Das Angenehme an dieser Reise: Es gibt noch gar keinen Auftrag für Dampfpflüge oder andere Maschinen. Vielmehr soll Eyth auf Einladung eines Peruaners, der selbst nach einem Ausstellungsbesuch in Liverpool von der Dampfpflügerei begeistert ist, nach Peru kommen. Eyth soll sich das Land ansehen und sich als Missionar für das Dampfpflügen betätigen.

Die Reise nach Peru darf man sich getrost als Weltreise vorstellen. Denn es geht nicht auf direk-

*Huaca / Südperu
(Max Eyth, 1877).*

tem Wege in das südamerikanische Land. Im August macht der Dampfer Para bei brütender Tropenhitze zunächst Zwischenhalt in Jamaika. Dann geht es weiter durch das Karibische Meer nach Colón (Panama). „Ein kleines Städtchen, in einen Sumpf gebaut, dampfend unter den lauwarmen Güssen, in denen die ganze Welt zu schwimmen scheint. Das ist Zentralamerika in der Regenzeit.“[50]

Der Panama-Kanal ist noch nicht gebaut. Erst zwei Jahre später beginnt der französische Ingenieur de Lesseps mit dem Bau, wobei er jedoch scheitert. Nach einem neuen Baubeginn wird der Kanal erst 1914 für die Schifffahrt eröffnet.

Für Max Eyth heißt das im Jahre 1877, dass er den Landweg nach Panama-Stadt nehmen muss. Dort angekommen, ist er von der Stadt beeindruckt: „Panama, auf feuerrotem, vulkanischem Lehmboden, den wilde Bananengärten bedecken, umgeben von runden, nicht allzu hohen Hügeln, unregelmäßig übereinandergeworfen, als hätten sie vergebliche Versuche gemacht, sich aus dem Waldesdickicht herauszuwinden; Omnibusse, Gepäckskämpfe, babylonische Sprachenverwirrung; dazwischen in der Dämmerung der erste Blick auf den Stillen Ozean, der dem Atlantischen ungemein ähnlich sieht. Fahrt nach dem Gasthof. Eine alte spanische Stadt; Balkone und Verandas. Zerfallene Kirchen und Häuser im Mondlicht, der Mauern Schlingpflanzen bedecken, und aus deren Fenstern Bäume hervorbrechen. Schließlich ein Marktplatz mit einer Kathdrale und vorzüglicher Gasthof, ohne Flöhe und Moskitos.“[51]

In Panama nimmt Eyth wieder das Schiff. Die Route geht an der Küste Kolumbiens vorbei, dann

Ecuador. Aus der Ferne kann Eyth denn fast 6.300 Meter hohen Chimborazo erkennen, den Alexander von Humboldt 75 Jahre zuvor bis auf eine Höhe von 5.400 Meter erstiegen hatte. Weiter geht es durch die Bucht von Guayaquil, schließlich an der langen Küste von Peru vorbei bis Lima.

Von Lima aus startet Eyth seine Expedition. Zunächst fährt er mit der Bahn nach Chosica, weiter durch eine wilde Gebirgslandschaft nach Mantucana und von dort nach San Mateo. „Kurz nach San Mateo kommt der schauderhafte Glanzpunkt des Tages: das Infernillo. Hier schießt der Zug aus einem gekrümmten Tunnel und aus einer völlig senkrechten Felswand heraus über eine hängende Brücke, unter welcher der tosende Rimac sich krümmt, und sofort hinein in den nächsten Tunnel, der sich in der gegenüberliegenden Felswand öffnet. Zwischen der Brücke und den Felsentoren des Tunnels ist auch nicht ein Fußbreit Land, auf dem ein Mensch stehen könnte. Beim Beginn der Arbeit mußten die Leute an Seilen Hunderte von Fuß von oben herabgelassen werden, um sich in die glatten Felswände Nischen einzuhauen. Die Brücke selbst hat keine Pfeiler; sie ist eines jeder schmiedeeisernen Spinngewebe, die mir zum erstenmal gezeigt haben, welche phantastische Schönheit in geraden Linien liegen kann.“[52]

Max Eyth bereist zunächst den Norden Perus, wo er rund vier Wochen unterwegs ist. „Jeden Tag acht bis zwölf Stunden im Sattel, jede Nacht drei bis dreizehn Stunden von dem vorigen Nachtlager entfernt, da vergeht dem Menschen von selbst die Schreibseligkeit. Zuweilen fehlt Papier oder Tinte, zuweilen Tisch oder Stuhl, aber immer das nö-

*Stadtmauer,
Panama
(Max Eyth, 1877).*

*Sta. Anna und
S. Francisco,
Panama
(Max Eyth,
1877)*

tige Sitzleder. Ein peruanischer Sattel ist zwar gut genug, um ein Notizen- oder Skizzenbuch darauf zu füllen, er ist in dieser Beziehung sogar ergiebiger als manch andrer Sitz- oder Standpunkt. Aber Briefe schreiben unter solchen Umständen ist, wie Seiltanzen, selbst der Liebe nicht möglich.\\[53]

Landschaft und Klima sind für den Europäer extrem. Doch Eyth will auch diese Extreme kennen lernen. Bis zu den Gipfeln der Kordilleren reitet er auf Pferden und Maultieren. „Endlich, dank meinem Maultier, sind wir oben. Noch dreihundert

Schritte, und die jenseitigen Ketten des riesigen Gebirgslandes liegen vor uns, das Flußgebiet des Amazonenstroms und der heimatlichen Atlantis. – Es wäre unrecht, dem Eindruck zu trauen, den dieser Anblick hervorbrachte; fünftausend Meter über der Meeresfläche ist der Mensch nicht mehr fähig, die Größe der Natur zu bewundern. Alle Tatkraft schien mir durch die Fingerspitzen geträufelt zu sein. Ich war kaum mehr imstand, mein Skizzenbuch hervorzuziehen. Gipfel an Gipfel. Wenig Schnee. Nicht eine Spur von Gletschern; öde Hän-

Lamas bei Anche (Max Eyth, 1877).

Anchi, Croyabahn / Südamerika (Max Eyth, 1877).

ge und dürre Halden. Todesstille. Das war's ungefähr. Und der brennende Wunsch, sobald als möglich wieder unten zu sein. So viel kann ich mit Bestimmtheit versichern, dass landschaftlich das Schweizer Faulhorn den höchsten Kordillierenpässen vorzuziehen ist."[54]

Aber Eyth lernte auch originelle Menschen kennen, darunter einen peruanischen Schafzüchter, der an den Kordilleren 20.000 Hektar Land besitzt, „eine lustige Haut und ein peruanisches Gemisch von Pariser Zivilisation und wilder, revolverführender Schafshirtennatur".

Viele Wochen, bis Ende November, ist Eyth in Peru unterwegs. Für die Dampfpflügerei scheint das Land wenig hoffen zu lassen. Ackerbau wird vor allem in der küstennahen Region, der Costa, betrieben. Dort werden Baumwolle, Zuckerrohr, Reis und Obst angebaut, landeinwärts bis zu den Kordilleren, in der Sierra, auch Mais, Kartoffeln und Getreide. Aufgrund der sehr niedrigen Niederschlagsmengen wird fast die Hälfte der Ackerfläche bewässert.

Eyth scheint jedoch keineswegs unglücklich über den bisherigen Verlauf der Reise zu sein. Es galt nur, das Land zu erkunden. Dass er hier große Geschäfte machen würde, war nicht zu erwarten.

Vielmehr freute er sich auf die Rückreise, aber auch diese nicht auf geradem Weg. Von Lima aus fuhr er auf einem Schiff nach San Francisco. Während heutige Reisende wahrscheinlich zuerst von der Golden Gate Bridge schwärmen, bot sich der Blick in die Bucht von San Franzisko zu Eyths Zeit

*Neupa / Nordperu
(Max Eyth, 1877).*

im Januar 1878 noch ohne Brücke, die erst knapp fünzig Jahre später fertig gestellt werden würde. „Die Einfahrt ist herrlich, aber man muss seetüchtig sein, um sie zu genießen. Nirgends in der Welt habe ich eine so majestätische Brandung gesehen. Trotz des schönen Wetters rollen die Wogen in langen, feierlichen Reihen haushoch, mitten in der See sich überstürzend und ihren regenbogenglänzenden Schaum gen Himmel spritzend, in den Meerbusen hinein, dem wir uns nähern.

Eine halbe Stunde lang hat man sich an Takel-

*Payta/Peru
(Max Eyth, 1877).*

Die Kathedrale von Lima (Max Eyth, 1877).

werk und Reeling anzuklammern, wenn man stehen will. Dann aber wird es plötzlich ruhig. Links und rechts erheben sich Hügel und Berge, an derem felsigem Fuß die Wogen zerschellen. Ihre Gipfel sind nur spärlich bewachsen. Ein großes weißes Gebäude mit dem Riesenschild ‚Cliffhouse' ist das erste Zeichen amerikanischen Geschmacks."[55]

Weltausstellung in Paris

Nach rund zweiwöchigem Aufenthalt in San Francisco, wo Eyth sich vor allem ein Bild von den chinesischen Einwanderern gemacht hat, geht es über Panama und Jamaika zurück nach Europa.

Dieses Jahr, 1878, steht wieder eine Weltausstellung an. Dieses Mal in Paris, und das bedeutet auch wieder einmal viel Arbeit im Vorhinein. Doch sie zahlt sich auch aus. Eyth zufolge ist die Ausstellungshalle der englischen Landtechnik die einzige, die zur Ausstellungseröffnung tatsächlich auch fertig ist. Überhaupt ist Eyth bei dieser Weltausstellung weit besser gestimmt als noch zur Wiener Ausstellung fünf Jahre zuvor. Das mag an Paris liegen, der Stadt, die er schon häufig besucht hat und die ihm ausgesprochen gut gefällt. Da ist es gar nicht unangenehm, dass er nun mehrere Monate in der Hauptstadt Frankreichs zubringen wird. Eyth gibt eine kurze Beschreibung, wie und wo er in Paris während der Weltausstellung wohnt. „Der Boulevard Haussmann, der im Norden der mittleren Stadt vom Boulevard Montmartre zum Arc de Triomphe führt, ist eine der schönen ruhigen Straßen, die das Kaiserreich geschaffen hat. Dort habe ich im fünften Stock eines palastartigen Hauses ein niedliches Nest gefunden; auch Luft und Licht, wie es ich ein leidenschaftlicher Bergsteiger nicht besser wünschen könnte.

Jeden Morgen um sieben Uhr wandre ich nach der Ausstellung. Es ist ungefähr dreißig Minuten zu

Heidepflug zu Lopau (Max Eyth, 1903).

gehen und ein hübscher Spaziergang, seitdem sich der Frühling mit Macht in den Elysäischen Feldern rührt. Er führt mich unmittelbar am Palais des Elysée vorbei, über den Rond point der Champs Elysées und durch die Avenue Montaigne der Seine und dem Pont d'Alma zu. Der große Triumpfbogen rechts, der Obelisk des Platzes de la Concorde links; in unmittelbarer Nachbarschaft der alte, erste Industriepalast."[56]

Die Ausstellung findet auf dem Trocadero und dem Marsfeld statt. Die Ausstellungshallen wurden von dem Architekten Gustave Eiffel (1832–1923) entworfen, der einige Jahre später mit den Plänen für den nach ihm benannten Eiffelturm beginnt, der genau zwischen dem Marsfeld und dem Trocadero stehen wird. Fertig gestellt wird der Eiffelturm erst zur nächsten Weltausstellung in Paris im Jahr 1889.

Zwar kritisiert Eyth wieder die missglückte Eröffnung der Ausstellung, die er nur als Theateraufführung empfindet, doch letztlich wird die Ausstellung ein Erfolg. Auffallend ist, dass sich jetzt immer mehr Militärbehörden verschiedener Länder für Straßenlokomotiven interessieren. Nachfragen nach dem Dampfpflügen kommen, nicht zuletzt dank des Standortes der Weltausstellung, aus Frankreich.

Wie auf einer Weltausstellung zu erwarten, trifft Max Eyth viele Bekannte wieder; aus seiner Heimat Schwaben, aus Bayern und Preußen, ferner aus Ungarn, Kalifornien und Peru. Graf Vranizky aus der Ukraine besucht ihn auf der Ausstellung und

zur besonderen Freude Halim Pascha, der Ägypten verlassen hat und jetzt in Istanbul residiert.

Neben dem ermüdenden Ausstellungsalltag gibt es aber auch vergnügsame Veranstaltungen und sogar große Shows. Am 30. Juni wird in Paris der Nationalfesttag gefeiert – nicht zu verwechseln mit dem heutigen Nationalfeiertag am 14. Juli.

Die Bevölkerung der ganzen Stadt scheint auf den Straßen unterwegs zu sein. Hinzu kommen abertausende Besucher aus aller Welt. Eyth ist mit drei Bekannten in der Stadt und bewundert die unglaubliche Beleuchtung: „Gegen den Triumpfbogen hin und von dort nach dem Platz de la Concorde schwamm der ganze weite Weg in farbigem Feuer. Elektrische Flammen um den Triumpfbogen, meilenlange Girlanden aus Gasflammen entlang den Elysäischen Feldern, chinesische Laternen und europäische Talglichter in allen Fenstern. Der Platz de la Concorde mit seinem ägyptischen Obelisken, der schon vor dreitausend Jahren so manches Volksfest gesehen haben mag, strahlte taghell im Glanz des jüngsten Lichtes, der Elektrizität."[57]

Auch Unterbrechungen anderer Art bringen Abwechslung in den Ausstellungsalltag. Im Oktober reist er in Begleitung des Herzogs von Sutherland zu einem Gut, für das Fowler eine transportable Eisenbahn liefert. Dann geht es in die Normandie zu einer Glasfabrik, die eine Straßenlokomotive bestellt hat. Und schließlich führt ihn eine Reise nach St. Gotthardt, wo er sich über Pressluftтechnik informiert.

>> Es ist mü-
ßig, auf des
Nachbars Feld
zu blicken, wenn
der eigene Pflug
im Gestein
steckt. <<

Im November wird die Weltausstellung, auf der die Firma Fowler mit vielen Preisen bedacht wurde, endlich geschlossen. Max Eyth zieht wieder ein Resümee, das wiederum seine Skepsis gegenüber dem Ausstellungskonzept dieser Art ausdrückt. „Dem Kundigen kann die Ausstellung kaum etwas Neues bringen. Mit unsern gesteigerten Verbindungsmitteln, mit Telegraphen, Eisenbahnen, und der Presse sind wir uns alle so nahe gerückt, daß nichts von Bedeutung auf dem ganzen Erdkreis auch nur wochenlang für den verborgen bleibt, der sich ernstlich dafür interessiert. Nehmet ein Beispiel. Der Phonograph ist nahezu während der Ausstellung erfunden worden und wurde natürlich auch hier sobald als möglich ausgestellt. Aber es ist trotzdem höchst unnötig, nach Paris zu kommen, um unsre Wißbegier zu befriedigen. San Franzisko, Philadelphia, London, und ohne Zweifel auch Berlin, St. Petersburg, ja weit kleinere Städte bieten dem neugierigen Publikum bereits alles, was das Marsfeld von Edisons Erfindung zu zeigen vermag. Für jeden, der im Oktober nach Paris kam, war sie schon keine Neuigkeit mehr. Wir haben uns in dieser Beziehung während der letzten fünfundzwanzig Jahre gewaltig geändert, und der mächtige Eindruck, den die Weltausstellung von 1851 zurückgelassen hat, ist heute nicht mehr zu erzielen."[58]

Eisenbahn, Telegraf und Presse sind für Eyth im Jahr 1878 die wesentlichen „Kommunikationsmittel". Das kurz zuvor von Bell erfundene und von Edison verbesserte Telefon erwähnt er gar nicht, wahrscheinlich, weil es zu der Zeit einfach noch nicht weit verbreitet war.

Unter der heißen Sonne der Türkei

So kritisch Max Eyth die Weltausstellung auch sieht, ganz ohne Folgen bleibt sie für die Firma Fowler und auch für Eyth selbst nicht. Ein türkischer Bei interessiert sich für die Dampfpflügerei und somit reist Eyth in die Türkei, um sich die Verhältnisse anzusehen. Statt selbst zu pflügen, wird für ihn selbst in Osmanli, einem Ort, der „in der Glut der Sonne zu verschmachten scheint", ein Probepflügen veranstaltet.

„Zwölf Ochsen hingen an einem hölzernen Pflug. Auch wird zurzeit gedroschen, und zwar mit einem Gerät, das selbst die ägyptische Dreschmaschine an vorsintflutlicher Einfachheit übertrifft. Das Getreide wird auf dem Boden ausgebreitet, und zwei Pferde schleppen ein dickes Brett, dessen untere Seite mit in das Holz eingelassenen Feuersteinen besetzt ist, schlittenartig über die Masse.

Auf dem Brett steht oder sitzt der Pferdelenker und treibt sein Gespann im Kreis und in Kreuz und Quer acht Stunden lang über das allmählich zerquetschte Stroh, das sodann in die Luft geworfen und so durch den Wind vom Korn getrennt wird. Hat der Junge nette Pferde, einen halb aufgelösten Turban, ein rotes Jäckchen und Vergnügen an seinem Geschäft, so ist das Ding fast so hübsch wie eine Zirkusaufführung. Aber gedroschen wird nicht viel."[59]

Besonders angenehm ist die Reise nicht. Im Juli ist es in Sassan unerträglich heiß. Zudem ist die Reisegruppe in der Nacht recht armselig in einer Lehmhütte untergebracht, die noch, wie das ganze Dorf, vom Russisch-Türkischen Krieg (1877) ziemlich mitgenommen ist. Hinsichtlich der Dampfpflügerei ist Eyths Rat an den türkischen Interessenten Rahid-Bei eindeutig – ohne allerdings einen Grund dafür zu nennen: Rahid-Bei solle „sein Geld lieber in das Marmarameer werfen als einen Dampfpflug nach Sassan zu schicken"[60].

Anderswo läuft es besser. Aufträge kommen aus Peru, von der amerikanischen Westküste, aus Holland, Rumänien und Algerien. Nach Algerien reist Eyth noch im Oktober des Jahres 1879. Von Boufarik aus schreibt er: „Der blaue Atlas sieht mir zum Fenster herein, das dichte Grün von Orangen und Maulbeerbäumen, von Akazien und Dattelpalmen überragend. Die weite Ebene am Fuß der Berge ist ein landwirtschaftliches Paradies, und die Luft, der Sonnenschein bei Tag und das Sternenlicht der Nacht erinnern an die glücklichen Urzeiten der Menschheit. Die Dörfer sind sauber; an Raum brauchte man nicht zu sparen. Gerade Straßen mit dichten Alleen von Sykomoren und Eukalyptus. Häuschen mit Gärten an allen Seiten. Eine hübsche Kirche, fast versinkend in Palmen und mächtigen Laubbäumen."[61]

In Boufarik ist ein Probepflügen angesetzt, das äußerst zufriedenstellend verläuft. Doch schon erreicht Eyth ein Telegramm und er reist nach Rumänien ab. Und drei Wochen später ist er wieder zu Hause in Leeds. Hier kann er schließlich seine „Riesenstraßenlokomotive" mit ihren zwölf Fuß (umgerechnet vier Meter) hohen Rädern testen. Die Tests verlaufen Eyth zufolge höchst befriedigend. Gleichwohl regt sich Skepsis über das großrädrige Ungetüm.

Rastlos durch Europa und Nordafrika

Im Frühjahr 1880 reist Max Eyth erneut nach Ägypten. Doch nicht der Vizekönig fragt nach seinen Diensten, sondern Nabur Pascha, der frühere Ministerpräsident des Vizekönigs. Er besitzt Ländereien im westlichen Teil des Nildeltas, entlang dem Mahmudie-Kanal. Dort soll Eyth ein mobiles Pumpwerk vorführen. Doch ehe es zum Einsatz kommt, überlegt es sich der Pascha anders. Jetzt soll der ganze Zug zum Gut in Scharbas bei Damiette gebracht werden – viele Kilometer östlich. Die Maschinen werden also auf Boote geladen, was bei diesen schweren Maschinen ein Abenteuer ist, aber schließlich doch gelingt. Nabur Pascha bewirtschaftet das Gut nicht selbst, sondern hat die Ackerflächen an Bauern der nahen Dörfer verpachtet. Die Pumpen, die Eyth in Gang setzen wird, sollen bei der Bewässerung der Felder helfen.

Während dieser Ägyptenreise hat Eyth aber auch Gelegenheit – notgedrungen, weil der Transport der Maschinen so lange dauert –, die Stätte seines früheren Wirkens zu besuchen: Schubra. Doch wie hat es sich verändert? „Wüst und öde" ist es geworden. Zwei seiner früheren Maschinisten arbeiten jetzt als Ziegenhirten. Selbst Kairo entsetzt ihn, weil das Opernhaus und die Theater leer stehen. Mehr Freude macht es ihm, die Pharaonengräber zu besuchen und zu skizzieren.

Im Juni rufen ihn die Geschäfte zunächst nach Neapel, dann nach Maraschesti in Rumänien. In Neapel kümmert er sich um eine Fowler'sche Dampfmaschine, die eine Seilbahn auf dem Vesuv betreiben sollte, aber versagte. Nach langer Untersuchung der Maschine bringt er den Auftraggebern bei, dass der Fehler nicht in in der Maschine lag, sondern dass beim Aufbau der Dampfmaschine Fehler passiert sind.

Angenehmer sind die Umstände in Maraschesti, das rund 180 Kilometer nördlich von Bukarest liegt, am Rande der östlichen Ausläufer der Karpaten. Bei Gutsbesitzer Negroponte will Eyth seinen neuen Maiskultivator und eine amerikanische Mähmaschine vorführen, die aber noch nicht vor Ort angekommen sind. So hat er Zeit, weitere Geschäftsreisen zu unternehmen, um Dampfpflüge, Feldeisenbahnen und Bewässerungsanlagen zu verkaufen. Überhaupt erweist sich der Aufenthalt in Rumänien als überaus lohnend, da sich immer mehr Kontakte ergeben und Eyth seine Abreise mehrmals verschieben muss. In Bukarest versammelte sogar der englische Konsul eine Reihe von Grundbesitzern, denen Eyth die Dampfpflugtechnik vorstellen konnte. „Aber überall war es dieselbe Geschichte. Die Leute schienen mich als eine Art ‚Mädchen aus der Fremde' zu betrachten, das nach Rumänien gekommen ist, um englisches Kapital – und namentlich Fowlersches – der wallachischen Landwirtschaft mit vollen Händen zur Verfügung zu stellen. Die einen wollen dampfpflügen, aber Fowler soll ihnen die Maschinen dazu leihen; die anderen wollen Dampfpfluggesellschaften bilden, aber Fowler soll ihnen das Kapital dazu geben; wieder andere wollen in der Dobrudscha ein großes landwirtschaftliches Unternehmen auf Aktien begründen, zu den ‚zunächst' fünf Dampfpflüge nötig sind. […] Umsonst versichere ich ihnen, dass ich nicht hierher gekommen sei, um ihnen Geld zu bringen, sondern im Gegenteil."[62]

Auch wenn nicht jede Präsentation der Dampfpflügerei mit Aufträgen endet, so hat die Firma Fowler doch auch in schlechten wirtschaftlichen Zeiten genügend Arbeit. „Schlechte Zeiten" haben nur insofern Auswirkungen auf die Produktion bei Fowler, als Zulieferbetriebe nicht in der Lage sind, alle Teile, die Fowler bestellt hat, zu liefern. Da dies aber nicht direkt Eyths Bereich betrifft, hat er reichlich Beschäftigung.

Vor Weihnachten 1880 geht die Reise abermals nach Ägypten, da der englische Gutsbesitzer Redshaw einen Dampfpflug für Ägypten bestellt hat. Eyth reist dieses Mal unter dem Eindruck, dass sich die Verhältnisse bei der Firma Fowler nicht zum Guten entwickelt haben. In die Leitung der Werkstatt ist der jüngste Bruder von John Fowler eingetreten, Barnet Fowler. Zu ihm hat Max Eyth nicht das beste Verhältnis. So werden häufiger als früher fehlerhafte Maschinen ausgeliefert und Eyth muss diesen Maschinen nachreisen, um sie durch Nachbesserungen doch noch in Gang zu setzen. Eyth spricht seinen Unmut darüber offen aus. Doch soll es noch über ein Jahr dauern, bis sich die Verhältnisse für Eyth so ungünstig entwickeln, dass er am Ende kündigt. Aber der Generationswechsel in der Führung der Firma Fowler zieht sich noch hin und einstweilen ist Eyth bereit, manche Kröte zu schlucken.

Als Eyth in Ägypten ankommt, bemerkt er immerhin auch positive Veränderungen, wogegen ihn die letzte Reise eher abgeschreckt hat. Wohlwollend stellt er fest, dass sich die Situation der Fellachin, der ägyptischen Bauern, doch gegenüber einigen Jahren zuvor verbessert hat. Das liegt nicht zuletzt daran, dass die Steuerlast, die ihnen Ibrahim Pascha aufgebürdet hatte, unter dessen Nachfolger, seinem Sohn Tawik Pascha, niedriger ist.

Zunächst besucht Eyth Redshaw in seinem Haus.

>> Die Welt, selbst die sogenannte gebildete Welt, fängt an zu erkennen, dass in einer schönen Lokomotive, in einem elektrisch bewegten Webstuhl, in einer Maschine, die Kraft in Licht verwandelt, mehr Geist steckt als in der zierlichsten Phrase, die Cicero gedrechselt, in einem rollendsten Hexameter, den Virgil jemals gefeilt hat. <<

*Moschee el Azhar,
Kairo (Max Eyth,
1880).*

„Er bewohnt den einen Flügel einer abgebrannten vizeköniglichen Flachsfabrik. In einem anderen Winkel des phantastischen Baus, durch dessen hundert leere Fenster Mond und Sonne scheinen, hat er seine Mühle aufgestellt. Ein noch erhaltener Dachboden beherbergt eine Menagerie von Hühnern, Truthähnen, Gänsen und Kaninchen. Ich fand seit meinen Kinderjahren noch nie etwas, das so sehr einer Arche Noahs glich."[63]

Seine Aufgabe bei Redshaw, unter anderem zu beweisen, dass die Fowler'schen Maschinen durchaus sparsam im Kohlenverbrauch sind, löst er spielend. Neben Redshaw besucht Eyth noch etliche andere mögliche Geschäftspartner, kontaktiert neu geschaffene Behörden, die für weitere Projekte Fowlers in Ägypten wichtig sein könnten, und betreibt Studien über zukünftige Bewässerungsprojekte. Aber er nimmt sich auch Zeit, durch das Land zu reisen, und das nicht nur als Tourist, sondern als – Archäologe.

Max Eyth hatte seinem Freund Tylor, Präsident der anthropologischen Gesellschaft von England, versprochen, zu den Pyramiden von Sakkara zu reisen. Hier hat Eyth eine ganz ungewöhnliche Aufgabe zu erfüllen. Tylor will wissen, „ob die alte Pyramide von Sakkara sechs oder sieben Stufen hat". In vielen Veröffentlichungen steht, dass die Pyramide sechs Stufen hat. Aber das würde nach den Überlegungen von Tylor keinen Sinn ergeben. Wenn sie sieben Stufen hätte, so wäre dies ein weiteres Steinchen für den Beleg, dass die ägyptische Kultur chaldäischen Ursprungs sei.

Eyth begibt sich auf die Suche. Er gräbt und bereits fünf Stunden später ist der Nachweis erbracht: Die Pyramide von Sakkara hat sieben Stufen.

Die Geschäfte in England gehen im Frühjahr 1881 auf und ab. Ein Angehöriger der Familie Fowler, der im Auftrag der Firma in die Südsee gereist ist (und Eyth, wie er schreibt, um eine Weltumseglung gebracht hat), sitzt auf nicht absehbare Zeit auf einer Insel fest, auf der die Blattern ausgebrochen sind. Das hätte auch Eyth passieren können. Aber auch in Leeds ist es ihm nicht behaglich, da sich neue Konflikte abzeichnen. Greig, einer der Geschäftsführer, mit denen Eyth all die Jahre sehr gut zusammengearbeitet hat, bringt einige seiner Söhne nach und nach in der Fabrik unter, von denen Eyth jedoch nicht die beste Meinung hat. So werden diese „Bürschchen nach einem kurzen Aufenthalt in den Werkstättten in Stellungen eingeführt, in denen sie alles mögliche Unheil anrichten können. Die praktische Erziehung, die sie auf diese Weise erhalten, ist für die Fabrik ebenso kostspielig als gefährlich."[64]

Im Mai ist Eyth bereits wieder in Rumänien. Auf dem Gut Negropontes geht es drunter und drüber. Der französische Verwalter, der mittlerweile verschwunden war, hatte ein Chaos hinterlassen und Eyth sollte helfen zu retten, was zu retten war. Eyth setzt eine neue Art von Dampfpflügen ein, so genannte Verbundmaschinen, die erheblich weniger Brennstoff verbrauchen sollten, wie Eyth seinem Auftraggeber Negroponte schon im Jahr zuvor darlegte. Außerdem setzt Eyth zum ersten Mal den größten Pflug ein, den Fowler je gebaut hatte – er funktioniert vorzüglich. „Der Pflug arbeitet auf einem Waldboden, an dem alle Bauernpflüge erlegen sind, und schneidet durch Tausende von alten Wurzeln, daß es kracht und knallt wie ein fortwährenden unterirdische Feuerwerk, [...]."[65]

Bis Juli 1881 bleibt Eyth in Rumänien, was nicht immer ein Vergnügen ist, da Rumänien im Sommer der „Backofen Europas" zu sein scheint. Doch Eyth bleibt keine Wahl. Zudem hat er noch eine Dampfmaschine zu reparieren, die Mitarbeiter beim Transport umstürzen ließen. Ersatzteile müssen zum Teil in Fabriken in Bukarest angefertigt werden. Technisch ist das schon ein Problem, aber auch Behörden, die dies genehmigen müssen, machen es Eyth nicht leicht.

Neue Aufgaben warten in England. Greig schlägt Eyth vor, dass er sich um die Technik der Kohlewäsche kümmern solle, die die Kohle von Gestein und

Southampton in Südengland vom Kanal aus gesehen (Max Eyth, August 1877).

Verunreinigungen befreien soll und damit die Qualität der Kohle bedeutend verbessert. In Deutschland, Belgien und Frankreich sei man technisch bereits sehr weit fortgeschritten. Das Reisen ist Eyth willkommen, viel weniger aber, dass der jüngste Sohn von Greig, ein vorwitziges Bürschlein, ihn begleiten soll. So besuchen sie Belgien, Nord- und Südfrankreich und das Ruhrgbiet in Deutschland. „Schwarz wie ein verkommener Kohlebrenner aber voll von Skizzen, Notizen und Berechnungen kam ich zurück, nachdem ich allerdings meinen kleinen Pflegebefohlenen in Brüssel verloren hatte.“[66] Der kleine Greig findet sich jedoch wieder ein und sie kehren auch wieder gemeinsam nach Leeds zurück.

Dort stellt sich jedoch wieder neues Ungemach ein. Zwar verkauft Fowler Dampfmaschine auf Dampfmaschine. Englands Bauern erleiden jedoch im Jahr 1881 eine Missernte und Eyth glaubt, dass sie sich so schnell nicht von dem Schlag erholen werden. Und damit wird auch das Geschäft in England schwierig. Aber noch brummt die Fabrik auch ohne Aufträge aus Großbritannien. Denn Bestellungen aus Deutschland, Frankreich, Spanien, Österreich, Rumänien, Australien, Indien und Peru gleichen die mangelnde Inlandsnachfrage mehr als aus. Doch gerade der große Auftragsbestand bringt Probleme, sodass Fowler mit der Fertigstellung der Maschinen in Rückstand gerät. Gute Arbeiter kündigen, weil sie allzu sehr von den jungen Greigs zur Arbeit getrieben werden, und auch Eyth machen sie das Leben schwer – so sehr, dass er sich bereits mit Abschiedsgedanken befasst und er schmiedet „Lebenspläne“, wie er italienische Landschaften skizziert und wie er für viel Geld einen „sozialistischen Roman“ verfasst.

Abschiedspläne

Für Eyth wird die Lage nach und nach immer unerträglicher. Bauteile, die er für Versuchsmaschinen bestellt hat, erhält er nicht, und Arbeiter, die ihm zur Hand gehen sollen, werden von Greigs Söhnen für andere Arbeiten abgezogen. Vor Weihnachten 1881 kommt ein neues Unglück hinzu: Die Fabrik brennt zum Teil ab. Eyths Büro bleibt von dem Brand zwar unberührt, sodass er zumindest in der Konstruktion weiterarbeiten kann, aber ein Teil der Montagehalle und wertvolle Werkzeugmaschinen werden vernichtet. Der Verlust ist allerdings versichert, sodass die Firma Fowler nicht in ihrer Existenz gefährdet ist. Für Max Eyth hat der Abschied auf Raten aber längst begonnen. Und viel fehlt nicht mehr, bis das Ende seiner Zeit bei Fowler kommt.

Der Anlass ergibt sich im Frühjahr 1882. Als Eyth von einer dienstlichen Reise zurückkehrt, erwartet er eigentlich, dass eine von ihm in Auftrag gegebene Maschine fertig gestellt sei. Doch die „Brut“, wie er die jungen Greigs mittlerweile nennt, haben die Arbeiter wieder einmal für andere Tätigkeiten eingeteilt. Nun ist es genug. Nach über 20 Jahren kündigt Max Eyth Anfang Mai 1882 seine Stellung bei John Fowler & Company Leeds Ltd. Die nächsten Wochen verbringt er damit, die angefangenen Arbeiten so weit fertig zu stellen, dass er sie an einen Nachfolger übergeben kann. Und dann heißt es Abschied nehmen von Freunden und Bekannten.

Am Abend des 24. Juli 1882 verlässt Max Eyth England mit dem Schiff Richtung Rotterdam. Vor dort aus fährt er weiter mit dem Zug. Das erste Ziel in Deutschland: Köln, dann Bonn.

Dampfpflüge und die Landtechnik des 19. Jahrhunderts

„Compound"-Dampfpfluglokomotive von Fowler. Die „Compounds" arbeiteten mit doppelter Dampfexpansion in Hoch- und Niederdruckzylindern.

Dampfpflüge – die modernste Technik ihrer Zeit

Als Max Eyth 1862 seine Stellung bei der Firma Fowler in Leeds antritt, hat er als Ingenieur erstmals Kontakt mit landtechnischen Maschinen und Geräten. Auf Ausstellungen in England hatte er sich bereits einen Eindruck verschafft, welches technische Niveau die Landtechnik in England hatte. Und das war außerordentlich hoch. Doch er selbst wusste noch wenig über das Pflügen, Säen und Ernten. Nachdem er vier Jahre für Kuhn gearbeitet hatte, war er ein ausgewiesener Fachmann für Dampftechnik und verbissen darauf aus, Neues zu lernen – und das sollte genügen, um in einem so jungen Unternehmen, das John Fowler leitete, eine Anstellung zu finden. Es sollte nicht lange dauern, bis er dabei half, Dampfmaschinen oder -lokomobile zu konstruieren und die dazugehörigen Pflüge und Gerätschaften zu entwickeln.

Das Interessante daran ist, dass der Dampfpflug, mit dem Fowler bekannt wird, eine Kombination aus einer der ältesten und seinerzeit einer der modernsten landtechnischen Maschinen ist. Seit Menschen Ackerbau betreiben, wird der Boden mit einfachen Geräten auf- oder umgebrochen, eine Arbeit,

Ein-Maschinen-System beim Dampfpflügen mit Ankerwagen nach Fowler.

Landtechnische Erfindungen

1785 Reihensämaschine durch James Cooke (England)

1786 Dreschmaschine durch Meikle/Stein (England)

1791 Getreideputzmaschine in Deutschland konstruiert

1804 Mechanischer Heuwender durch Schulze (Österreich)

1823 Mähmaschine mit beweglichen Klingen durch Bell (Schottland)

1831 Cyrus H. McCormick entwickelt eine von Pferden gezogene Mähmaschine

1834 Rübenschneider durch Gardener (England)

1851 Milchzentrifuge erfunden

1864 Erster fahrbarer Dreschsatz von Klinger

1884 Erster deutscher Dampfpflug von Heucke

1896 Glattstrohpresse von Klinger

1904 Benjamin Holt baut eine Art Traktor; Holt ist einer der Gründer von Caterpillar

1907 Erster deutscher Motorpflug von Stock und Gleiche

1919 MAN baut einen Motorpflug in Serie, erste Modelle seit 1911

1921 Der Lanz-Bulldog prägt den modernen Traktor

Heucke-Dampfpflug-Lokomotive mit 250 PS aus dem Jahr 1911. Die Maschine befindet sich heute im Besitz des Deutschen Landwirtschaftsmuseums der Universität Stuttgart-Hohenheim.

Eine Seillänge von 500 m ist durchaus normal. Heucke (Gatersleben bei Magdeburg) gab sogar bis zu 700 m als mögliche Seillänge an.

die zu den schwersten in der Landwirtschaft zählt. Die ersten Pflüge wurden von Menschen gezogen, seit der Nutzviehhaltung meist von Ochsen, später auch von Pferden.

Im 17. Jahrhundert regt sich jedoch allenthalben der Erfindergeist. Und schon vor der Erfindung der Dampfmaschine versuchten die Bauern – oder besser Erfindergeister –, die Pflüge statt von Spannvieh von den Kräften der Natur ziehen zu lassen. So wurden tatsächlich Vorrichtungen gebaut, mit denen Bodenbearbeitungsgeräte mit Windkraft bewegt werden sollten – allerdings erfolglos. Ernster wurden die Bemühungen, die Bodenbearbeitung ohne Muskelkraft zu erledigen, nachdem James Watt Ende des 18. Jahrhunderts selbst Überlegungen angestellt hatte, den Acker mit Dampfkraft zu pflügen. Er hatte sogar ein Patent darauf angemeldet. Der Einzug der Dampfkraft in die Landwirtschaft war unaufhaltsam.

Bereits in der ersten Hälfte des 19. Jahrhunderts, ab etwa 1830, wurden in England Versuche unternommen, eine mit Dampf betriebene Zugmaschine für den Ackereinsatz zu verwenden – zunächst noch nicht erfolgreich. Auch Seilzugsysteme, wie Fowler sie später bauen sollte, hatten ihre Anfänge in den dreißiger Jahren. Glücklicher verlief die Entwicklung mit anderen dampfbetriebenen Maschinen, z.B. einfachen, stationär betriebenen Dreschmaschinen. Nach der Arbeit bewegten sich diese Maschinen jedoch nicht mit eigener (Dampf-)Kraft fort, sondern wurden von Pferden gezogen. Erst später wurden Dreschmaschinen mit Dreschtrommeln und Schüttlertechnik verwendet, die über Rie-

Straßenlokomotive von Fowler mit Allradantrieb.

Fowler-Pflug zum Tiefpflügen, wie er in Deutschland eingesetzt wurde.

Drillmaschine mit Saategge für das Seilzugsystem (Fowler).

men von separaten Dampfmaschinen (Lokomobilen) angetrieben wurden.

Die Entwicklung der Dampfpflüge kam erst ab 1850 in Bewegung – und zwar wiederum in England, dem Geburtsland der Dampfmaschine. Die Royal Agricultural Society (RAS) stiftete 1854 ein Preisgeld von 500 Pfund für die Entwicklung eines „Dampf-Kultivators", der in möglichst effizienter Weise den Boden wenden und eine wirtschaftliche Alternative zum Pflügen in der bisher gewohnten Weise sein sollte.

Es gab ja längst Dampfschiffe und Lokomotiven. Somit war die Zugmaschine bereits erfunden. Nur musste sie jetzt für die Landwirtschaft nutzbar gemacht werden. Das war eine durchaus schwierige Aufgabe, die so schnell zu keinem befriedigenden Ergebnis führte – und so konnten in den nächsten Jahren keine Firma und kein Erfinder den begehrten Preis gewinnen. Allerdings erhielt John Fowler 1857 eine Auszeichnung für seine eifrigen Bemühungen um die Entwicklung des Dampfpflügens. Die Begründung war, dass das Dampfpflügen in der Qualität seiner Arbeit nicht dem Pflügen mit dem Pferd nachsteht. Das war ein bemerkenswertes Zeichen dafür, wie weit die Entwicklung schon fortgeschritten war.

John Fowler ist in landtechnischen Kreisen trotz seiner Jugend, er wurde 1826 geboren, schon wohl bekannt. Bereits 1850 hatte er auf einer Ausstellung der Royal Agricultural Society in Exeter einen Drainagepflug vorgestellt, der für Aufsehen sorgte. Dieser Pflug wurde mit einem Hanfseil über den Acker gezogen. Die Seiltrommel wurde jedoch nicht mit Dampfkraft in Drehung versetzt, sondern von einem Göpel. Diese Vorrichtung ist nichts anderes als eine „Tretmühle", wobei Pferde oder Ochsen immer im Kreis laufen und dabei über ein Winkelgetriebe und Wellen die Zugbewegung in eine Drehbewegung umsetzen. Mit dieser Vorrichtung können die verschiedensten Maschinen angetrieben werden, zum Beispiel Mühlen, Pumpen oder Fördermaschinen. Die ägyptischen Wasserschöpfwerke, die Max Eyth im Nildelta kennen lernte, arbeiteten ebenfalls nach diesem Prinzip – zum Teil heute noch.

Die Technik der Fowler-Dampfpflüge

Mit der Einführung von Dampfmaschinen in der Landwirtschaft konnte Fowler jedoch auf die alte Technik verzichten. Und statt des Hanfseils verwendete er starke Drahtseile. Er experimentierte weiter und trat auf einer RAS-Ausstellung 1858 mit seinem Dampfpflug gegen zahlreiche Wettbewerber an: unter anderem gegen Ricketts rotierenden Dampfkultivator (hierbei waren Grubberzinken auf einer rotierenden Trommel montiert) oder das Umlaufsystem („Round-about") von Smith, bei dem der Pflug von einer stationären Dampflokomobile über ein Seilsystem über den Acker gezogen wird. Das System von Smith wurde übrigens von Howard in Bedford gebaut, später Fowlers Dauerkonkurrent.

Ein ganz besonderes Ungetüm, das ebenfalls im Wettbewerb antrat, war das Dampfpflugsystem von Boydell. Die Lokomobile fuhr mit mehreren angehängten Pflügen, die jeweils einzeln von Männern gelenkt wurden, direkt auf dem Feld. Kurios war, dass die Feldlokomotive wie auf „selbstverlegten Schienen" oder „Schienenschuhen" fuhr, die um die Räder montiert waren – ein Prinzip, das Boydell schon 1846 bei einfachen Pferdekarren vorgestellt hatte. Die einzelnen Schienenteile, auf denen sich die Räder fortbewegen, werden mit dem Rollen der Räder fortlaufend waagerecht auf den Boden gelegt und wieder angehoben, nachdem das Rad darüber gerollt ist. Das Boydell'sche System funktionierte und fand eine gewisse Verbreitung. Es wurde sogar vom Militär verwendet, das schwere Geschütze mit den Schienenschuhen ausrüstete, wenn weicher Boden befahren werden musste. Doch letztlich war die Konstruktion der Schienenschuhe sehr kompliziert, störanfällig und machte gehörigen Lärm.

Fowler setzte sich mit seinem Dampfpflug mit Seilzugsystem (dem so genannten indirekten System) im Wettbewerb gegen alle Konkurrenten durch, weil sein Pflug den Boden in allen Fällen in besserer Weise bearbeitete als die Wettbewerber – und gewann den Preis von 500 Pfund. Es ging aber nicht allein um das Geld. Der Prestigegewinn war gerade in der Anfangszeit des Dampfpflügens nahezu unbezahlbar.

Fowlers System arbeitete mit einem 10 PS starken Dampflokomobil (gebaut von Ransomes) am Feldrand. Die Lokomobile konnte seinerzeit noch nicht selbst fahren, sondern wurde von Pferden zum Feld gezogen. Dort arbeitete die Maschine aber völlig selbstständig. Unter der Maschine war eine von der Dampfmaschine angetriebene Seiltrommel (von Stephenson) montiert. Am anderen Feldende stand ein so genannter Ankerwagen, der ebenfalls mit einer (nicht angetriebenen) Seiltrommel ausgestattet war.

Die Räder des Ankerwagens waren aus Eisen gefertigt und nur etwa einen Zoll breit. Durch zusätzlich aufgelegte Gewichte sank der Ankerwagen ein Stück in den Boden ein und gewann so genügend Halt, um dem Zug des Seils widerstehen zu können.

Egge für den Einsatz nach dem Pflügen (Fowler).

Trotz ihres Gewichts von über 20 Tonnen haben die Dampfpfluglokomotiven keine Bremse. Sie ist wegen der gewaltigen Übersetzung in der Praxis auch nicht nötig.

Mit Pflug, Packer und Schleppe ist der Acker in einem Arbeitsgang saatfertig.

Große Arbeitsbreite: Heucke-Pflug mit sieben Scharen für jede Richtung.

Heucke übernahm von Anfang an das Zwei-Maschinen-System von Fowler.

Das Seil lief also um die Seiltrommel der Lokomobile, über das Feld, dann über die Trommel des Ankerwagens zurück zur Lokomobile. Die eine Seite des Seils wurde von Seilträgern gestützt. Das waren kleine Wägelchen, die oben mit einer Rolle ausgestattet waren, über die das Seil lief. So wurde verhindert, dass das Seil über den Boden schleift wurde, dadurch verschmutzte und unnötigen Reibungswiderstand erzeugte.

Die andere Seite des Seils wurde in einen Rollenmechanismus des Pfluges eingelegt. Der Mechanismus sorgte dafür, dass das Seil immer gespannt war und der Pflug ruckfrei vorwärts lief. Und je nach der Arbeitsrichtung wurde das Seil mit dem Pflug in die eine oder andere Richtung gezogen.

Wenn ein oder mehrmals hin- und hergepflügt worden war (je nach Arbeitsbreite), wurden Lokomobile und Ankerwagen jeweils ein Stück nach vorne versetzt. Bei früheren Maschinen zog sich die Lokomobile mit Hilfe einer Winde und eines Drahtseils an einem Anker mit einer kleinen Umlenkrolle ein Stück weiter. Der Ankerwagen wurde nach dem gleichen Prinzip über eine Winde um eine entsprechende Strecke versetzt, wobei die Winde über eine Kupplung mit der Seiltrommel verbunden wurde, sodass die Winde über die Kraft der Lokomobile auf der anderen Feldseite in Gang gesetzt wurde.

Die später eingesetzten, selbstfahrenden Lokomobilen konnten sich ohne Winde nach vorne bewegen, bis der nächste Abschnitt gepflügt werden konnte. Der Ankerwagen war wie zuvor mit einer Winde ausgerüstet. Wenn der Windenmechanismus eingekuppelt war, zog sich der Ankerwagen mit der Antriebskraft der Lokomobile weiter. Dies konnte mit Hilfe einer kleinen Übersetzung auch permanent, also während des Pflügens, geschehen.

Das Ein-Maschinen-System von Fowler wurde in verschiedenen Varianten angewendet. So konnte bei dem Ein-Maschinen-System „No. 2B" durch eine andere Seilführung auf einen Windenmechanismus beim Ankerwagen verzichtet werden. Der eine Seilabschnitt (mit dem Pflug) verlief wie gewöhnlich gerade zwischen Lokomobile und Ankerwagen. Der andere Seilabschnitt verlief jedoch nicht parallel, sondern wurde von der Lokomobile aus diagonal über das Feld bis zur Feldecke geführt. Hier war eine Umlenkrolle verankert. Von dort verlief das Seil über das Vorgewende zum Ankerwagen. Über ein Kupplungssystem konnte der Ankerwagen von der Lokomobile mit dem Seil nach vorne gezogen werden.

Meisterleistungen der Mechanik

Das Auf- und Abrollen des Drahtseils, die Befestigung des Seils am Pflug und die verschiedenen Mechanismen zur Umlenkung des Seils sind keineswegs so einfach, wie es auf den ersten Blick scheint. Sie sind sogar sehr kompliziert. Und die Lösung der anfänglichen Probleme sind Meisterleistungen der Mechanik. Drei Beispiele für Fowler-Dampfpflüge zeigen das:

1. Das Seil zwischen der ziehenden Lokomobile, dem Pflug und dem Ankerwagen bzw. der zweiten Lokomobile muss immer stramm gehalten werden, damit der Pflug ruckfrei gezogen wird, das Seil möglichst wenig über die Erde schleift und das Seil tadellos auf- und abgewickelt wird.

Darum wurde der Pflug nicht einfach an das Seil geklemmt. Vielmehr war das Seil am Pflug auf zwei

Rollen mit einem Untersetzungsmechanismus gelegt. Wurde das Seil angezogen, drehte sich die erste Rolle, bis ein bestimmter Widerstand erreicht war. Die erste Rolle war über einen Kettenantrieb mit der zweiten Rolle verbunden. Wenn sich also die erste Rolle bewegte, setzte sie die zweite Rolle in entgegengesetzter Richtung in Gang. Aufgrund der Untersetzung drehte sich die zweite Rolle jedoch schneller, wickelte also das Seil hinter dem Pflug auf und spannte es so. Das System war so ausgelegt, dass bei wechselndem Zugwiderstand permanent und automatisch ein Ausgleich der Spannung stattfand.

2. Für den reibungslosen Betrieb des Dampfpfluges war es wichtig, dass das Seil gleichmäßig Lage für Lage auf der Seiltrommel auf- und abgewickelt wurde. Wer einmal ein Elektrokabel auf eine Kabeltrommel gewickelt hat, weiß, dass das am besten geht, wenn das Kabel stramm gehalten wird.

Darum waren die Seiltrommeln der Fowler-Dampfpflüge mit einer Vorrichtung ausgestattet, die das störrische Seil beim Auf- und Abrollen vor der Trommel stramm hielt. Diese Vorrichtung hieß „Clip-drum" (auf Deutsch „Klappentrommel") und war die besondere Ausführung einer Seilscheibe. Das Seil wurde in dieser Scheibe wie ein Keilriemen in einer Riemenscheibe geführt. Das Besondere war, dass das Innere der Führung nicht einfach wie eine Nut ausgeführt war. Vielmehr bestand das Innere lückenlos aus beweglichen, schmalen Klap-

pen. Würde man den Finger auf den Fuß einer einzelnen Klappe drücken, würde sich die Klappe umlegen und den Finger einklemmen.

Wenn das Seil in die Seilscheibe (also in die Klappen) gedrückt wurde, klemmten die Klappen das Seil ein. Allerdings sollten die Klappen das Seil nicht bremsen, sondern nur halten, während es weiterlief. Wenn das Seil in die Seilscheibe einlief, schlossen sich an dieser Stelle die Klappen. Verließ das Seil die Scheibe wieder (ließ also der Druck auf die Klappen nach), öffneten sich die Klappen automatisch wieder.

3. Wichtig für die Haltbarkeit des Seils war das ordentliche Aufwickeln des Seils. Wenn sich das Seil beim Aufwickeln überkreuzte, konnte das bei mehrfachen Lagen zu Brüchen der einzelnen Drähte führen. Das verkürzte die Haltbarkeit eines Seils erheblich. Max Eyth entwickelte darum einen Mechanismus, der das Seil automatisch Umdrehung für Umdrehung und Lage für Lage gleichmäßig nebeneinander aufwickelte.

Beim Ein-Maschinen-System von Smith und Howard, das Anfang der sechziger Jahre des 19. Jahrhunderts eingesetzt wurde, blieb die Lokomobile auf ihrem Platz am Feldrand stehen. Das Seil wurde um das ganze zu pflügende Feldstück verlegt und von Umlenkrollen um die Ecken geführt. Man begann an der der Lokomobile entgegengesetzten Feldseite zu pflügen. Mit jeder Spur wurde das Seil verkürzt, bis der Pflug Furche um Furche das diesseitige Feldende erreichte.

» In der Technik selbst, in diesem Ringen des Geistes mit der Materie, liegt genug Idealismus, genug Poesie, um unser ganzes Zeitalter für künftige Geschlechter zu vergolden. «

Für den Einsatz im Moor wurden die Dampflokomotiven zusätzlich mit Rad-verbreiterungen ausgestattet, damit sie auf dem weichen Boden nicht versanken.

Heißdampf-Pfluglokomotive ZT von Rheinmetall mit einer Leistung von 120 bis 150 PS.

Mit dem Dampfpflug wurden auch gleich die unterschiedlichsten Geräte entwickelt, die ebenfalls mit dem Seil über den Acker gezogen werden: Egge von Rheinmetall.

Die Vor- und Nachteile des Seilzug-Verfahrens

Durchgesetzt haben sich nach 1860 nur die Dampf-pflugsysteme von Fowler und Smith bzw. Howard, die später von anderen Herstellern kopiert und modifiziert wurden. Der Vorteil dieser beiden Systeme war, dass die schweren Dampfmaschinen nicht auf dem Acker zu fahren brauchten. Das bedeutet zum einen, dass die erzeugte Leistung der Maschinen (die damals noch nicht sehr hoch war) ausschließlich für die Bewegung des Seils zur Verfügung stand. Sie mussten also nicht noch zusätzlich ihr eigenes, tonnenschweres Gewicht bewegen, was die Leistung für die eigentliche Pflugarbeit gesenkt hätte.

Außerdem liefen die am Feldrand stehenden Maschinen nicht Gefahr, im Acker zu versinken. Dieser Aspekt war gerade in England von entscheidender Bedeutung, weil regenreiche Herbste den Acker aufweichten und für die bis zwanzig Tonnen schweren Lokomobilen „unbefahrbar" machten. Mit dem Seilzugsystem konnten auch Flächen bearbeitet werden, die gewöhnlich nicht mit Fahrzeugen zu befahren waren, zum Beispiel Moorflächen oder frisch gerodete Forstflächen. Aber auch im ganz normalen Ackerbau war es für den Boden besser, nicht mit schweren Maschinen belastet zu werden, um ertragsmindernde Bodenverdichtungen zu vermeiden.

Dass besonders Fowler mit dem Seilzugsystem auch in anderen Ländern erfolgreich war, in denen der klimatische Aspekt nicht so entscheidend war, dürfte daran gelegen haben, dass es so leistungsstark war und in der Regel störungsfrei lief.

Ganz andere Erfahrungen musste Max Eyth in den USA machen. Er selbst konnte bereits in den sechziger Jahren des 19. Jahrhunderts feststellen, dass die Amerikaner nicht so recht für das Dampf-pflügen mit dem indirekten System zu begeistern waren. In den USA wurde bereits mit direkt an der Lokomobile angehängten Pflügen gearbeitet, wenn zu Eyths Zeit auch noch in sehr begrenztem Umfang. Doch auch später setzte sich in den USA das direkte System durch, vor allem im Westen der USA. Durch die relativ niedrigen Niederschläge war die Gefahr geringer, mit dem Dampfpflug stecken zu bleiben. Außerdem waren die Feldschläge dort unglaublich lang, bis zu mehreren Kilometern, sodass das indirekte System mit dem Seilzug einfach ungeeignet war.

Mit dem Erfolg Fowlers beschleunigte sich die Entwicklung der Dampfpflüge enorm. In England sollten Fowler und Howard in den nächsten Jahren die führenden Dampfpflughersteller werden. Fowler änderte sein System allerdings schon Anfang der sechziger Jahre grundlegend. Zunächst wurden die gezogenen Lokomobilen, dem technischen Fortschritt folgend, gegen selbstfahrende Maschinen ersetzt. Entscheidender aber ist, dass Fowler von nun an mit zwei Lokomobilen arbeitet, statt mit nur einer Lokomobile und einem Ankerwagen. Daneben bietet Fowler allerdings auch weiterhin das Ein-Maschinen-System an.

Die Unterschiede zwischen dem Ein-Maschinen-System von Howard und dem Zwei-Maschinen-System von Fowler liegen auf der Hand. Das Ein-Maschinen-System ist erheblich billiger. Dafür ist das Fowler'sche System mit zwei selbstfahrenden Maschinen leichter umzusetzen und aufzustellen, das Seil ist kürzer und die Leistung höher. Große Dampfpflüge können auch auf Feldern mit einer Länge von über 500 Metern eingesetzt werden. Auch die Flächenleistung ist enorm. Das Zwei-Maschinen-System mit einem sechsfurchigen Pflug schaffte bei einer Arbeitstiefe von bis zu 25 Zentimetern rund zehn Hektar am Tag.

Ein weiterer Vorteil des Fowler'schen Systems war, dass keine unproduktiven Leerzeiten für die Wartung entstanden. Wenn der Pflug von der einen Maschine gezogen wurde, konnte die andere geschmiert und mit Wasser und Heizmaterial befüllt werden. Beim Ein-Maschinen-System musste der Pflug während der Maschinenwartung – und das musste mehrmals am Tag geschehen – ebenfalls pausieren.

So wichtig wie das Seilzugsystem war die Weiterentwicklung der Geräte. Wenn von Dampfpflügen die Rede ist, wird leicht vergessen, dass dahinter ein ganzes System von Bodenbearbeitungsgeräten steht: Grubber, Kultivatoren, Eggen, Walzen, Sämaschinen, Drainpflüge, Meliorationspflüge, Forstkulturpflüge und so weiter.

Rheinmetall=Dampfkultivator mit Spatenscheibenegge

Die Werkzeugkombinationen werden z. T. noch heute verwendet.

Schälgerät mit breiten Schälkörpern

Schälgerät zur flachen Bodenbearbeitung nach der Ernte.

Besonders zu erwähnen ist aber hier der Balance-Pflug. Erfunden wurde er von dem englischen Brüderpaar David und Thomas Hay Fisken aus Hartlepool im Jahr 1855. Bis zur Vollkommenheit weiterentwickelt wurde er von David Greig, einem der Gesellschafter der Firma Fowler und einem der engsten Mitarbeiter von Max Eyth. Der Balance-Pflug hatte beim Dampfpflügen mit dem Seilzugsystem den großen Vorteil, dass er am Feldende nicht gewendet zu werden brauchte. Der Pflug besaß die doppelte Anzahl von Scharen, wobei die eine Seite (in Fahrtrichtung die hintere Seite) je-

Auch die Stoppelbearbeitung war mit dem Seilzugsystem möglich. Stoppelumbruch mit dem Schälgrubber.

>> Die Lust am Erfinden ist dieselbe Kraft, die den Künstler und Dichter ohne Not, ohne Bedürfnis, aber unwiderstehlich zu seinem Schaffen zwingt, der Prometheusfunke, der im Menschen lebt, das Göttliche in uns, das das Tier zum Menschen macht, und dem Menschen seine Gottähnlichkeit gegeben hat. <<

Im 19. Jahrhundert gegründete Landmaschinen–Fabriken in Deutschland (Auswahl)

1780	Lemken (Alpen): als Schmiede gegründet, dann Pflüge, Bodenbearbeitungsgeräte, später Sä- und Spritztechnik
1829	Friedrich Dehne (Halberstadt): ab 1856 Landmaschinen, Generalvertretung für Fowler-Dampfpflüge, ab 1878 eigene Lokomobile, später Sämaschinen
1834	Maschinenfabrik Badenia (Weinheim): Eisengießerei, ab 1875 Landmaschinen, u.a. Lokomobile und Dampfdreschmaschinen
1835	Cramer (Leer): als Schmiedebetrieb für die Reparatur von Windmühlen gegründet, Bau von Schrotmühlen, später Kartoffel-Legetechnik
1845	H.F. Eckert (Berlin): ab 1850 Pflüge, Bodenbearbeitungsgeräte, Sämaschinen, Futtererntemaschinen, Mähbinder
1849	Carl Beermann (Berlin): Maschinenbau, später Dreschmaschinen, Futterdämpfer
1854	Gebr. Eberhardt (Ulm): Pflüge, Bodenbearbeitungsgeräte
1854	Th. Flöther (Gassen): Dampfdreschmaschinen, Lokomobile, Motordrescher
1854	Rud. Sack (Leipzig): Pflüge, Sämaschinen
1860	Gebr. Botsch (Bad Rappenau): Pflege- und Sämaschinen, Einzelkornsägeräte
1860	Hermann Amos (Heilbronn): Dreschmaschinen, später Düngerstreuer
1860	A.J. Tröster (Butzbach): Hassia-Drillmaschinen, später Kartoffelvollernter, Einzelkornsägeräte
1860	Heinrich Lanz (Mannheim): (eigene Landmaschinenproduktion ab 1867) Lokomobile, Mähbinder, Dreschmaschinen, Kartoffelroder, Traktoren
1861	Grimme (Damme): als Schmiede gegründet, dann Kartoffelroder, Bestell-, Pflege- und Lagerungstechnik
1862	Gebr. Hummel (Ehrenstein): Dreschmaschinen, Anhänger
1864	W. Speiser (Göppingen): Häcksler, Göpel, Dreschmaschinen, Lokomobile
1864	F. Zimmermann (Halle): Hallensis-Drillmaschinen
1865	Welger (Wolfenbüttel): Strohpressen, später Anhänger, Ballenwickelmaschinen, Rund- und Quaderballenpressen
1867	Wilhelm Siedersleben (Bernburg): Sämaschinen
1869	Josef Bautz (Saulgau): Futtererntemaschinen, Mähbinder, später Mähdrescher und Traktoren
1869	August Gruse (Schneidemühl): Dreschmaschinen, Kartoffellegemaschinen
1870	Ködel & Böhm (Lauingen): Rübenschneider, Göpel, Dreschmaschinen, Pressen, Mähdrescher
1870	Maschinenfabrik Fahr (Gottmadingen): Futterschneidemaschinen, Handdreschmaschinen, Grasmäher, Heuwender, Mähbinder und später Mähdrescher und Traktoren
1873	Th. Buschhoff (Ahlen, Westf.): Pflüge, Eggen, Dreschmaschinen, Lokomobilen, später mobile und stationäre Futtermahl- und Mischanlagen
1874	Georg Harder Maschinenfabrik (Lübeck): Erntemaschinen, Düngerstreuer
1876	Wilhelm Fricke (Lamspringe): Dreschmaschinen
1877	H.C. Fricke (Bielefeld): Düngerstreuer, Kartoffelroder, Spritzen
1880	Motorenfabrik Hatz (Ruhstorf): ab 1904 Motoren, später Traktoren, Kleinmotoren
1881	Reuss, ab 1897 Kyffhäuserhütte (Artern): Milchzentrifugen, später Motorpflüge und Dreschmaschinen
1882	Ventzki (Eislingen): Pflüge, Sämaschinen, Dampfpflüge, Lokomobilen
1883	Amazone (Hasbergen-Gaste): Getreideputzmaschine, Rübenschneider, Kultivatoren, später Düngerstreuer, Bodenbearbeitung, Sä- und Spritztechnik
1885	Busatis-Werke (Remscheid-Lennep): Messer, Sicheln, Sensen, später Mähwerke
1888	Hermann Raussendorf (Singwitz): Dreschmaschinen, Strohpressen
1891	Bayerische Pflugfabrik (Landsberg): Pflüge und Futtererntemaschinen
1898	Komnick-Werke (Elbing, Westpreußen): Dreschmaschinen, Schlepper, Motoren, Motorpflüge, Dampfmaschinen
1899	Isaria Landmaschinen (Dingolfing): Sämaschinen

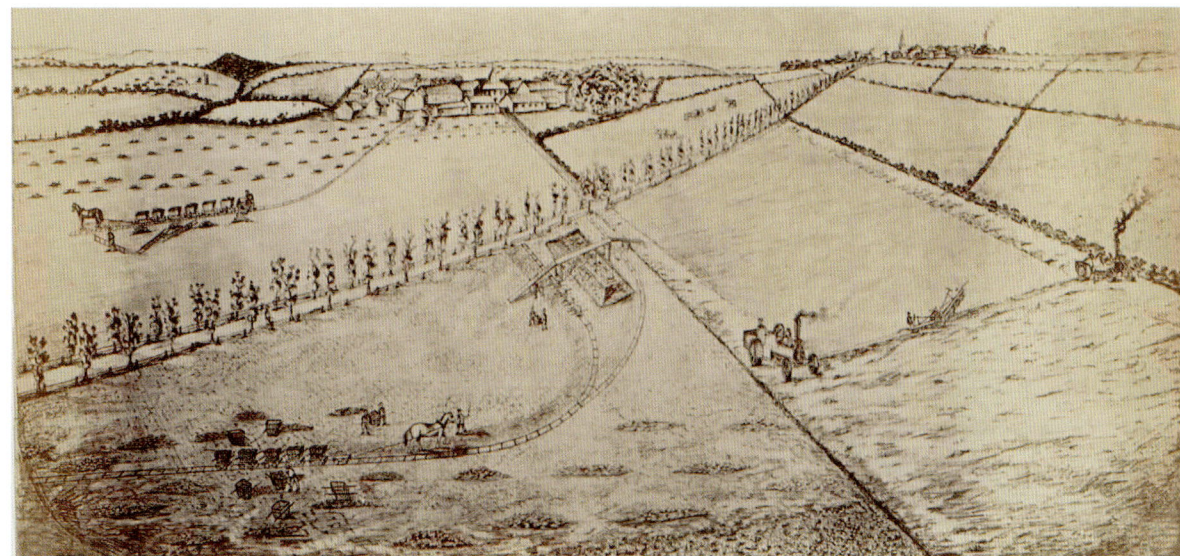

Auf den Feldern wurden mobile Schienensysteme ausgelegt, auf dem die Feldfrüchte abtransportiert wurden.

Wasserwagen

Der Wasserwagen sorgte für Nachschub, wenn die Dampflokomotive das Wasser verbraucht hatte.

Wohn- und Gerätewagen

Lohnpflügen: Die Mannschaft eines Dampfpflugzuges zog mit dem Wohn- und Gerätewagen über das Land (Rheinmetall).

weils in Arbeit war, während die andere ausgehoben blieb. Beim Richtungswechsel am Feldende wurde der Pflug einfach in die andere Richtung gekippt, was sehr zügig vonstatten ging.

Lediglich das Gewicht des Pfluglenkers hielt die jeweilige Seite des Pfluges am Boden. War die richtige Tiefe erreicht, konnte der Pflugrahmen an der Achse fixiert werden, damit die Arbeitstiefe beibehalten wurde.

Bei anderen Ausführungen wurde der Rahmen des Pfluges beim Anziehen automatisch ein Stück hinter die Achse gezogen, sodass die Pflugkörper durch die Schwerpunktverlagerung am Boden blieben.

Das Fahrwerk des Pfluges bestand nur aus einer Achse und zwei Rädern mit unterschiedlichem Durchmesser. Das größere Rad lief in der Furche. So stand die Achse waagerecht zum Boden. Weil die Achse während der Fahrt immer in Bewegung

war, war der Rahmen in der horizontalen Ebene nicht starr mit dem Rahmen verbunden, denn sonst ließ sich kaum eine gerade Furche ziehen. Wegen der beweglichen Verbindung war es aber auch nötig, dass der Pflugrahmen gelenkt wurde.

Das Lenken des Pfluges verlangte einige Übung. Die Geschwindigkeit, mit der der Pflug gezogen wurde, durchaus bis zu 5 km/h schnell, wurde von Beobachtern in der Regel unterschätzt. Wer den Pflug bei dieser Geschwindigkeit zu lenken hatte, brauchte Erfahrung und zwei ruhige Hände.

Das von Fowler und Howard entwickelte Seilzugsystem hat sich mehr als 100 Jahre in der Praxis halten können. Allerdings änderten sich in dieser Zeit die Antriebe. Statt einzylindriger Kolbendampfmaschinen, die zu Max Eyth Zeit verwendet wurden, kamen später die leistungsfähigeren zweizylindrigen „Compounds" zum Einsatz, die mit doppelter Dampfexpansion in Hoch- und Nieder-

Wenn die viele Tonnen schwere Dampflokomotive vom Weg abgekommen war, dauerte es Stunden, manchmal Tage, bis sie wieder flott war.

druckzylindern arbeiteten. Später sorgten zudem Heißdampfmaschinen für höhere Wirkungsgrade. Fast kurios muten Seilzug-Pflüge an, die statt mit Lokomobilen von Antriebsmaschinen mit Benzinmotoren und sogar Elektromotoren bewegt werden. Fowler selbst baute bis 1938 Dampfpflüge. Danach wurden die Fowler-Seilpflüge von Dieselmaschinen angetrieben. In Deutschland waren Dampfpflüge noch bis in die sechziger Jahre des 20. Jahrhundert in Gebrauch.

Die Verbreitung moderner Landtechnik

Neue Erfindungen in der Landtechnik wurden im 19. Jahrhundert erstaunlich schnell bekannt. Selbst kleine Firmen inserierten in Zeitungen und haben so auf ihre Maschinen aufmerksam gemacht. Die meisten Landmaschinenfirmen wurden nach 1850 gegründet. Doch bereits vorher gab es kleine Maschinenausstellungen, auf denen die ersten Firmen, Schmieden oder Landwirte ihre Eigenentwicklungen präsentierten. Vorbild waren die seinerzeit beliebten Tierschauen, an die sich die ersten Maschinenausstellungen angliederten. Doch in den dreißiger Jahren des 19. Jahrhunderts wurden diese Ausstellungen bereits professioneller. In England machte die Royal Agricultural Society die Maschinenausstellungen populär. Auch die Weltausstellungen wurden von vielen Landmaschinenfirmen genutzt, um ihre Produkte bekannt zu machen. So wurde die Mähmaschine von McCormick erst 1851 auf der Weltausstellung in London in Europa bekannt. In Deutschland machten die größeren Ma-

schinenausstellungen in Braunschweig im Jahr 1856 und in Hamburg 1863 von sich reden.

So schnell sich der Fortschritt in der Landtechnik auch entwickelte, moderne Landtechnik wurde im 19. Jahrhundert keineswegs umgehend und überall eingesetzt. Im Gegenteil: Die maschinelle Ausstattung kleiner Betriebe war die Ausnahme und bei größeren Höfen zwar weiter verbreitet, aber keineswegs selbstverständlich. Wäre die Landwirtschaft seinerzeit flächendeckend ohne zeitlichen Verzug der landtechnischen Entwicklung gefolgt, wäre die Landmaschinenindustrie noch weitaus schneller gewachsen, als sie es ohnehin tat.

Doch die Einführung moderner Landtechnik war regional sehr verschieden, abhängig von der Betriebsgröße, und erstreckte sich über Jahrzehnte. Nicht zuletzt deswegen, weil die ökonomischen oder ackerbaulichen Voraussetzungen nicht gegeben waren und weil die Landarbeiter seinerzeit billig waren. So bestand nicht überall der ökonomische Anreiz, Körperarbeit durch Maschinenarbeit zu ersetzen. „Landarbeit ist Handarbeit" – dieses Motto galt auch noch im 20. Jahrhundert.

Die breite Zeitspanne bei der Einführung moderner, leistungsfähiger Technik zeigt sich beim Dampfpflug. Mit dem Dampfpflug wurde bereits in den sechziger Jahren des 19. Jahrhunderts sechsfurchig und mit heute vergleichbarer Flächenleistung gepflügt. Andererseits war es nicht ungewöhnlich, noch achtzig Jahre später einen Bauern mit Pferd und einscharigem Kipppflug pflügen zu sehen.

Maschineneinsatz abhängig von der Betriebsgröße

Die statistische Erfassung der Landwirtschaft beginnt in Deutschland erst in den achtziger Jahren des 19. Jahrhunderts. Das ist insofern ein günstiger Zeitpunkt, weil so etwa eingeschätzt werden kann, unter welchen Voraussetzungen Max Eyth den Anstoß für die Gründung der Deutschen Landwirtschafts-Gesellschaft gab. Wie die Zahlen erhoben wurden und wie zuverlässig sie sind, ist heute jedoch schwierig nachzuprüfen. Auch dass Bodenbearbeitungsgeräte, die auf nahezu allen Betrieben vorhanden waren, nicht erwähnt werden, ist ein Mangel. Aber einen Trend geben die Zahlen der Statistik allemal wieder.

Die Zahlen des Jahres 1882 zeigen – wie zu erwarten –, dass die Maschinennutzung in Deutschland mit der Größe der Betriebe steigt. Die Gesamtzahl der Betriebe betrug 1892 rund 5,276 Millionen. Nur sieben Prozent aller Betriebe nutzten überhaupt Maschinen (über die Bodenbearbeitung hin-

Der Göpel – Antrieb mit Pferdekraft

Auch noch einige Jahrzehnte nach der Einführung der Lokomobile wurden landwirtschaftliche Maschinen mit dem Göpel angetrieben, einer Technik, die vom Prinzip her schon mehrere tausend Jahre alt ist und auch noch heute angewendet wird, zum Beispiel für Wasserschöpfwerke in Ägypten.

Göpel, auch Rosswerk genannt, gibt es in den verschiedensten Ausführungen. Primitive Göpel, die oft nur stationär eingesetzt werden konnten, arbeiten mit einer einfachen Übersetzung und sind über Zahnräder und Wellen direkt mit der anzutreibenden Maschine verbunden, zum Beispiel bei Schöpfwerken.

Göpel, die im 19. Jahrhundert zum Antrieb von Häckselmaschinen, Mühlen oder Dreschmaschinen verwendet wurden, waren mobil einsetzbar und zum Teil recht komplexe Konstruktionen. Denn je nach Maschine müssen die Göpel verschiedene Antriebsgeschwindigkeiten erzeugen können, ohne dass die Tiere schneller im Kreis laufen müssen. Zudem werden die anzutreibenden Maschinen über Riemen mit dem Göpel verbunden. Zur Veränderung der Geschwindigkeit werden entweder Zahnräder oder Riemenscheiben mit verschiedenen Durchmessern verwendet, sodass die Übersetzung je nach Maschine größer oder kleiner ist. Mit Hilfe dieser Technik können bei Bedarf sehr hohe Antriebsgeschwindigkeiten erzielt werden.

Statt Pferde oder Rindvieh im Kreis laufen zu lassen, gab es auch Antriebsmaschinen, die als Laufband (Tretgöpel) konzipiert waren. Beim Gehen trieb das Tier das Laufband an und setzte so mit unterschiedlichen Übersetzungen zum Beispiel eine Dreschmaschine in Gang.

ausgehend). Doch selbst wenn man den großen Anteil der Kleinstbetriebe (58 %) mit weniger als zwei Hektar Ackerfläche, die fast keine Maschinen einsetzten, herausnimmt, betrug der Anteil der Betriebe die Maschinen nutzten, gerade einmal siebzehn Prozent (Winkel, 1979).

Mit zunehmender Fläche war der Maschineneinsatz weiter verbreitet. Aber auch bei einer Ackerfläche von 20 bis 100 Hektar nutzte 1882 nur knapp die Hälfte der Betriebe die Hilfe von Maschinen, seien es eigene oder Lohnmaschinen. Betriebe mit über 100 Hektar Ackerfläche nutzten 1882 dage-

gen zu über 80 Prozent Maschinen, 1895 waren es bei dieser Betriebsgröße bereits 94 Prozent, 1907 über 97 Prozent.

Aber hier muss noch einmal darauf hingewiesen werden, dass der Maschineneinsatz im Jahr 1882 für die meisten Betriebe etwas Besonderes war. Als Beispiel greifen wir die Gruppe der Betriebe heraus, die fünf bis zwanzig Hektar bewirtschafteten. Davon gab es 1882 rund 926.000. Nach der Statistik haben weniger als 20 Prozent von ihnen eine Dreschmaschine eingesetzt. Dieser Anteil hat sich bis 1895 auf über 42 Prozent erhöht. Und 1907 betrug der Anteil bereits nahezu 70 Prozent.

Anders bei den Sämaschinen. In der gleichen Gruppe betrug der Anteil der Betriebe, die eine Sämaschine einsetzten, im Jahr 1882 gerade einmal 1,7 Prozent, 1895 waren es über fünf Prozent und 1907 über elf Prozent.

Noch geringer war der Einsatz von Mähmaschinen: 1882 nutzten in der Gruppe fünf bis zwanzig Hektar nicht einmal 0,2 Prozent der Betriebe eine Mähmaschine. 1895 waren es in dieser Gruppe immer noch unter ein Prozent. Dann der Sprung: 1907 verwendeten nahezu dreizehn Prozent dieser Betriebe eine Mähmaschine.

Bei den Großbetrieben mit über 100 Hektar Ackerfläche war die Maschinenausstattung weitaus besser. Über 60 Prozent der Betriebe säten 1882 maschinell, ab 1895 100 Prozent.

1882 nutzten knapp 30 Prozent dieser Betriebe eine Mähmaschine, 1895 waren es 32 Prozent, 1907 schon 82 Prozent.

Landmaschinen mit großer Verbreitung

Nach der Statistik der Jahre 1882, 1895 und 1907 zählte die Dreschmaschine stets zu den Maschinen, die von vergleichsweise vielen Betrieben genutzt wurde. Sie übertraf in der Zahl sogar die Nutzer von Sä- und Mähmaschinen um das Mehrfache. Hier sei nochmals darauf hingewiesen, dass es sehr verschiedene Bauweisen von Dreschmaschinen gab, zum Teil in sehr einfacher Ausführung.

Das erste mechanische Dreschwerk entwickelte Andrew Meikle 1788. Im Laufe des 19. Jahrhunderts wurden die Dreschmaschinen in verschiedenen Ausführungen gebaut und perfektioniert. Sie wurden zunächst über Göpel, später von Lokomobilen und im 20. Jahrhundert von Elektromotoren oder Traktoren angetrieben.

In Mitteleuropa wurde das Getreide bis zur Einführung des Mähdreschers nach dem Mähen zum Trocknen in Garben aufgestellt. Die Garben wurden

> **»** Die Dampfmaschine arbeitet mit an der Weltgeschichte, wie es die glühendste Beredsamkeit, das tiefste Wissen und alle Bücher der Welt, die Bibel und den Koran ausgenommen, nicht zu tun imstande waren. **«**

Bevor die Lokomobile zum Einsatz kam, wurden Dreschmaschinen über einen Göpel angetrieben (im Bild als Laufband ausgeführt).

Mobil einsetzbarer Göpel. Je nach Einsatz lassen sich durch verschiedene Übersetzungen die Geschwindigkeiten einstellen.

nach dem Trocknen in die Scheune eingefahren und im Winter gedroschen. Das geschah mit Dreschflegeln, in anderen Ländern auch mit Dreschschlitten oder Dreschwalzen, die von Pferden oder Ochsen gezogen wurden. Das Getreide wurde in einer dünnen Schicht ausgebreitet, dann wurde mit den Dreschschlitten oder -walzen über das Getreide gefahren und die Körner wurden aus den Ähren gerieben. Danach wurde das Getreide gereinigt, das heißt, Spreu und Strohteile wurden von dem Korn getrennt. Dazu wurde das Korn mit Spreu und feinen Strohteilen mit Schaufeln hochgeworfen. Der Wind blies dabei die Spreu und leichten Strohteile zur Seite weg, während die schwereren Getreidekörner geradewegs wieder auf die Erde fielen. Dieses Verfahren nannte man Worfeln.

Mit der Einführung der Dreschmaschine änderte sich die Getreideernte grundlegend. Das Getreide konnte weiterhin in den Wintermonaten gedroschen werden. Es war aber auch möglich, das Getreide nach dem Trocknen der Garben direkt auf dem Feld zu dreschen.

Einen großen Fortschritt stellten die aufwändigen Dreschmaschinen mit Trommel- und Schüttlertechnik dar, die mit Göpeln oder Dampfmaschinen betrieben wurden. Dampfdreschmaschinen wurden entweder von Großbetrieben angeschafft oder von Lohndreschkolonnen eingesetzt.

Die deutsche Statistik weist für 1882 rund

374.000 Betriebe aus, die das Getreide maschinell gedroschen haben. 1895 sind es bereits über 856.000 und 1907 mehr als 1,4 Millionen Betriebe. Der Grund für die hohe Verbreitung des Maschinendreschens dürfte vor allem in der außerordentlichen Steigerung der Effizienz liegen. Während ein Betrieb zuvor einige Wochen mit dem Dreschen beschäftigt sein konnte, war die Arbeit mit der Maschine in wenigen Tagen erledigt. Außerdem drosch die Maschine das Korn sorgfältiger aus, sodass am Ende sogar der Ertrag stieg. Aus diesen Gründen lohnte es sich, für das Lohndreschen zu zahlen.

Ähnlich zu begründen ist die Verbreitung der Sämaschine. Besonders die großen Betriebe waren recht schnell dazu übergegangen, das Säen zu mechanisieren. Ein Grund dafür war, dass die Maschine das teure Saatgut gleichmäßiger in der Flächenverteilung ausbrachte, als es von Hand möglich war. Denn nicht jeder der zahlreichen Landarbeiter hatte zum Ausstreuen des Saatguts das „richtige Händchen". Mit der Maschine wurde weniger Saatgut vergeudet.

Das Mähen von Getreide und Futtergras war dagegen noch in Handarbeit zu erledigen. Die Arbeitsqualität ließ sich durch den Maschineneinsatz nicht wesentlich verbessern, wenn auch die Arbeitsleistung mit der Maschine erheblich zu steigern war. Das schon erwähnte Motto „Landarbeit ist Handarbeit" galt gerade beim Mähen noch sehr lange.

Die Dampfpflug-lokomotive kann auch die Dresch-maschine antreiben.

Langsame Einführung der Landtechnik

Wie einzelne Betriebe in der zweiten Hälfte des 19. Jahrhunderts maschinell ausgestattet waren, lässt sich anhand von Inventarlisten oder Maschinenbestellungen nachvollziehen, die noch von größeren Betrieben oder Gütern vorliegen, nicht aber von kleinen Betrieben. Wie bereits erwähnt, waren kleinere Höfe lange Zeit technisch eher dürftig ausgestattet.

Einscharige Pflüge mit Holzrahmen wie der schottische Schwingpflug sind noch durchaus gängig, während es auch bereits komplett aus Eisen gefertigte, zweischarige Pflüge gibt, zum Beispiel den Doppelpflug von Ransomes und Sims.

Zur weiteren Ausstattung gehören Grubber, Eggen und Schleifen, die mit Steinen beschwert den gepflügten Acker einebnen. Wirkungsvoller sind Walzen, die auch die Schollen des gepflügten Boden brachen, etwa die Cambridge-Ringwalze.

Ab etwa 1870 wurde die Produktion von Landmaschinen stärker ausgeweitet. Die Maschinen wurden perfektioniert und bereits in großen Serien gebaut. Das hatte auch zur Folge, dass die Preise trotz technischer Verbesserungen fielen. So kostete eine zwei Meter breite Drillmaschine der Firma Sack 1864 stolze 714 Mark und 1910 nur noch 331 Mark (Winkel, 1979). Gerade in den Anfängen der allgemeinen Mechanisierung war das eine Menge Geld. Und daher waren am ehesten die fortschrittlich gesinnten Gutsbesitzer in der Lage, die neue Technik einzusetzen. Das konnte in den einzelnen Bereichen jedoch auf sehr unterschiedlichem Niveau geschehen. Die statistische Erhebung zeigt ja bereits, dass die Sätechnik 1882 schon recht ver-

breitet war, während das maschinelle Mähen sehr zurückhaltend eingeführt wurde.

Und Großbetriebe setzten keineswegs gleich die Dampfdreschmaschine ein. Inventarlisten von großen Gütern belegen, dass dort zum Antrieb verschiedener Maschinen der Göpel durchaus verbreitet eingesetzt wurde, sei es zum Dreschen, Häckseln oder Futterschneiden.

Betriebe in Niederbayern, die die Dreifelderwirtschaft betrieben und eine Größe von durchschnittlich 136 Hektar hatten (Alteglofsheim, Haus, Triftlfing, Aufhof, Höfling), waren um 1860 ausgestattet mit dem Schottischen Pflug (Holzrahmen), Häufel- und Schälpflügen und verschiedenen Eggen (Brabanter Egge, Schottische Egge, Sächsische Egge). Maschinen über die Bodenbearbeitungsgeräte hinaus, zum Beispiel Futterschneidemaschinen, sind selten. Hinzuzufügen ist, dass große Betriebe unter Umständen zahlreiche einfurchige Pflüge besaßen, um den Acker in möglichst kurzer Zeit bearbeiten zu können. Zuckerrübenbetriebe verfügten auch über Reihenhackmaschinen, mit denen das Unkraut zwischen den Reihen gehackt werden konnte.

Das Gut Wolfskofen in Bayern besaß 1865 eine Getreidemähmaschine, um Arbeitskräfte einzusparen. Die Güter Triftlfing und Haus arbeiteten 1868 bereits mit einer Dampfdreschmaschine. In der Mehrzahl wurden aber immer noch Göpeldreschmaschinen eingesetzt. In den neunziger Jahren wurden die Göpeldreschmaschinen allmählich von Dampfdreschmaschinen abgelöst und die Holzpflüge durch Eisenpflüge ersetzt. (Winkel, 1979)

Englische Landwirte beim Getreidedreschen mit einer Marshall-Lokomobile.

Die Lokomobile – eine vielseitige Kraftmaschine

Weitaus verbreiteter als der Dampfpflug war die mit Dampf angetriebene Kraftmaschine, die Lokomobile. Die vergleichsweise preiswerte Dampfmaschine diente in der Landwirtschaft unter anderem zum Antrieb von Dreschmaschinen, Mühlen und Pumpen. 1882 führte die Statistik zum Beispiel knapp 75.700 Betriebe auf, die eine dampfbetriebene Dreschmaschine nutzten. Im Jahr 1895 waren es bereits 259.000 und 1907 fast 489.000. Weil Dampfdreschmaschinen, wie bereits erwähnt, sehr oft im Lohnbetrieb gearbeitet haben, konnte die absolute Zahl der Dampfdreschmaschinen wesentlich geringer sein. Nach einer Zählung für das Jahr 1909 „wurden im ganzen 434.537 Lokomobile benutzt" („Statistische Korrespondenz"). Die Lokomobile hat die Pferdekraft zu einem ganz erheblichen Teil ersetzt. Ein beliebter Ausspruch war seinerzeit: „Die fahrbare Dampfmaschine ist ein Pferd, das nur frißt, wenn es gebraucht wird." Diese Auffassung würden heutige Betriebswirtschaftler, die den Maschinenkosten auf den Grund gehen, allerdings so nicht unterschreiben. Und dennoch ist natürlich wahr, dass Pferde, die unter Umständen längere Zeit nicht arbeiteten, täglich versorgt werden mussten. Für sie musste Futter angebaut, geerntet und gelagert werden – Faktoren, die für die Lokomobile entfielen.

Gefürchtet war allerdings der Funkenflug der Feuerrösser. So manches Getreidefeld oder Gehöft fiel einer feuerspeienden Lokomobile zum Opfer. Nicht selten hatten Hofeigentümer darum Schwierigkeiten mit ihrer Feuerversicherung, wenn sie eine Lokomobile angeschafft hatten. Funkenfänger in den Schornsteinen verringerten die Gefahr des Funkenflugs zwar erheblich und lange Antriebsriemen vergrößerten den Abstand zur Dreschmaschine oder zum Gebäude, doch völlig auszuschließen war die Feuergefahr nie.

Verstärkten Eingang in die Landwirtschaft hatte die Lokomobile ab etwa 1840 gefunden. Die Bemühungen, die Dampfkraft für die Landwirtschaft nutzbar zu machen, reichen sogar bis in das 18. Jahrhundert zurück. James Watt selbst, der die Dampfmaschine zu einer praxistauglichen Kraftmaschine entwickelte, hatte bereits vor, mit Dampf zu pflügen. Im Jahr 1811 wurde die Dampfmaschine in England von Richard Trevithick bereits mit einer (einfachen) Dreschmaschine verbunden.

Aber erst dreißig Jahre später konnte die weiterentwickelte Lokomobile für die Landwirtschaft praktisch nutzbar gemacht werden. Eine solche, auf Holzrädern stehende Lokomobile mit einer zweizylindrigen Dampfmaschine und stehendem Kessel stellte zum Beispiel Alexander Dean aus Birmingham her. Diese Maschine hatte allerdings noch wenig Ähnlichkeit mit den später gängigen Bauformen, bei denen der Kessel stets liegend angeordnet war. Die Dampfmaschine wurde im Verlauf mehrerer Entwicklungsstadien unterschiedlich angeordnet. Stets ging es darum, die Dampfmaschine (also den Kolben, der vom Dampf in Bewegung versetzt wird, und die Ventile) so anzuordnen, dass möglichst wenig Wärme verloren ging. Verlor der Dampf auf dem Weg durch das Dampfzuleitungsrohr in den Zylinder Wärme, expandierte der Dampf im Zylinder weniger stark. Er bewegte den Kolben also mit weniger Kraft und damit sank die Leistung. Um eine hohe Temperatur zu halten, wurde auch viel Brennstoff benötigt. Von Anfang an ging es bei der Entwicklung der Dampfmaschine also darum, Wärmeverluste und den Brennstoffverbrauch zu minimieren. Denn sie bestimmten den wirtschaftlichen Einsatz der Dampfmaschine.

Und beides bekamen die Konstrukteure in den Griff. Der Brennstoffverbrauch (in der Regel Kohle) der Lokomobile konnte innerhalb weniger Jahre um 70 Prozent reduziert werden. Dies ergaben Messungen im Rahmen einer Leistungsprüfung der Royal Agricultural Society von 1849 bei 1856.

Englische Firmen waren führend beim Bau von Lokomobilen, zum Beispiel Clayton, Shuttleworth Co. (Lincoln) und Hornsby (Grantham). In Deutschland zählten R. Wolf aus Buckau und Lanz in Mannheim zu den ersten Herstellern.

Ein Dampfpflug-Zug mit Ankerwagen auf dem Weg zum Einsatz.

Der Dampfpflug – kein Massenprodukt

Der Einsatz von Dampfpflügen war im Vergleich zu den flexibel einsetzbaren Lokomobilen eher selten. Die Anzahl der Dampfpflüge betrug nur einen Bruchteil von denen der Lokomobilen. Die Statistik weist für das Gebiet des Deutschen Reichs im Jahr 1882 gerade einmal 836 Betriebe (aller Größen) aus, die den Dampfpflug nutzten. 25 Jahre später, als bereits die ersten Motorpflüge unterwegs waren, stieg die Zahl der Betriebe, die den Dampfpflug nutzten, auf nicht ganz 3.000 an.

Der Dampfpflug wurde überwiegend von Großbetrieben mit über 100 Hektar Ackerfläche genutzt. Während der Zeit von 1882 bis 1907 wurde der Dampfpflug zu 78 bis 85 Prozent auf solchen Betrieben eingesetzt.

Besonders Besitzer großer Höfe oder Güter in den intensiven Ackerbaugebieten haben sich für das Dampfpflügen interessiert, denn die Flächenleistung großer Dampfpflüge ist deutlich höher als beim Pflügen mit Vieh. Außerdem kann mit dem Dampfpflug aufgrund seiner Kraft tiefer pflügen. Das freute vor allem die Zuckerrübenanbauer, denn die Erträge konnten allein durch das tiefere Pflügen beträchtlich gesteigert werden.

1882 wurden 24.991 Betriebe mit einer Fläche von über 100 Hektar ermittelt. Auf 710 dieser Betriebe wurde der Dampfpflug eingesetzt. Das entspricht einem Anteil von nicht ganz drei Prozent. Dieser Anteil steigt mit den Jahren jedoch an. 1895 lassen bereits über fünf Prozent der Großbetriebe mit dem Dampfpflug arbeiten, 1907 rund zehn Prozent.

Weil die Zahl der Betriebe mit über 100 Hektar Ackerland jedoch vergleichsweise klein ist, ist auch der Anteil an der gesamten Ackerfläche, die mit dem Dampfpflug umgebrochen wird, eher gering. Er wird selbst während der Zeit der größten Verbreitung auf

Von Hanomag in Hannover ab 1912 gebauter WD-Tragpflug. Die später mit bis zu 80 PS angetriebenen Pflüge sorgten für Aufsehen.

nur etwa ein Prozent geschätzt, ein Wert, der nach den Angaben der Statistik nachvollziehbar ist.

Wie hoch die tatsächliche Zahl der Dampfpflüge im Deutschen Reich war, lässt sich nicht genau feststellen. Weil die Mehrzahl der Dampfpflüge jedoch Lohnmaschinen waren oder sich in Genossenschaften befanden, wird sich die Gesamtzahl der Dampfpflüge auf wenige hundert beschränkt haben. Der Dampfpflug war also kein Massenartikel.

Der Hauptgrund war, dass ein ganzes Gespann mit zwei Maschinen, Pflug und sonstigen Geräten sehr teuer war, sodass die Anschaffung nur für sehr große Betriebe lohnte, die mehrere hundert Hektar im Jahr zu pflügen hatten. Rund 50.000 Mark kostete das Fowler'sche Zwei-Maschinen-System in Deutschland seinerzeit – nach heutigem Geldwert etwa so viel wie ein großer Mähdrescher. Darum wurde auch schon kurz nach der Einführung der Dampfpflügerei das Lohnpflügen angeboten. Es bildeten sich zahlreiche Lohnunternehmen, die mit einer fünfköpfigen Mannschaft und einem Dampfpfluggespann samt Zubehör, also Wasserfass und Kohlewagen, von Betrieb zu Betrieb fuhren. Geschlafen wurde in einem mitgeführten Wohnwagen.

Die anfängliche Meinung, dass mit der Einführung der Dampfpflüge die Ochsengespanne abgeschafft und die vormals für die Tiere benötigte Futterfläche in Gewinn bringendes Ackerland umgewandelt werden konnten, mochte für die intensiven Ackerbaubetriebe zutreffen. Für den Spannviehbestand im Ganzen dürfte die Dampfpflügerei kaum Einfluss gehabt haben. Ganz unkompliziert war die Anschaffung eines Dampfpfluggespanns auch nicht. Erforderlich war mindestens ein professioneller Maschinist und zwei verständige Arbeitskräfte, die den Pflug gerade lenken, die Lokomotive bedienen konnten und für den Nachschub von Wasser und Brennstoff (meist Kohle) sorgten. Wenn gute Steinkohle nicht vorhanden oder zu teuer war, konnten auch andere Brennstoffe verwendet werden, zum Beispiel Braunkohle, Torf, Holzabfälle oder Wurzeln. Selbst Stroh wurde verfeuert, wenn es nicht als Einstreu für die Tiere verwendet wurde.

Konkurrenz für den Dampfpflug

Die Erfindung des Gasmotors, der seinen Ursprung in der Gasmaschine des Franzosen Jean Lenoir von 1860 hatte und dem Max Eyth zum Ende seiner Zeit bei Kuhn in Paris nachspürte, hatte nachhaltigen Einfluss auf die Zukunft der Dampfmaschine. Man kann es auch so sagen: Gerade als die Dampftechnik in der Landwirtschaft im Begriff war, Fuß zu fassen, keimte bereits eine neue Technik, die Jahrzehnte später die Dampftechnik allmählich verdrängen sollte. Das geschah in Bezug auf den Dampfpflug schrittweise Anfang des 20. Jahrhunderts. Das Prinzip des indirekten Systems wurde zwar beibehalten, doch die Seiltrommel wurde nicht mit Dampftechnik angetrieben, sondern von einem Dieselmotor, der Ende des 19. Jahrhunderts erfunden und ab 1908 weiterentwickelt wurde. Sogar Elektromotoren wurden – allerdings sehr selten – eingesetzt. Noch Ende der fünfziger Jahre des 20. Jahrhunderts wurden in der DDR Raupenschlepper mit aufgebauter Seiltrommel eingesetzt, die einen Kipppflug nach dem Zwei-Maschinen-System zogen. Das in Weimar gebaute Seilzugaggregat SZ 24 schaffte es zwar nicht zur Großserienproduktion, doch 61 Sätze dieser letzten Entwicklung der Seilzug-Ära wurden noch über einige Jahre eingesetzt (Krombholz, 2005).

Zwei wichtige Eigenschaften, die den Verbrennungsmotor gegenüber der Dampftechnik auszeichnete, waren das geringere Gewicht und die kompakte Bauweise. Das bedeutete, dass Fahrzeuge, die mit einem Verbrennungsmotor ausgestattet waren, jetzt durchaus auf dem Acker fahren konnten. Durch das geringere Gewicht verursachten sie kaum Flurschäden und sie waren erheblich beweglicher. Damit war die Idee für den Motortragpflug geboren. Der Fortschritt war erheblich, nicht nur technisch, sondern

auch wirtschaftlich, denn es bedurfte nun nicht einer ganzen Kolonne mit drei bis fünf Mann zum Pflügen. Vielmehr konnte die Arbeit jetzt ein einziger Mann erledigen.

Bis die Motorpflüge praxistauglich waren, vergingen aber auch wiederum Jahre. 1905 baute Deutz eine rund drei Tonnen schwere „Pfluglokomotive", die mit einem Verbrennungsmotor und einem fest angebauten Pflug ausgestattet war. Wenige Jahre später baute Deutz nach dem Patent von Brey und Heyer einen Motortragpflug, wobei der Pflug als Kipppflug ausgeführt war. Das Fahrzeug musste also nicht auf dem Vorgewende drehen, sondern konnte, nachdem der Pflug am Feldende in die andere Richtung gekippt wurde, einfach zurückfahren. Das Prinzip war einfach, die Konstruktion und die Handhabung insgesamt aber umständlich, sodass der Bau dieser Maschine bald eingestellt wurde.

Mehr Erfolg hatte der Motortragpflug von Stock und Gleiche, der ab 1908 gefertigt und Vorbild für alle weiteren Tragpflüge wurde. An einem Rahmen waren der Motor, der Führerstand und dahinter der Pflug montiert, getragen von einer Achse mit zwei großen Holzrädern (später aus Eisen) und hinten von einem kleinen Rad gestützt. Die Motortragpflüge, nach diesem Konzept gebaut, waren ausgesprochen wendig. 1911 gingen die Stock-Motortragpflüge in Serie. Sie waren ausgestattet mit einem Drei- bzw. Vierganggetriebe. Ungünstig war, dass die Schare Nickbewegungen des gesamten Rahmens mitmachten und so die Arbeitstiefe ungleichmäßig war. Ein weiterer Nachteil war, dass die ersten Stock-Pflüge keinen Rückwärtsgang hatten. Hatte sich ein Schar unter einen schweren Stein gesetzt, musste der Stein ausgegraben oder das Schar abgebaut werden. Später erhielten die Stock-Tragpflüge einen Rückwärtsgang, sodass diese Probleme beseitigt wurden (Bauer, 1992).

Diese Nachteile waren bei den WD-Pflügen, die Hanomag ab 1912 baute, bereits abgestellt. Die Pflugtiefe ließ sich jetzt steuern, sodass die Arbeitsqualität deutlich besser war. Bedeutende Hersteller von Motortragpflügen waren Hanomag (WD-Tragpflug), MAN und Komnick. Neben kleineren dreischarigen Motortragpflügen sorgten besonders die sechsscharigen Maschinen mit einer Leistung von 80 PS für Aufsehen. Ausgestattet mit über zwei Meter hohen Rädern und einer Gesamtlänge von fast neun Metern, standen diese in ihrem „Auftreten" den Dampfpflügen in nichts nach. Doch auch ihre große Zeit war bereits Ende der zwanziger Jahre des 20. Jahrhunderts wieder vorbei. Denn mittlerweile hatte der kleine, wendige und vielseitige Ackerschlepper die Landwirtschaft erobert.

Das Lebenswerk – Die Gründung der Deutschen Landwirtschafts-Gesellschaft

Mit neuen Plänen in Deutschland

Max Eyth war in seinem beruflichen Leben stets praktisch orientiert. Er konstruierte Dampfpflüge, Straßenlokomotiven, Lokomobilen, Pflüge und Vorrichtungen für die Seilschleppschifffahrt. Dass er alle Maschinen selbst ausprobierte, war für ihn selbstverständlich. Die Arbeit war nicht selten schweißtreibend und körperlich anstrengend. Trotzdem überrascht es, dass Eyth seine Zukunft nach dem Abschied aus England nicht mehr im praktischen Maschinenbau sah. Das Erfinden und Konstruieren hatte er immer als eine große und befriedigende Herausforderung empfunden.

Zurück in Deutschland beabsichtigt Max Eyth, jetzt 46 Jahre alt, keineswegs, eine neue Anstellung als Ingenieur zu suchen. Angebote hat er genug, darunter eine Direktorenstelle in Rumänien bei seinem früheren Kunden Negroponte. Auch sich selbstständig zu machen und eine eigene Fabrik zu gründen kommt nicht in Frage. „War ich nicht zu alt dazu? Wußte ich nicht zu viel davon? Wozu mir die Sorgen eines solchen Unternehmens aufladen, bloß um Sorgen zu haben, und, wenn ich Glück hätte, jährlich so viel tausend Mark auf die Seite zu legen, die ich nicht brauchte?"[1]

Eyths Pläne gehen in eine ganz andere Richtung. Ende Juli 1882 reist Max Eyth nach Bonn und nimmt sich in der Münsterstraße eine Wohnung. In der nächsten Zeit trifft er häufiger Professor Friedrich Wilhelm Dünkelberg, den Direktor der Landwirtschaftlichen Akademie in Poppelsdorf. Max Eyth hatte ihn bereits vorher über seine lange

in ihm schlummernde Idee brieflich informiert: die Gründung einer neuen landwirtschaftlichen Gesellschaft für ganz Deutschland.

Wie der Plan umgesetzt werden kann, weiß er noch nicht recht, aber dass sein Vorhaben seine vol-

Mit 46 Jahren kehrt Max Eyth nach Deutschland zurück, fest entschlossen, eine landwirtschaftliche Gesellschaft nach englischem Vorbild zu gründen.

Ausstellung der DLG in München (Zeichnung von Max Eyth, Juni 1893).

Ruine Rheinfels mit Tauereischifffahrt (Max Eyth).

Ehrenbreitstein / Deutschland (Max Eyth, 1868).

le Arbeitskraft erfordert, ist ihm bewusst – auch wenn es finanziell nichts einbringt. Eyth ist jedoch nicht darauf angewiesen, gleich wieder eine Arbeitstelle anzutreten und Geld zu verdienen. Er hatte in England genug zurückgelegt, um davon in den nächsten Jahren leben zu können, wenn er seinen bescheidenen Lebensstil wahrte. Noch einheinhalb Jahre später, Weihnachten 1884, schreibt er: „Mit meiner Lage in selbstgewählter Tätigkeit so weit zufrieden, als ich mir in Anbetracht aller Umstände nichts Besseres zu schaffen weiß und mehr und mehr überzeugt werde, wie nutzlos und thöricht es wäre, weiter Geld für gleichgiltige Erben anzuhäufen."

Rund 59.000 Mark hatte er gespart – eine recht hohe Summe. Denn nach heutigem Geldwert wären das etwa 300.000 Euro. Außerdem nimmt Eyth

weiterhin Geld aus den Honoraren seiner Bücher ein. Allein mit der zweiten Auflage des Wanderbuchs verdient er 500 Mark für die ersten beiden Bände. Außerdem erhält er von Fowler jedes halbe Jahr Tantiemen aus seinen Patentrechten. Von jedem verkauften PS erhält Eyth vertraglich festgelegt 14 Jahre lang zwei Shilling und sechs Pence. Nach eigenen Angaben belaufen sich seine jährlichen Einnahmen auf 15.000 bis 16.000 Mark. Wobei er rund 9.000 bis 10.000 Mark im Jahr verbraucht und 6.000 Mark sparen kann. Damit ist Max Eyth ein wohlhabender Mann.

Eyth kann es sich also durchaus erlauben, in seinem beruflichen Leben eine mehrjährige Auszeit zu nehmen. Zu dieser Zeit geht er von etwa drei Jahren aus. Dies, meint er, dürfe er sich nach dem über 20-jährigen Wanderleben gönnen.

In seinem Buch „Im Strom unserer Zeit I–II" sind zwar keine konkreten Zukunftspläne nachzulesen, in der Einleitung des dritten Bands gibt er jedoch in einer Rückschau Aufschluss darüber, dass er sich – vermutlich während der letzten Monate in England – sehr intensiv mit dem Gedanken beschäftigte, in Deutschland eine landwirtschaftliche Gesellschaft nach dem Muster der Royal Agricultural Society (RAS) zu gründen. Zur Vorbereitung hatte er sich sämtliche Jahresbände der RAS seit dem Jahr 1840 besorgt und durchgearbeitet.

Der Abschied von Fowler war also sehr gut vorbereitet. Vordergründig war die Ursache für Eyths Kündigung das problematische Verhältnis zu den Greig-Söhnen und die Arbeitsbedingungen in der Fabrik. Hinzu kam, dass sich die Situation der Landwirtschaft in England verschlechterte. Durch die Weizenimporte aus den USA sank der vormals hohe Weizenpreis auf einen Tiefstand, sodass die englischen Landwirte den Weizenanbau um nahezu die Hälfte einschränkten und sich auf die Rindviehhaltung konzentrierten. Aus Ackerflächen, die jedes Jahr gepflügt werden mussten, wurde Grünland – keine guten Aussichten für eine Firma Fowler, die sich auf die Bodenbearbeitung konzentrierte. Gleichwohl war die Auftragslage bei Fowler recht gut, vor allem wegen der Exporte. Die wirtschaftlichen Umstände führten jedoch auch dazu, dass England seinen Vorsprung in der Landwirtschaft und in der Landtechnik eingebüßt hatte. Andere Länder hatten aufgeholt, zuerst Frankreich, dann auch Deutschland. Für Eyth schwand der Reiz, in England zu arbeiten, wo er sowieso nicht sein ganzes Leben verbringen wollte. Nach über 20 Jahren suchte er neue Herausforderungen. Er wagt nach eigenen Worten ein Experiment: die Gründung einer neuen landwirtschaftlichen Gesellschaft für ganz Deutschland.

*Köln / Deutschland
(Max Eyth, 1895).*

Groß St. Martin, Köln (Max Eyth, 1885).

Nachdem er die Geschichte der Royal Agricultural Society studiert hatte, kommt Eyth also im Juli 1882 wohlpräpariert nach Deutschland, wo er seine Studien fortsetzt und sich über die deutschen Verhältnisse informiert. So hat er bereits nach einigen Tagen die Anzahl von landwirtschaftlichen Vereinen in Preußen recherchiert. Interessant ist dabei, dass er auch die Zahl der Mitglieder erfasst und das zur Verfügung stehende Budget. Er geht die Sache also sehr professionell an.

Aber noch etwas anderes ist bemerkenswert: Erst seit seiner Anstellung bei Fowler hat Max Eyth Kontakt zur praktischen Landwirtschaft. Als er bei Fowler kündigt, ist er 46 Jahre alt und hat fast sein halbes Leben mit dem Konstruieren und dem praktischen Einsatz von Dampfmaschinen, Dampfpflügen, Bewässerungsanlagen und Geräten zur Bodenbearbeitung zugebracht – aber nicht nur das. Er hat sich auch in anderen Bereichen einen Namen gemacht, darunter in der Konstruktion von Vorrichtungen für die Seilschleppschifffahrt und anderen Maschinen, die im weiteren Sinne mit der Dampftechnik zu tun hatten. Unter dem Strich war er sicher die meiste Zeit seines Berufslebens mit Technik für die Landwirtschaft beschäftigt gewesen. Hätte er sich jedoch in Deutschland eine neue Stelle als Ingenieur gesucht, hätte ihn der Zufall durchaus in ganz andere Sparten führen können – und Max Eyth wäre für die deutsche Landwirtschaft auf ewig ein unbeschriebenes Blatt geblieben.

In über 20 Berufsjahren hat Max Eyth viele Er-

St. Gereon, Köln
(Max Eyth, 1895).

land einen deutlichen Vorsprung. Allerdings regten sich auch die Landtechniker in anderen Ländern, sei es in Amerika oder auch in Deutschland.

Zwischen England und Deutschland gab es zwei wesentliche Unterschiede. Englands Industrie hatte durch die um Jahrzehnte früher einsetzende industrielle Revolution in allen Bereichen der Technik einen großen Vorsprung, der erst ab dem letzten Drittel des 19. Jahrhunderts bröckelte. Außerdem war England bzw. Großbritannien politisch weitaus geeinter als Deutschland. England war dadurch in allen Bereichen zentraler organisiert als Deutschland mit seinen zahlreichen selbstständigen Staaten.

Das englische Vorbild – die Royal Agricultural Society (RAS)

In England wurde im Jahr 1838 die Royal Agricultural Society (RAS) gegründet. Zwar gab es auch regionale Verbände, zum Beispiel die Bath and West of England Agricultural Society und den Smithfield Club in London. Doch die RAS war das Dach, unter dem sich letztlich all jene Vereine und Verbände mit den Jahren versammelten. In Deutschland gab es mehrere tausend landwirtschaftliche Vereine, aber keine Organisation, die die Interessen der Landwirte im Deutschen Bund in der Gesamtheit vertrat.

Im Jahr 1883 veröffentlichte Eyth ein schmales Büchlein über „Die königliche landwirtschaftliche Gesellschaft von England und ihr Werk", eine Zusammenstellung von Zeitungsaufsätzen, die er im Laufe des Jahres 1882 geschrieben hatte. In diesem Buch sind bereits viele Aspekte enthalten, die später bei der Gründung der Deutschen Landwirtschafts-Gesellschaft eine zentrale Rolle spielten. Das sind:

• die unpolitische und finanziell unabhängige Ausrichtung der Organisation (Selbstverwaltung),
• die professionelle Konzeption des Ausstellungswesens (reine Fachmesse, Wanderausstellungen) und
• die Verbreitung praktischer Erfahrungen in der Pflanzen- und Tierproduktion in einer eigenen Zeitschrift.

Max Eyth äußert sich in seiner Schrift zunächst über die Verhältnisse der englischen Landwirtschaft, das heißt, vor allem über den Vorsprung in Ackerbau und Viehzucht gegenüber anderen Ländern Europas. „Das der Kultur unterworfene Areal ist im Verhältnis zum Gesamtflächeninhalt Englands größer als in irgend einem anderen Lande Europas; seine Durchschnittserträge auf dem gleichen Flächenraum sind höher, sein Viehbestand zahlreicher

fahrungen gesammelt, die ihn neben seiner eigentlichen Ingenieursarbeit bewegt haben. Es spricht für Eyth, dass ihn diese Erfahrungen nicht unberührt ließen, sondern dass er sie zum Anlass für neue Pläne nimmt. Der zentrale Beweggrund für Max Eyths Wirken ist der technische Fortschritt und dessen Verbreitung. Dass Eyth mit dem Eintritt in die Firma Fowler Zugang zur landwirtschaftlichen Praxis erhielt, führt schließlich dazu, dass er sich ein sehr genaues Bild davon machen kann, welche Anforderungen von den landwirtschaftlichen Betrieben in vielen Teilen der Welt gestellt werden. Und er ist davon überzeugt, dass moderne Landtechnik nicht nur die Arbeit der Landwirte erleichtert, sondern auch dabei hilft, dass die Landwirtschaft leistungsfähiger und profitabler wird. Und dies muss den Landwirten auch bekannt gemacht werden: auf Ausstellungen.

In der Dampftechnik war England in der Zeit, als Eyth für Fowler arbeitete, weltweit führend. Auch in der Landtechnik, besonders wenn es sich um Technik rund die Dampfmaschine handelte, hatte Eng-

und blühender, die Zucht vorzüglicher Rassen nirgends in gleicher Weise verbreitet, die mechanischen, kulturtechnischen und chemischen Hülfsmittel mannigfaltiger und entwickelter."[2]

Den Vorsprung gegenüber den anderen Ländern habe sich, so Eyth, innerhalb von zwei Generationen entwickelt und dabei sei England klimatisch noch nicht einmal im Vorteil gegenüber Kontinentaleuropa.

Aber dennoch gibt es entscheidende Merkmale, die Eyth zufolge die englische Landwirtschaft strukturell Vorteile verschaffen: „Namentlich sind es [...] die eigentümlichen Besitzverhältnisse, welche einem blühenden Aufschwung der Landwirtschaft entgegenzuarbeiten scheinen. Das ganze Land befindet sich in den Händen einer unbeträchtlichen Anzahl von Grundbesitzern, welche sich selber nur in den seltensten Fällen mit dem praktischen Landbau beschäftigen. Bei einer Bevölkerung von 34 Millionen sind nur 180000 Eigentümer von Grundstücken über 4 Hektare vorhanden. Von dem Flächenraume von 32 Millionen Hektaren, welche Großbritannien enthält, sind ungefähr 20 Millionen als Acker- und Weideland verwertet und von diesem Areal sind 16 Millionen in den Händen von nur 2192 Individuen, welche sämtlich Grundstücke über 2000 Hektare besitzen."[3]

Die großen Flächen werden jedoch meist von Pächtern bewirtschaftet. 561.000 Pächter führt Eyth für Großbritannien an, die eine Durchschnittsgröße von 23 Hektar bewirtschaften.

Eyth hält gerade diese Besitzverhältnisse für günstig. Die Pächter brauchten ihr erwirtschaftetes Kapital nicht in Grund und Boden zu „versenken", sondern könnten es in den Betrieb investieren. Allerdings macht Eyth keine Angaben über die Pachthöhe.

Der hohe Organisationsgrad der englischen Landwirtschaft sieht Max Eyth in einer Art Nationalcharakter: „Engländer verstehen das Selbstregieren und sind selbst leichter zu regieren als dies bei anderen Nationen der Fall ist. Darin mehr als in großen äußeren Vorteilen liegt das Geheimnis der merkwürdigen Erfolge ihres Kolonisationswesens, dessen Anfänge nie vom Staate als solchem ausgehen, so wie ihrer großartigen merkantilen Unternehmungen, die sich jeder Staatshülfe fast ängstlich erwehren. Die Vorteile, welche hierdurch gewonnen werden, sind die naturgemäßesten der Welt. Der Sache selbst, welche zu fördern ist, stehen auf diese Weise diejenigen Kräfte zu gebot, welche aus dem unmittelbarsten Verständnis der Bedürfnisse hervorgehen, und welche des eigensten Interesses halber am ehesten bereit sind, dieselbe in aufopfernder

Zehn Paragraphen aus der Gründungsurkunde der Royal Agricultural Society

1. In landwirtschaftlichen Publikationen und wissenschaftlichen Werken sind diejenigen Kenntnisse zu sammeln, welche sich durch praktische Erfahrung für Landwirte von Nutzen erwiesen haben.
2. Mit andern Vereinen im In- und Ausland in Korrespondenz zu treten, und aus derselben diejenigen Vorteile zu ziehen, die für die Landwirtschaft von Nutzen zu sein versprechen.
3. Praktische Landwirte für Versuche zu subventionieren, welche den Wert solcher Kenntnisse feststellen dürften.
4. Wissenschaftliche Kräfte zu ermutigen, der Verbesserung landwirtschaftlicher Geräte und Gebäude, der Anwendung der Chemie für landwirtschaftliche Zwecke, der Vertilgung von Insekten und schädlichen Pflanzen ihre Aufmerksamkeit zuzuwenden.
5. Die Entdeckung von neuen Getreide- und Gemüsearten zu fördern.
6. Kenntnisse in Bezug auf Wald-, Baum- und Heckenpflanzungen und überhaupt auf alle andern Fragen landwirtschaftlichen Fortschritts zu sammeln.
7. Maßregeln für die Erziehung der auf den Landbau angewiesenen Bevölkerung zu ergreifen.
8. Tierärztliche Studien in Bezug auf Rindvieh, Schafe und Schweine zu fördern.
9. Bei den Versammlungen des Vereins auf dem Lande durch Prämierungen und anderweitig die besten Methoden des Landbaues und der Zuchtviehproduktion zu ermutigen.
10. Das Wohlergehen der ländlichen Arbeiterbevölkerung zu fördern, und auf den verbesserten Stand ihrer Gärten und Wohnungen zu dringen.
(aus: Max Eyth „Die königliche landwirtschaftliche Gesellschaft von England und ihr Werk", Seite 14 und 15)

>> Es gibt wohl Esel, die sich einbilden, der Mensch habe vor andern Geschöpfen ein besonderes Recht und Privilegium, glücklich zu sein. <<

Weise zu stützen. Kein Staat, trotz des bestorganisierten Beamtenstandes, ist imstande, diese Elemente zu ersetzen."[4]

Und so waren es keine staatlichen Institutionen, welche die Gründung der Royal Agricultural Society auf den Weg brachten, sondern eine Reihe der größten Grundbesitzer Englands und engagierte Landwirte, wobei ein Großteil der Gründungsmitglieder der Aristokratie angehörten. Selbst der Prinz of Wales war Mitglied der RAS, doch hatte er keine „hoheitlichen" Aufgaben zu erfüllen, sondern er war „einfaches Mitglied" als Grundbesitzer und Landwirt. Wo es dennoch zu Kontakten mit behördlichen Stellen kam, wurde immer der neutrale Charakter der landwirtschaftlichen Gesellschaft gewahrt.

Das Motto der Gesellschaft war „Practice with Science". Der Schwerpunkt der Arbeit konzentrierte sich auf die praktische Landwirtschaft, wobei die eigenen Erfahrungen der Landwirte bei der Beurteilung einer verbesserten Produktionstechnik einen hohen Stellenwert einnahmen. Allerdings griff man auch intensiv auf wissenschaftliche Erkenntnisse zurück, die einen praktischen Fortschritt brachten. Es wurde aber sehr darauf geachtet, dass die wissenschaftliche Theorie nicht zu sehr in den Vordergrund rückte, sodass die Gesellschaft Gefahr lief, ein theorielastiger Debattierklub zu werden.

Gleichwohl rühmt Eyth auch das landwirtschaftliche Versuchswesen, darunter die praktischen Versuche von R.J.B. Lawes, der die Laborexperimente Justus von Liebigs zur Pflanzendüngung in der Praxis untersuchte. Außerdem arbeitete die Gesellschaft mit anderen wissenschaftlichen Instituten zusammen, bezahlte sie sogar zum Teil, um Forschungsergebnisse den Mitgliedern der Gesellschaft zugänglich zu machen.

Einen der größten Erfolge der Royal Agricultural Society sah Max Eyth in der Organisation der landwirtschaftlichen Ausstellungen. Die Viehzüchter waren mit ihren Tierschauen die Pioniere des landwirtschaftlichen Ausstellungswesens, das seine Ursprünge schon viele Jahre vor der Gründung der Royal Agricultural Society hatte. Organisiert wurden solche Shows unter anderem vom Smithfield Club, der Bath and West of England Agricultural Society oder der Highland Society. Die erste Ausstellung unter der Leitung der RAS fand 1839 in Oxford statt. Nach wie vor stand die Tierschau im Vordergrund der Ausstellung. Doch es waren auch bereits 29 Gerätehersteller vertreten – die die bis dahin erste Maschinenausstellung in dieser Größe bildeten.

Während all diese Ausstellungen ihren festen Ort hatten, begann die Royal Agricultural Society mit ihren Wanderausstellungen. Einerseits sollte die Ausstellung in allen Regionen des Landes bekannt gemacht werden. Andererseits sollte die Ausstellung für die jeweilige Region nachhaltige Wirkungen zeigen, wodurch der Fortschritt in der Landwirtschaft nach und nach über das gan-

ze Land verbreitet werden sollte. Entscheidend für die Organisatoren war auch, dass die Ausstellung sich rein fachlichen Fragen widmete und dass jegliches „Festspektakel" vermieden werden sollte. Ein Spektakel war es dann doch immer wieder, aber ein mehr oder weniger fachliches. Dazu beigetragen haben auch die Preisverleihungen, die es am Anfang aber nur für den Tierbereich gab. Erst bei der dritten Ausstellung der RAS wurden praktische Vergleiche von Gerätschaften angestellt und die Sieger prämiert. Mit den Jahren wuchs allerdings die Zahl der zur Prüfung angemeldeten Geräte so stark an, dass der Einsatz während der Ausstellung organisatorisch nicht mehr möglich war. Darum wurden Maschinengruppen zusammengestellt, zum Beispiel für die Bodenbearbeitung, Ernte oder Verarbeitung der Früchte. Diese Gruppen wechselten sich von Jahr zu Jahr ab. Später kamen auch noch weitere Gruppen hinzu, sodass sich der Turnus allmählich verlängerte. Das hatte den Vorteil, dass der technische Fortschritt im Abstand mehrerer Jahre deutlicher sichtbar war und die Maschinen besser zu beurteilen waren.

Die Folge des technischen Fortschritts war zwangsläufig, dass die Maschinen auch qualitativ immer besser wurden. Aber das ließ sich bei den Vorführungen auf der Ausstellung nicht immer vermitteln. Außerdem waren die Preisrichter praktische Landwirte, die erfahren in der praktischen Anwendung und keine Ingenieure waren. So wuchs die Unzufriedenheit unter den ausstellenden Geräteherstellern. Teilweise blieben sie daher auch der Ausstellung eine Weile fern, bis sie bei der Ausstellung in Leeds 1861 wieder alle vertreten waren.

Die erste Dampfmaschine für landwirtschaftliche Zwecke wurde bereits auf der Ausstellung in Liverpool im Jahr 1840 vorgestellt. Während das Interesse in den ersten Jahren zunächst verhalten war, begann der Siegeszug der Dampfmaschine und der Lokomobile mit einer verfeinerten Vorführpraxis und eingehenderen Versuchen. Das Interesse der Landwirte an diesen Maschinen wuchs nun rasant. Die ersten Dampfpflüge wurden Anfang der fünfziger Jahre des 19. Jahrhunderts vorgestellt. Hier gab es noch zwei Systeme: Feldlokomotiven mit angebautem Pflug, die direkt über den Acker fuhren, und die Drahtseilsysteme, die sich nach der Ausstellung von Leeds im Jahr 1861 durchsetzten.

Der Wert dieser Ausstellungen mit den parallel durchgeführten Versuchen ist für Max Eyth sehr hoch anzusiedeln. Die Ausstellung „bot dem Techniker die erste praktische Gelegenheit, mit seinem künftigen Kundenkreise im allgemeinen in Berüh-

Max Eyths politische Position

„Der nationalliberalen Partei würde ich mich mit Vergnügen anschließen, wenn mir auch der Ärger der Schutzzölle einige Gewissensbisse machen würde [...]", schreibt Max Eyth in einem Brief an Professor Hermann Gehring am 19. August 1884. Dies ist eines der wenigen Beispiele aus Max Eyths Aufzeichnungen, in denen er sich zu den politischen Zielen einer Partei bekennt. Ein Mitglied der Partei ist er freilich nicht geworden. Aber sein Bekenntnis zeugt doch von seiner politischen Einstellung, die auch an anderen Stellen seiner Schriften durchscheint.

Die Nationalliberale Partei ist nach der Gründung des Norddeutschen Bundes im Jahr 1867 aus einer Abspaltung der Deutschen Fortschrittspartei hervorgegangen. Wichtigste Träger der Nationalliberalen Partei waren das protestantische Besitz- und Bildungsbürgertum sowie das industrielle Großbürgertum. Die Nationalliberalen stimmten für die Gründung des Deutschen Kaiserreichs und traten für einen nationalen Machtstaat, aber auch für einen liberalen Rechtsstaat ein. In der politischen Praxis stützten sie jedoch unter Zurückstellung liberaler Positionen den Machtstaat Bismarcks.

In den ersten zehn Jahren nach ihrer Gründung waren die Nationalliberalen die stärkste Fraktion im Reichstag. Sie förderte Belange des Mittelstandes und der Industrie und half so bei der Umwandlung Deutschlands in einen modernen Industriestaat. Sie stützten Reichskanzler Otto von Bismarck im lang andauernden „Kulturkampf", in dem das Deutsche Reich mit zahlreichen Gesetzen auf Vorstöße der katholischen Kirche reagierte, die päpstliche Autorität in Glaubensfragen und die Bindung der nationalen Kirchen an den Vatikan auszubauen.

Außerdem trugen Nationalliberalen – wenn auch widerstrebend – das „Sozialistengesetz" mit, das Versammlungen und Veröffentlichungen der sozialdemokratischen Parteiorganisation einschränkte und schärfere polizeiliche Kontrollen bei Versammlungen ermöglichte. Das ursprünglich auf zweieinhalb Jahre befristete Gesetz wurde bis 1890 immer wieder verlängert.

Die Frage der Schutzzollpolitik Bismarcks im Jahr 1877/78 wurde für die Nationalliberale Partei zur Zerreißprobe. Der Übergang vom Freihandel zum Schutzzoll war das Ende eines sich abzeichnenden liberalen Zeitabschnitts. Anhänger des Schutzzolls verließen 1879 die Fraktion. Und im Jahr darauf verließen weitere führende Mitglieder die nationalliberale Fraktion, weil sie die Nähe der Parteivorsitzenden Karl Rudolf von Bennigsen (1867–1883) und Johannes Miquel (1883–1887) zur Politik Bismarcks kritisierten. Unter Miquels Vorsitz, der dem rechten Flügel der Partei angehörte und sich für die Stärkung nationalstaatlicher Interessen einsetzte, festigte sich die Zusammenarbeit mit den Konservativen. In den letzten Jahren distanzierte sich Miquel von Bismarck und war maßgeblich an dessen Sturz beteiligt.

Nachdem Bismarck im Jahr 1890 entlassen wurde, wandelten sich die Nationalliberalen zur Partei der deutschen Großindustrie und der Großbanken. Im Ersten Weltkrieg führte der innere Widerspruch der Nationalliberalen Partei zwischen der Unterstützung des Machtstaates und liberalem Rechtsstaatsdenken zur Existenzkrise und nach der Novemberrevolution 1918 schließlich zur Auflösung der Partei.

rung zu kommen, und dem Landwirte, die wichtigsten modernen Hülfsmittel seines Berufs kennen zu lernen, welche ihm zuvor durchaus fremd und ungewohnt waren. Beide begegneten sich hier nicht bloß zum Austausche von Gedanken und Wünschen, sondern auf den Versuchsfeldern in praktischer Arbeit und lernten so ihre Bedürfnisse und ihre Fähigkeiten kennen."[5]

Mit dieser Erfahrung war es möglich, die Maschinen rasch zu verändern, das heißt zu verbessern. Das Ausstellungswesen der Royal Agricultural Society trug so dazu bei, die Innovationskraft der englischen Landmaschinenindustrie erheblich zu stärken.

Landwirtschaftliche Institutionen in Deutschland

Schon im 18. Jahrhundert wurden in Deutschland landwirtschaftliche Vereine und Gesellschaften gegründet. Ihre Aufgaben waren die Interessenvertretung der Landwirte und/oder die Verbreitung von Kenntnissen neuer Produktionsmethoden. Zu den ersten Gesellschaften gehörten beispielsweise die Thüringische Landwirtschaftliche Gesellschaft zu Weißensee, die 1762 entstanden war, die Königlich großbritannische kurfürstlich braunschweigisch-lüneburgische Landwirtschaftsgesellschaft in Celle, gegründet 1764, die Landwirtschaftliche Societät

Schloß, Königsberg (Max Eyth, 1892).

und forstwirtschaftliche Vereine; in Preußen allein über 1.700.

Mit zunehmender Zahl der Vereine vertiefte sich auch die strukturelle Neugliederung. Lokale Vereine schlossen sich Zentralvereinen an. Diese standen nicht selten in Verbindung mit der staatlichen Verwaltung. Die Einnahmen der Vereine setzen sich jeweils etwa zur Hälfte aus eigenen Einnahmen (u.a. Mitgliedsbeiträge) und aus staatlichen Finanzmitteln zusammen. Diese Art der Finanzierung stärkte den Einfluss der staatlichen Stellen, da sie mitbestimmen konnten, wie das Geld verwendet werden sollte.

Letztlich hatten die Vereine einen großen Einfluss auf die ökonomische Entwicklung der landwirtschaftlichen Betriebe, aber auch zum Teil auf das Leben der Landbevölkerung, weil die Arbeit der Vereine weit in die gesellschaftlichen Strukturen der Bevölkerung hineinwirkte.

Die landwirtschaftlichen Vereine und Gesellschaften wurden auch oft zur Keimzelle für die Landwirtschaftskammern, die nach dem Vorbild der Industrie- und Handelskammern gegründet wurden. Die erste Landwirtschaftskammer entstand 1849 in Bremen. In Preußen wurde 1848 bzw. 1850 die Gründung einer Landwirtschaftskammer vom Zentralverein der Provinz Sachsen und von der Ökonomischen Gesellschaft Pommern vorgeschlagen. Die meisten Kammern entstanden jedoch erst um die Jahrhundertwende. Zu ihren Aufgaben gehörten die Einrichtung von Versuchsstationen und Bildungsanstalten, der Aufbau bzw. die Organisation des Veterinärwesens, die Förderung der Viehzucht, Fischerei, Waldkultur sowie die Förderung des Obst-, Wein- und Gartenbaus, die Unterstützung der landwirtschaftlichen Vereine und der Landeskultur (nach Meitzen).

Die Landwirtschaftskammern übernahmen nach und nach große Teile der landwirtschaftlichen Selbstverwaltung, unterstanden jedoch der Weisung und Kontrolle der Landesministerien.

Dieser Umstand führte im Jahr 1894 zu dem preußischen Gesetz zur Errichtung von Landwirtschaftskammern. Unter Ausnutzung des Kammergedankens konnte die im Bund der Landwirte und anderen Vereinigungen offenkundig gewordene Kritik an der Regierungspolitik (in jener Zeit die von Reichskanzler von Caprivi) kanalisiert werden (Henning, 1996).

Bereits in den dreißiger Jahren des 19. Jahrhunderts, zu der Zeit, als sich der Wunsch nach Organisierung unter den Landwirten immer rascher verbreitete, wurde der Nationalverein der deutschen Land- und Forstwirte gegründet. Der Nati-

in Leipzig von 1764, die Physikalisch-ökonomische Societät zu Lautern von 1769, die Ökonomische Societät der Fürstentümer Schweidnitz und Jauer von 1772 und die Ökonomisch-patriotische Gesellschaft zu Breslau von 1772.

Im Laufe der Jahre bildeten sich zahlreiche fachspezifische Verbände und Zuchtvereine für Rindvieh-, Pferde-, Geflügelhalter, aber auch für Imker und Seidenraupenzüchter. Außerdem gab es spezielle Interessengruppen, die sich um Melioration, Weiterbildung oder um das Genossenschaftswesen kümmerten. Organisiert waren sie in Landes- und Zentralvereinen, Bezirks- und Lokalvereinen, selbstständigen Forstvereinen und anderen. Ein Schub von Neugründungen ist in den dreißiger Jahren des 19. Jahrhunderts festzustellen. 1883 gab es im Deutschen Reich insgesamt rund 3.600 land-

Deutscher Bauernbund/ Bund der Landwirte

Der Deutsche Bauernbund wurde 1885 als Organisation zur Vertretung bäuerlicher Interessen gegründet. 1893 ging der Deutsche Bauernbund im Bund der Landwirte (BdL) auf, dessen Ziel vor allem die Einflussnahme auf Politik und Wirtschaft war. Die Verbreitung fachlicher Kenntnisse der praktischen Landwirtschaft stand nicht im Mittelpunkt der Organisation.

Im BdL waren vor allem größere Grundbesitzer aus Ost- und Mitteldeutschlands vertreten, was der Organisation die Kritik einbrachte, sich einseitig den Interessen des Großgrundbesitzes zu widmen. Der BdL trat sogar als politische Partei auf, wegen geringen Erfolgs jedoch nur für kurze Zeit. Danach suchte der BdL den Kontakt zu Politikern anderer Parteien, besonders der Deutschkonservativen, um sie für ihr Programm zu gewinnen. Darin trat der BdL für hohe Schutzzölle, steuerliche Begünstigung der Landwirtschaft und für ein Verbot des Getreideterminhandels ein. Der BdL bekämpfte scharf die Politik des Reichskanzlers Leo Graf von Caprivi (1890–1894), der die Einfuhrzölle für Agrarprodukte senkte und damit die Einfuhr ausländischer Produkte begünstigte. Gleichzeitig förderte Caprivi den Export deutscher Industriegüter.

Der Bund der Landwirte ging 1921 durch die Fusion mit dem 1919 gegründeten Deutschen Landbund im Reichslandbund auf, der als wirtschaftspolitischer Verband der deutschen Landwirtschaft auftrat. Wie bereits der BdL war der Reichslandbund (oder kurz ‚Landbund‘) stark von den Interessen des Großgrundbesitzes bestimmt. Gleichwohl hatte der Reichslandbund im Jahr 1930 5,6 Millionen Mitglieder in dreißig Einzelverbänden. 1933, nach der Machtübernahme durch die Nationalsozialisten, ging der Landbund im Reichsnährstand auf.

Da sich im Bund der Landwirte die kleineren und mittleren Landwirte nicht mehr ausreichend vertreten sahen, bildete sich 1909 ein neuer Deutscher Bauernbund. Im Gegensatz zum BdL unterstützte der neue Deutsche Bauernbund zunächst die Nationalliberalen und nach 1918 die Demokratische Partei. Nach 1927 schloss sich der Deutsche Bauernbund mit dem Bayerischen Bauernbund und dem Reichsverband der Mittel- und Kleinbetriebe zur Deutschen Bauernschaft zusammen, die 1933 aufgelöst wurde.

Reichsnährstand

Mit der nationalsozialistischen Gleichschaltung im Jahr 1933 verloren alle berufsständischen Vereine und Verbände ihre Selbstständigkeit oder wurden zwangsweise aufgelöst. Im neuen, als öffentlichrechtliche Gesamtkörperschaft gebildeten Reichsnährstand wurden nun alle in der Ernährungswirtschaft tätigen Gewerbebetriebe sowie die landwirtschaftlichen Selbstverwaltungsorgane und Verbände zusammengefasst. Der Reichsnährstand war am diktatorischen Führerprinzip orientiert und unterstand als staatliches Organ dem Landwirtschaftsminister. Die Politik des Reichsnährstandes war darauf ausgerichtet, dass sich Deutschland selbst mit Lebensmitteln versorgte und nicht auf Importe angewiesen war. Im Zuge dieser Politik wurde die Landwirtschaft bis 1945 besonders gefördert. Für die Bevölkerung wurden Nahrungsmittel dagegen teurer. Im Jahr 1949 wurde der Reichsnährstand aufgelöst.

onalverein hatte es sich zur Aufgabe gemacht, die Landwirte vor allem mit fachlichen Informationen zur Produktionstechnik und zu finanziellen Belangen zu versorgen. Der Verein veranstaltete die alljährlichen Wanderversammlungen deutscher Land- und Forstwirte, die aber nicht vergleichbar mit den landwirtschaftlichen Ausstellungen jener Jahre waren. Die erste Versammlung fand 1837 in Dresden statt, und sie wurden, bis auf wenige Unterbrechungen, bis 1872 fortgeführt. Der Anspruch der Wanderversammlungen ähnelte bereits derjenigen der Deutschen Landwirtschafts-Gesellschaft, zum Beispiel in Bezug auf die Verbreitung fachlicher Informationen. Begleitende Maschinenausstellungen gab es nur sporadisch und in wechselndem Umfang. Wie der Nationalverein hat die DLG ihre Satzung in einem „Grundgesetz" verfasst. Ein Grund dafür war, dass die sächsische Landwirtschaft aufgrund ihrer fortschrittlichen Gesinnung sowohl bei der Gründung des Nationalvereins als auch der DLG „eine führende Rolle spielte", so H. Haushofer in seinem Buch „Die Furche der DLG – 1885 bis 1960".

Doch die Beziehungen dieser beiden Organisationen dürfen nicht einfach parallel gesehen werden. Denn hier muss natürlich auch die Bedeutung der englischen Royal Agricultural Society mit einbezogen werden. Interessanterweise haben sich die Gründer der RAS beim Nationalverein deutscher Land- und Forstwirte über die Art der Organisierung informiert. Und gewiss haben die englischen Kollegen wichtige Aspekte des deutschen Programms übernommen. Dazu zählen die politisch unabhängige fachliche Information und die Wanderversammlung bzw. -ausstellung.

Allerdings gibt es auch gravierende Unterschiede, die schon allein in den sehr verschiedenen Strukturen der beiden Länder zu sehen sind, etwa in den Grundbesitzverhältnissen oder im Organisationsgrad der Landwirte. Und schließlich, dieser Punkt sollte einige Jahre nach Gründung der RAS eine wichtige Rolle spielen, entwickelte sich Landtechnik mit Beginn der vierziger Jahre in England schneller als in Deutschland. Dazu hat nicht zuletzt die Technik der Dampfmaschine beigetragen. In der Förderung des landwirtschaftlichen Maschinenwesens und der Ausstellungen sah die RAS fast von Beginn an eine wesentliche Aufgabe. Die Wanderversammlungen in Deutschland waren dagegen vor allem Vortrags- und Diskussionsveranstaltungen. In kleinerem Umfang wurden Exkursionen zu Spitzenbetrieben unternommen, Maschinen vorgeführt und Ausstellungen organisiert. Die Zahl der Besucher ist jedoch nicht mit denen von englischen Ausstellungen der RAS vergleichbar. Die Versammlung mit den meisten Besuchern fand 1863 in Königsberg in Ostpreußen mit über 3.300 Besuchern statt.

Kurz nach dem Höhepunkt der Wanderversammlungen in Deutschland kam es allerdings zur Krise. Im Jahr 1867, nach dem deutsch-österreichischen Krieg und nach der Gründung des Norddeutschen Bundes, bildete sich der „Congress norddeutscher Landwirthe", der sich als Konkurrenz zur Organisation der Wanderversammlungen entwickelte. Nach der Gründung des Deutschen Reiches entstand 1872 der – vergrößerte – „Congress deutscher Landwirthe". Der Congress hatte einen ganz anderen Charakter als die Organisation der Wanderversammlungen, da sie sich nach und nach politisch ausrichtete. Trotzdem schwächte der Congress die Wanderversammlung, der nach 1866 auch die österreichische Unterstützung fehlte. 1872 fand daher in München die letzte Wanderversammlung statt.

Als Verein, der das Gebiet des ganzen Deutschen Reichs umfasste, war der Congress deutscher Landwirthe jedoch überfordert, sodass er an Bedeutung verlor. Bis zur Gründung der Deutschen Landwirtschafts-Gesellschaft gab es keine Organisation in Deutschland, die die Belange der Landwirte in allgemein-landwirtschaftlicher und fachlich-technischer Hinsicht über alle inneren Grenzen des Reichs hinweg vertrat.

Im Streit um die Schutzzollpolitik des Reichskanzlers Otto von Bismarck 1878/79 kam es schließlich sogar zur Spaltung des Congresses deutscher Landwirthe in Agrarier, die die Schutzzollpolitik unterstützten, und in Liberale, die für den Freihandel eintraten. Die Agrarier wurden mit ihrem „Rest-Congress" zum Vorläufer der politischen Bewegung der Landwirtschaft in den neunziger Jahren (Haushofer). Diese Bewegung gipfelte in der Gründung des Deutschen Bauernbundes bzw. des Bundes der Landwirte (1893).

Erste Schritte zur Gründung der DLG

Bei den Unternehmungen zur Gründung einer neuen landwirtschaftlichen Vertretung in Deutschland fängt Max Eyth nicht bei null an. Zunächst hat er schon eine recht genaue Vorstellung, welches Selbstverständnis und welche Aufgaben eine solche Organisation haben soll. Dabei orientiert er sich eindeutig an der Royal Agricultural Society. Doch gleichzeitig gibt es in Deutschland noch Strukturen, die er für sein Vorhaben nutzen kann – und muss, wenn er erfolgreich sein will. Zudem gibt es viele Menschen, die noch die Wanderversammlungen der deutschen Land- und Forstwirte kennen, und diese – zehn Jahre nach der letzten Versammlung in München – schmerzlich vermissen.

Allerdings lag damals, im Jahr 1872, schon ein Hauch von Veränderung in der Luft. Die Organisatoren waren sich darüber im Klaren, dass die Versammlungen in der bisherigen Form keine Zukunft hatten, weil sich die Landwirtschaft enorm verändert hatte und die Ansprüche hinsichtlich der Information über neue, moderne Produktionstechniken gestiegen waren. Mit der Geschwindigkeit, mit der neue Verfahren und Techniken von Firmen, Versuchsstationen und praktischen Landwirten erarbeitet wurden, konnte die bisherige Wanderversammlung vom Umfang her nicht mithalten.

So wurde bereits für die nächste Versammlung in Berlin eine Ausstellung mit Tieren, Maschinen und der Vorstellung neuer Produktionsverfahren im größeren Stil in Aussicht gestellt. Allerdings war die Organisation der Wanderversammlungen strukturell zu schwach, um eine solche Aufgabe in die Tat umzusetzen.

Es bildeten sich regionale Zusammenschlüsse, die eigene Ausstellungen veranstalteten, zum Beispiel die 1861 gegründete Deutsche Ackerbaugesellschaft in Norddeutschland. Doch nach einer einzigen durchgeführten Ausstellung stellte die Gesellschaft ihre Arbeit bereits wieder ein, bestand jedoch auf dem Papier weiter. Im Gründungsjahr der Deutschen Landwirtschafts-Gesellschaft konnte Max Eyth anhand des Vereinsregisters der Deutschen Ackerbaugesellschaft immerhin 65 Mitglieder anschreiben, um sie zum Eintritt in die DLG zu bewegen, 40 von ihnen sagten zu – darunter so prominente Namen wie Heinrich von Nathusius, der Saatzüchter Wilhelm Rimpau und Professor Henry Settegast, Rektor der Landwirtschaftlichen Hochschule in Berlin. Nathusius und Rimpau wurden in den ersten Jahren nach der Gründung der DLG enge Mitarbeiter Max Eyths.

Wie im Ackerbaubereich bildeten auch die Tierzüchter zahlreiche selbstständige Vereine, darunter die Deutsche Herdbuchgesellschaft, die aber wie die Deutsche Ackerbaugesellschaft nicht die Kraft hatte, auf Dauer eigene Ausstellungen, in ihrem Fall Tierschauen, zu veranstalten, die im ganzen Deutschen Reich von Bedeutung gewesen wären. Auf regionaler Ebene florierte das Vereinswesen gleichwohl und mit den Jahren bildeten sich auch Dachorganisationen in den einzelnen Sparten heraus, die die Interessen ihrer Mitglieder erfolgreich vertraten.

Als Spitzenorganisation der zahlreichen landwirtschaftlichen Vereine wurde 1872 der Deutsche Landwirtschaftsrat gegründet, der sich aus Abgeordneten der Zentralvereine zusammensetzte. Dieser hatte jedoch eine ausgesprochen politische Ausrichtung und konnte die Ansprüche, die Max Eyth an eine Organisation stellte – darunter die Förderung des technischen Fortschritts in der Landwirtschaft –, nicht erfüllen

Max Eyth erkannte, so Haushofer, dass eine Organisation fehlte, welche die führenden Kräfte der Landwirtschaft auf Reichsebene zusammenfasste und die nicht immer wieder Zerreißproben politischer Auseinandersetzungen unterlag. Diese Organisation sollte nach der Vorstellung Eyths sein neuer „Deutscher Reichsverein für Landwirtschaft" sein.

Deutschland im Jahr 1882

In welches Land kehrt Max Eyth im Jahr 1882 zurück, das sich in den vergangenen 20 Jahren so sehr verändert hat? Von außen betrachtet, quasi mit einem Blick auf die Landkarte, ist Deutschland im 1871 gegründeten Kaiserreich geeint, eine Forderung, die schon die Revolutionäre von 1848 stellten. Und auch von der Bevölkerung wurde das Kaiserreich bei seiner Gründung im Überschwang nationaler Begeisterung begrüßt. Allerdings ist von der liberalen Bewegung der 48er nicht viel übrig geblieben. Politisch stützt sich das Reich auf ein Bündnis der nationalen und liberalen Bewegung und einer konservativen preußischen Staatsführung mit eigentlich konträren Zielen. Während die Liberalen eher darauf hinwirken, den Staat auf eine neue politische, wirtschaftliche und soziale Grundlage mit mehr Freiheiten zu stellen, setzt sich die konservative Linie des Reichskanzlers und preußischen Ministerpräsidenten Otto von Bismarck durch. Letztlich geben die Nationalliberalen eigene Forderungen auf und unterstützen den Machtstaat Bismarcks.

Die Reichsverfassung ist ganz auf die Person des Reichskanzlers zugeschnitten und verleiht ihm eine ungeheure Machtfülle, sodass er den gesamten Regierungs- und Verwaltungsapparat beherrscht. Bismarck (und nicht etwa den Ministern) unterstehen die Reichsbehörden. Im Bundesrat gibt die preußische Führungsmacht den Ausschlag und im preußischen Staatsministerium führt ebenfalls Bismarck den Vorsitz. Das Deutsche Kaiserreich von 1871 ist im Jahr 1882 ein monarchischer Obrigkeitsstaat, Bismarck auf dem Höhepunkt seiner Macht und Deutschland in seiner Ausdehnung größer als jemals zuvor in der Geschichte. Zentrale politische Themen der vergangenen Jahre waren die Sozialistengesetze, der Kulturkampf gegen die katholische Kirche und die Schutzzollpolitik in Bezug auf importiertes Eisen, Stahl und Agrarprodukte.

Die Schutzzölle auf importierte Agrarprodukte (Feldfrüchte, Fleisch, Lebendvieh usw.) sollen die Preise in Deutschland auf stabil hohem Niveau halten, sodass die Landwirte in Deutschland nicht für den niedrigeren Weltmarktpreis produzieren müssen. Doch was war geschehen, dass dieser Preisdruck entstanden ist? Bis in die vierziger Jahren des 19. Jahrhunderts war die Produktivität in der Landwirtschaft, sei es in Europa oder Nordamerika, allgemein noch gering, sodass aufgrund der gleichbleibend hohen Produktionskosten keine Preissenkungen möglich waren. Auch das Transportwesen war noch nicht schlagkräftig genug, sodass es entweder gar nicht möglich war, große Mengen Getreide oder andere Massengüter zu transportieren, oder es war zu teuer. Und letztlich war die Nachfrageseite zu schwach, das heißt, die Löhne waren zu niedrig, als dass mehr Geld für Nahrungsmittel ausgegeben werden konnte.

Das änderte sich ab etwa 1840 mit dem technischen Fortschritt in Industrie und Landwirtschaft. Innerhalb weniger Jahrzehnte stieg die Produktivität in der Landwirtschaft aufgrund neuer Produktionsverfahren und Züchtungsfortschritte sowie der besseren Maschinenausstattung deutlich an. Und Fortschritte im Transportwesen (Eisenbahn, Schiff-

» Aus der Pflugfurche herauf muss die D.L.G. wachsen, nicht vom Katheder herunter. «

fahrt) führten zu einem höheren Transportvolumen und geringeren Transportkosten.

Hinzu kam, dass die Besiedelung des amerikanischen Westens nach dem Ende des Sezessionskriegs von 1861 bis 1865 rasch vorankam, die Farmer die Getreideanbauflächen stark ausgedehnt hatten und nun große Mengen an Weizen nach Europa (vor allem nach England) exportierten. Von 1859 bis 1879 hatte sich die amerikanische Weizenproduktion verdoppelt. In den achtziger Jahren erhielten die Farmer in Nebraska für den Weizen nur etwa die Hälfte von dem, was ostpreußische Bauern erhielten.

Auch aus Russland kamen größere Mengen an Getreide, weil die russischen Bauern nach der Agrarreform 1861 gezwungen waren, ihre Produktion auszudehnen, um die finanziellen Mittel zu ihrer Ablösung von der Leibeigenschaft zu erwirtschaften.

Auf dem Weltmarkt kam es zu einem Überangebot an Weizen, wodurch der Preis erheblich fiel.

Während die amerikanischen Bauern durch die geringeren Erzeugerpreise gezwungen waren, ihre Produktion laufend zu rationalisieren (das heißt auch zu modernisieren), schob Deutschland weiteren Preissenkungen mit den Schutzzöllen einen Riegel vor. Provokant ausgedrückt konnten die deutschen Bauern nun weiterwirtschaften wie zuvor, während die amerikanischen Farmer ihre Produktion aus wirtschaftlichen Gründen immer weiter rationalisieren mussten und wegen günstiger Produktionsbedingungen auch konnten. Das hatte auch zur Folge, dass der technische Fortschritt in der Landtechnik dort schneller vonstatten ging.

Doch ganz so einfach ist es nicht. Auch die deutschen Landwirte haben in moderne Technik investiert, allerdings sehr langsam und im Umfang zu wenig. Zudem unterschieden sich die Strukturen in Deutschland und Amerika grundlegend. Teilweise waren die amerikanischen Farmer im Westen der USA schon klimatisch im Vorteil. Während in Kalifornien der Sommer in der Regel trocken ist, war die Gefahr in Deutschland weit höher, dass schlechtes Wetter die Ernte verderben konnte. Auch die Landmaschinenindustrie hatte ganz andere Voraussetzungen. Während in Amerika Pflüge schon in großer Zahl in Fabriken produziert wurden, bauten in Deutschland kleine Schmieden den Pflug noch als Einzelanfertigung. Erst ab etwa den sechziger Jahren des 19. Jahrhunderts kam die Landmaschinenindustrie in Deutschland richtig in Gang.

Nicht zu vergessen ist, dass die finanzielle Ausstattung der Bauern in Deutschland eher schlecht war – und das betraf alle Betriebsgrößen. Die großen Gutsbetriebe Ostdeutschlands (östlich der Elbe) waren nicht selten hochverschuldet, sodass gar kein Geld für Investitionen zur Verfügung stand. Und der geringe Ertrag, den kleinbäuerliche Betriebe abwarfen, ließ ebenfalls Ausgaben für technische Ausstattungen nur in geringem Umfang zu.

Die Einführung der Schutzzölle für Agrarprodukte hatte aber noch andere Gründe. Fast die Hälfte der arbeitenden Bevölkerung in Deutschland hatte ein Einkommen aus der Landwirtschaft, sei es als Vollerwerbslandwirt mit einem einträglichen Bauernhof oder als Arbeiter mit einem Obstgarten, zwei Kühen oder ein paar Hektar Getreide. Mit den Schutzzöllen konnte ein großer Teil der Bevölkerung vor Einkommensverlusten durch den Preisverfall ihrer verkaufsfähigen Produkte geschützt werden.

Ein staatliches Ziel war es dagegen, dass der Selbstversorgungsgrad der Bevölkerung nicht sinken sollte. Nur wenn sich die Nahrungsmittelproduktion weiter lohnte, konnte sie in ihrer ganzen Breite erhalten werden. Und das machte das Reich im Kriegsfalle von ausländischen Lebensmittelimporten weniger abhängig.

Nicht zuletzt waren die Schutzzölle für das Deutsche Reich eine erhebliche Einnahmequelle. In Ermangelung sonstiger eigener Steuereinnahmen war das Reich nicht mehr so stark auf die Abgaben der einzelnen Länder des Reiches angewiesen.

Als Max Eyth sich mit dem Gedanken beschäftigte, eine neue landwirtschaftliche Gesellschaft zu gründen, gab es im Deutschen Reich rund 5,26 Millionen landwirtschaftliche Betriebe. Über drei Millionen dieser Betriebe bewirtschafteten eine Fläche von weniger als zwei Hektar. Etwas mehr als 1,9 Millionen bearbeiteten eine Ackerfläche von fünf bis zwanzig Hektar. 281.000 Betriebe verfügten über eine Ackerfläche von zwanzig bis hundert Hektar und nur 25.000 über hundert Hektar.

Allein diese Zahlen veranschaulichen, dass Eyth sich am Anfang nur an einen sehr geringen Teil der Landwirte in Deutschland wenden konnte. Aber gerade deshalb mussten es die besten sein – die Elite. Allerdings darf hierbei nicht das Missverständnis entstehen, dass Eyth die künftige Gesellschaft als elitären Klub gründen wollte. Im Gegenteil, die besten Betriebe sollten den anderen Vorbild sein und so das Niveau der Produktionstechnik der ganzen Landwirtschaft heben. Tatsächlich hatte die DLG im Jahr 1932 eine Mitgliederzahl von fast 41.000 erreicht. Das ist zwar immer noch ein kleiner Anteil bezogen auf die Gesamtzahl der Betriebe in Deutschland, doch geht die Zahl eindeutig über den Kreis der landwirtschaftlichen Elite-Betriebe hinaus.

Neues Domizil in Bonn

Das rheinische Bonn als Ausgangspunkt für sein Vorhaben, eine landwirtschaftliche Gesellschaft zu gründen, findet Max Eyth im Jahr 1882 geradezu ideal. Nicht zuletzt wegen der Nähe zur Akademie in Poppelsdorf, die in landwirtschaftlichen Kreisen ein hohes Renommee genießt. Bonn gefällt ihm: „ein lichtes, freundliches Städtchen, in dem es neben der etwas staubigen Gelehrsamkeit an Jugend und Sonnenschein nicht fehlt, und die Gegend, wenn auch nicht in unmittelbarer Nähe, eine Perle.‟

Professor Dünkelberg macht Eyth zwar nicht viel Hoffnung, dass ihm die Gründung einer neuen Gesellschaft gelingt, ermutigt ihn aber trotzdem, es zu versuchen.

Eyth geht sein Vorhaben vorsichtig an. Zunächst bereitet er den Boden für die Saat vor. Er schreibt zahllose Artikel für Zeitungen in ganz Deutschland über die Royal Agricultural Society und ihr segensreiches Wirken für die englische Tierzucht, den Ackerbau, die Landtechnik und das Ausstellungswesen. Aber auch hier bleibt er noch zurückhaltend. „Im Text gedenke ich zunächst kein Wort über eine ähnliche Gesellschaft in Deutschland zu verlieren, eingedenk des Goetheschen und echt deutschen: Jedes ausgesprochene Wort erweckt den Gegensinn. Auch werde ich mich hüten, die Engländer übermäßig zu loben. Der einzige Zweck der Artikel ist, da und dort die Aufmerksamkeit und Gefühl wachzurufen, dem der Direktor der Eckertschen Fabrik zu Cardiff so warmen Ausdruck verlieh: ‚Donnerwetter, wenn wir etwas derart bei uns zu Hause hätten!‘ – Gelingt dies – dann erst brauche ich an weitere Schritte zu denken.‟[6]

In seinen Plänen bestätigt sieht sich Eyth, als er im November 1882 die Jahresversammlung des landwirtschaftlichen Vereins der Rheinprovinz, Sektion Bonn, in Poppelsdorf besucht. Die überaus klägliche Maschinenausstellung bedrückt ihn aber mehr, als sie ihn motiviert: „War das eine Ausstellung am Ort einer landwirtschaftlichen Versuchsanstalt, die, wie ich vermute, die Aufgabe hat, den Bauern Maschinen in die Hand zu zwingen?‟

Im Laufe des Jahres macht sich Eyth ein recht genaues Bild über die landwirtschaftlichen Vereine und Organisationen in Deutschland. Dabei hat er besonders die überregionalen Vereinigungen im Blick, darunter das Landesökonomiekollegium in Preußen, den Landwirtschaftsrat und den Congress deutscher Landwirthe. Beeindruckt ist Eyth keineswegs. „Reden dürfen diese höchst achtbaren Körperschaften, soviel ihnen gutdünkt, und viel dünkt ihnen gut; zu sagen haben sie nichts. Ihre Hauptbe-

schäftigung besteht darin, ‚Resolutionen‘ zu fassen. Wie ich dieses Wort hasse.‟[7]

Eyths Zeitungsartikel zeigen Wirkung. Er erhält Briefe von Bekannten und Unbekannten, die seine Pläne wohlwollend kommentieren, die Sache jedoch insgesamt als kaum erfolgversprechend einschätzen. Unter den Bekannten „aus früheren Zeiten‟ sind der Oberamtmann Rimpau aus Schlanstett und Dr. Hugo Thiel, Geheimer Oberregierungsrat und vortragender Rat im Ministerium für Landwirtschaft, Domänen und Forsten. Nur dem Namen nach bekannt ist ihm der Ökonomierat Noodt, Vorsitzender des Klubs der Landwirte in Berlin.

Auch Landmaschinenhersteller, die Eyth anspricht, sind von der Idee einer neuen Gesellschaft und noch mehr von einer großen Maschinenausstellung sehr angetan. Doch ohne „die richtigen Bauern‟ ist eine solche Gesellschaft nicht auf den Weg zu bringen.

Von anderswo wird Eyth zu Vorträgen geladen. Vom Klub der Landwirte und dem Teltower Verein wird er nach Berlin eingeladen, um ihnen über die

» Nur wollen muß man, wollen! **«**

Friedrich Wilhelm Dünkelberg

Max Eyth zählt Friedrich Wilhelm Dünkelberg (1819–1912) zu seinen Freunden und Gönnern. Dünkelberg ist, als Eyth 1882 nach Bonn kommt, bereits 63 Jahre alt und Professor an der Königlich Preußischen Landwirtschaftlichen Akademie zu Poppelsdorf bei Bonn.

Er studierte bei Justus von Liebig in Gießen und bei Carl Remigius Fresenius in Wiesbaden. 1847 wurde er Lehrer für Naturwissenschaften und Mathematik an der Ackerbauschule in Merchingen bei Ravenstein und zwei Jahre später Privatdozent in Poppelsdorf. 1850 ging er als Lehrer der Landwirtschaft an das Institut Hof-Geisberg. 1858 wurde Dünkelberg zum Professor ernannt und 1871 Direktor der landwirtschaftlichen Akademie in Poppelsdorf.

Zu Dünkelbergs Kernthemen zählen die Bodenmelioration und die Kulturtechnik, das heißt die technischen und wasserwirtschaftlichen Maßnahmen zur Steigerung der pflanzlichen Produktion. Vorlesungen hielt Dünkelberg auch zu Baukunde und landwirtschaftlicher Betriebslehre. Außerdem engagierte sich Dünkelberg stark in der Geodäsie und der akademischen Ausbildung von Landvermessern. Von 1887 bis 1896 war Dünkelberg nationalliberales Mitglied im preußischen Abgeordnetenhaus.

Paul Adolf Poggendorff

Max Eyth lernt Paul Poggendorff (gestorben 1910) 1883 bei der Versammlung des Klubs der Landwirte in Berlin kennen. Paul Adolf Poggendorff ist der älteste Sohn des bekannten Physikers Johann Christian Poggendorff („Annalen für Physik und Chemie", Poggendorffsche Täuschung).

Paul Poggendorff unternahm nach seiner Ausbildung auf dem Schulenburgischen Gut in Trampe bei Eberswalde Studienreisen nach Belgien und England, um dort die seinerzeit fortschrittliche Landwirtschaft kennen zu lernen. Die Erfahrungen schrieb er in Reisebüchern nieder („Reisefrüchte aus den Monaten Juli bis November 1856 zugleich als Handbuch und Wegweiser für reisende Landwirthe zusammengestellt" und „Die Landwirthschaft in Belgien. Reisefrüchte aus den Monaten April, Mai und Juni 1856 zugleich als Handbuch und Wegweiser für reisende Landwirthe zusammengestellt").

Später arbeitete er auf Gut Markee bei Nauen und wurde Pächter des Gutes Nieder- und Oberölsa bei Niesky (Oberlausitz), wo er auch einen Landwirtschaftsverein gründete. Im Jahr 1886 wurde er Direktoriumsmitglied der DLG.

Idee einer neuen landwirtschaftlichen Gesellschaft vorzutragen. Das ist nicht gerade Eyths Sache: „... ein Vortag macht mir noch heute, wie von jeher, schwere Herzbeklemmungen. Vor Erde und Feuer im Aufruhr, vor Holz und Eisen in ihrer Störrigkeit habe ich mich nie gefürchtet. Das Schrecklichste der Schrecken war mir aber von jeher der Mensch, der schwatzende Mensch. Und nun soll ich selbst als solcher glänzen oder untergehen. Doch es muß sein, das kann auch der unfähigste Apostel eines neuen Glaubens einsehen. Also in Gottes Namen!"[8]

Die Veranstaltung in Berlin erweist sich für Eyth als sehr wichtig, da er dort viele Menschen trifft, die ihm über Erwarten wohlwollend entgegentreten und die später eine wichtige Rolle bei der Gründung der DLG spielen. Eine der Persönlichkeiten ist der Ökonomierat Adolf Kiepert, Vorsitzender des Klubs der Landwirte, und Paul Poggendorff, der künftige Geschäftsführer des Klubs der Landwirte – er wird später einer der engsten Freunde Eyths.

Der Deutsche Reichsverein für Landwirtschaft nimmt Gestalt an

Auf dem Rückweg von Berlin macht Eyth in Magdeburg Station. Dort trifft er den Präsidenten der Deutschen Herdbuchgesellschaft, Heinrich von Nathusius, dessen verstorbener Bruder die Deutsche Ackerbaugesellschaft gegründet hatte. Nach Eyths Gefühl hält Nathusius weder etwas von Eyths Persönlichkeit noch von seiner Idee. Gleichwohl verbringen sie gemeinsam sechs anregende Stunden. Es werden nicht die letzten sein.

An seinem Geburtstag, dem 6. Mai 1883, Eyth wird 47 Jahre alt, schreibt er seine Ziele für seinen künftigen Verein auf: Zunächst soll ein provisorischer Verein gegründet werden, der in einem halben Jahr 250 Mitglieder werben soll, in zwei Jahren sollen es 2.500 sein. Der Jahresbeitrag beträgt 20 Mark, nach heutigem Geldwert etwa 100 Euro. Der im Vergleich zu anderen Vereinen sehr hohe Mitgliedsbeitrag wird noch über Jahre hinaus für Diskussionen sorgen.

Erst wenn 2.500 Mitglieder gefunden sind, soll der Verein tatsächlich gegründet werden. Und der Name steht jetzt auch fest: Deutscher Reichsverein für Landwirtschaft.

Heute wissen wir, dass dieser Name bis zur tatsächlichen Gründung der Gesellschaft nicht beibehalten wurde. Hätte sich der Name durchgesetzt, wäre er bis heute zweifellos geändert worden. Zu jener Zeit aber mochte er seine Berechtigung haben, nicht allein deshalb, weil dieser Name Eyth einfach gefiel, da er im Ausdruck dem der Royal Agricultural Society ähnelte. In gewisser Weise war der Name auch Programm.

1884, rund ein Jahr vor der eigentlichen Gründung der Deutschen Landwirtschafts-Gesellschaft, war der Name Reichsverein keineswegs abwegig. In einem Brief von Februar 1884 schreibt Eyth die Eckpunkte des zu gründenden Reichsvereins nieder – das Exposé einer späteren Satzung. Der erste Punkt lautet:

„Der Deutsche Reichsverein für Landwirtschaft umfaßt das ganze Deutsche Reich. Landes- und Provinzialgrenzen haben für ihn keine Bedeutung." Besser als in der Bezeichnung „Deutscher Reichsverein" könnte also der Sachverhalt gar nicht zum Ausdruck kommen. Zudem identifizierte sich Eyth, wie Haushofer herausstellt, völlig mit dem politischen Zusammenschluss der deutschen Staaten zum deutschen Kaiserreich, sodass er kein Problem damit hatte, dass sich dies im Namen des Vereins ausdrückte.

Im Lauf des Jahres 1883 beginnt sich Eyths Idee

Hugo Thiel: Mitglied des Direktoriums der DLG und guter Freund von Max Eyth.

eines Deutschen Reichsvereins für Landwirtschaft allmählich zu verselbstständigen. So hörte Eyth auf Umwegen, dass sich die Deutsche Herdbuchgesellschaft auflösen werde und den Anschluss der Mitglieder an den künftigen Reichsverein beantragen werde. Daraus wurde zwar im ersten Anlauf nichts, weil der Gesellschaft noch einmal mit einem Staatszuschuss von 100.000 Mark über ihre prekäre Lage hinweggeholfen wurde. Aber die Episode zeigt, dass Eyths Reichsverein bereits auf höchster Ebene als künftige nationale landwirtschaftliche Vereinigung ernst genommen wurde, bevor sie überhaupt Gestalt angenommen hatte, in welcher Form auch immer.

Aber die ersten Mitglieder stehen im August 1883 bereits fest: Neben Max Eyth Ökonomierat Noodt, Oberamtmann Rimpau, der Geheime Oberregierungsrat Dr. Thiel, Fürst Anton von Hohenzollern-Sigmaringen, Fürst Karl zu Hohenlohe-Langenburg und Herzog Ernst von Sachsen-Coburg-Gotha.

Im Oktober 1883 hat Max Eyth bereits 57 Mitglieder für seinen provisorischen Verein gewinnen können. Und im Dezember kommen auf ein Schlag 65 dazu, die sämtlich aus dem Teltower Verein in Berlin kommen. Und bald darauf bringt Rimpau nochmals 15 Mitglieder hinzu. Sogar Heinrich von Nathusius tritt bei, selbst wenn er immer noch skeptisch ist, dass sich Eyths Reichsverein durchsetzen könne. Schließlich ist auch die Herdbuch-

gesellschaft nun endgültig aufgelöst worden, nach dem der Zuschuss des Staates für die Gesellschaft am Ende doch noch ausgeblieben ist.

Doch dann ist es einige Zeit ruhig – zu ruhig, findet Eyth und verschickt Briefe mit der bisherigen Mitgliederliste, um weitere Mitglieder zu werben, hier und da mit Erfolg.

Allerdings schlägt Eyth auch offene Ablehnung entgegen: „Ernsthaft ist und bitterbös, daß der Brandenburger Zentralverein in einer Versammlung zu Potsdam jede Beteiligung und jede Sympathie schroff zurückgewiesen hat. Herr von Wedel-Malchow, der Präsident, will nichts mit der Sache zu tun haben und sei, wie ich höre, selbst für jede Erörterung unzugänglich. Ähnlich ging es in Westpreußen, wo Herr von Puttkamer-Plauth die erdrückende gegnerische Mehrheit anführte. Die kleinen und mittleren Gutsbesitzer, wird mir von dort geschrieben, seien dem Plane durchaus zugeneigt; die Großgrundbesitzer, der Adel der Provinz, wolle aber nichts davon wissen. Und ich ‚verrückter Engländer‘ glaubte eine aristokratische Gesellschaft gründen zu können, die in edlem Wettstreit dem Bäuerlein zeigt, wie in unsrer Zeit gewirtschaftet werden müsse, um die Fruchtbarkeit des heimischen Bodens zu erhalten.“[9]

Doch die Sache ist im Gange. Im Februar zählt der noch nicht gegründete Verein 390 Mitglieder. Wenn auch noch ein Provisorium, so braucht die Organisation doch allmählich eine Form. In einer schlaflosen Nacht „ernennt“ Eyth von sich aus zwölf Beiräte, verfasst einen Entwurf für eine Satzung und sendet ihn an die Beiräte mit der Bitte um Änderungsvorschläge, damit die Satzung der Vorversammlung, die bald stattfinden müsse, zur Abstimmung vorgelegt werden kann.

Auch ein Präsident ist zu suchen. Es sollte eine „repräsentative Persönlichkeit ersten Ranges“ sein, um dem jungen Verein das „nötige Ansehen“ zu verschaffen. Nach mehreren Absagen erklärt sich der Graf zu Stolberg-Wernigerode bereit, als Gründungspräsident zur Verfügung zu stehen.

Das Selbstverständnis des neuen Vereins fasst Eyth kurz zusammen:

„Der Deutsche Reichsverein für Landwirtschaft umfasst das ganze Deutsche Reich. Landes- und

Mitgliederentwicklung der DLG	
1884	858 Mitglieder
1885	2.700 Mitglieder
1886	3.386 Mitglieder
1887	3.873 Mitglieder
1888	4.143 Mitglieder
1889	5.119 Mitglieder
1890	5.626 Mitglieder
1891	6.820 Mitglieder
1892	8.040 Mitglieder
1893	9.371 Mitglieder
1894	10.543 Mitglieder
1895	11.052 Mitglieder
1896	11.085 Mitglieder
...	
1900	12.408 Mitglieder
1910	16.956 Mitglieder
1920	20.900 Mitglieder
1930	40.465 Mitglieder

(Angaben nach Hansen/Fischer, 1936)

Ökonomierat Kiepert war Vorsitzender des ersten Direktoriums der Deutschen Landwirtschafts-Gesellschaft.

Provinzialgrenzen haben für ihn keine Bedeutung.

Der Verein treibt grundsätzlich keine Politik, sondern dient ausschließlich der technischen Entwicklung der Landwirtschaft.

Er beschäftigt sich nur mit solchen Aufgaben, die von bestehenden Vereinen nicht oder unvollkommen behandelt werden.

Er arbeitet ausschließlich mit eigenen Mitteln und Kräften. Er rührt deshalb keine Aufgabe an, deren Behandlung seine Mittel und Kräfte übersteigen.

Er verlangt von seinen Mitgliedern 20 Mark Jahresbeitrag und hofft, denselben mit der Zeit das Zehnfache in greifbarem Nutzen einzubringen.

Er verlangt ferner ihre freiwillige Mitarbeit, wo immer dieselbe erforderlich erscheint.

Als nächstliegende Aufgabe gedenkt er jährlich eine allgemeine deutsche Wanderausstellung zu veranstalten.

Es ist aber ausdrücklich zu verstehen, daß diese Aufgabe nur einen Teil seiner Tätigkeit begreift. Andre Aufgaben werden ihn zweifellos bald in nicht geringerem Grad beschäftigen.“[10]

Die Vorversammlung findet im Mai 1884 in Berlin statt. Die Organisation der Veranstaltung in den Tagen und Wochen davor verlangt Eyths vollen Arbeitseinsatz. Und gerade in dieser Zeit erkrankt sein Vater schwer an Gelbsucht, an der er am 24. März

schließlich stirbt. Max Eyth kommt noch rechtzeitig in Ulm an, um am Sterbebett seines Vaters zu stehen.

Zur Trauer aber ist wenig Gelegenheit. Max Eyth ist mit Leib und Seele mit der Organisation der ersten Versammlung des zukünftigen Reichsvereins befasst. Reden über die künftigen Aufgaben des Vereins und über das Verhältnis zu den Regierungen sollen gehalten werden. Rimpau und Thiel erklärten sich ursprünglich bereit, vor der Versammlung zu sprechen. Thiel erkrankt jedoch kurz zuvor und Graf zu Stolberg-Wernigerode zieht seine Präsidentschaft zurück. Nun wird Rimpau gefragt, den Vorsitz der Versammlung zu übernehmen und während der anschließenden Diskussion an den Vizepräsidenten Noodt zu übergeben. Doch nun zieht Noodt zurück, da er in der Versammlung – man kenne ihn zu gut – mehr polarisierend als einigend wirken würde.

Dann kommt der Vorschlag von Noodt, Ökonomierat Adolf Kiepert solle den Vorsitz der Vorversammlung übernehmen. Und so kommt es schließlich. Nach den einführenden Reden wird ein Ausschuss gewählt, der über den vorliegenden Statutenentwurf berät. Außerdem wird der Termin für die eigentliche Gründung des provisorischen Vereins festgelegt. Auch kritische Stimmen kommen – wenn auch ungebeten – zu Wort. Wobei der letzte Diskussionsredner, einer der so genannten „Agrarreformer“, fragt, wer denn dieser Eyth sei, und ihm vorhält, er wolle „sich mit der gewaltsam heraufbeschworenen Bewegung eine Stellung im Land“ suchen.

Dieser Vorwurf schmerzte Eyth heftig. „… ich schwur auf dem Wilhelmsplatz zu Berlin genau um Mitternacht den 14. Februar 1884 einen heiligen Eid, nie in meinem Leben von dieser […] Gesellschaft einen roten Heller anzunehmen.“[11]

Und so kam es auch. Eyth, der dem DLG-Direktorium bis 1896 angehörte, arbeitete bis zum letzten Tag völlig unentgeltlich.

Auch in den nächsten Wochen schlägt Eyth und seinen Mitstreitern offene Gegnerschaft entgegen. Briefe erreichen sie, wer denn berufen sei, einen solchen Verein zu gründen. Es werden Rundschreiben verfasst, in denen vor dem Reichsverein als einer „politischen, radikalen Schöpfung“ gewarnt wird – das genaue Gegenteil von Eyths Ansinnen.

Albert Schultz-Lupitz war Pionier der Kalidüngung und setzte sich für die Verbreitung der Gründüngung ein.

Gründung des Provisoriums der Deutschen Landwirtschafts-Gesellschaft

Trotz der nicht abreißenden Kritik wächst die Zahl der Mitglieder weiter und am 14. Mai 1884 findet wie geplant der Gründungstag des Provisoriums statt. Womit Eyth kaum gerechnet hat: Der Name der Organisation wird nicht Reichsverein lauten, sondern Deutsche Landwirtschafts-Gesellschaft.

„‚Reichsverein‘, das fühlte die Versammlung fast einstimmig, war viel zu kurz für eine so große Sache. Auch habe die alte Bezeichnung einen kleinen politischen Beigeschmack. Darin lag etwas Wahres, und daß man es fühlte und dagegen Verwahrung einlegte, freute mich. Es stimmte mit einem der gefährlichsten Grundsätze, die ich an den Mast der Barke genagelt hatte. Allerdings schied ich von meinem Reichsverein nicht ohne Wehmut und mußte eine halbe schlaflose Nacht lang mich üben, ehe ich Deutsche Landwirtschaftsgesellschaft ohne Stocken aussprechen konnte. Während der zweiten Hälfte erfand ich die Bezeichnung ‚D.L.G.‘ (sprich Deelge), was rasch Eingang fand, weil niemand merkte, wie englisch dies ist.“[12]

Am nächsten Tag findet im Zentralhotel in Berlin die konstituierende Hauptversammlung des Provi-

Albert Schultz-Lupitz – der Kainit-Apostel

Max Eyth nennt seinen Freund Albert Schultz-Lupitz (1831–1899) leicht spöttisch „Kainit-Apostel“. Ganz falsch ist dieser Beiname nicht, denn Schultz-Lupitz führte bereits in jungen Jahren auf seinem Gut Lupitz bei Klötze in der Altmark intensive Düngungsversuche durch, um die sandigen Ackerböden fruchtbarer zu machen. Erste Düngungsversuche machte er mit Stalldung und organischen phosphorsäurehaltigen Stickstoffdüngern (Peru-Guano und Knochenmehl). Darauf folgten Versuche mit dem Lupinenanbau (ab 1855) und der Mergeldüngung (ab 1866).

Wirklich erfolgreich waren jedoch erst Versuche mit der Düngung von Kainit und Phosphor. Schultz-Lupitz orientierte sich bei seinen Düngungsversuchen an der Düngelehre von Justus von Liebig. Unter Liebig- oder Lupitz-Düngung oder auch L-D-Düngung wurde das Düngeverfahren bald allgemein bekannt. Ab 1886 kombinierte Schultz-Lupitz die Kali-Phospor-Düngung mit dem Anbau von Stickstoff sammelnden Leguminosen, womit er großen Erfolg hatte. Schultz-Lupitz hatte entscheidenden Einfluss auf den erweiterten Abbau und die industrielle Herstellung von Kalisalzen.

1885, mit der Gründung der DLG, wurde Albert Schultz-Lupitz der engagierte Leiter der DLG-Düngeabteilung.

> » Ich hab's aufgegeben, den Menschen eine Grenze zu ziehen. «

soriums der DLG statt, an der rund 250 von 550 Mitgliedern teilnehmen. Das Grundgesetz (die Satzung der DLG) und die Geschäftsordnung werden angenommen, und auch der erste Präsident wird gewählt: Graf Stolberg-Wernigerode. In Zukunft werden die Präsidenten, die in erster Linie repräsentative Aufgaben haben, jährlich wechseln.

Das Provisorium der Deutschen Landwirtschafts-Gesellschaft ist nun arbeitsfähig, aber noch fehlen die selbst geforderten knapp 2.000 Mitglieder, bis die Gesellschaft offiziell als eingetragener Verein agieren kann. Daher ist es weiterhin eine der wichtigsten Aufgaben, weitere Mitglieder zu werben.

In kürzester Zeit bilden sich bereits die einzelnen Fachgebiete der DLG heraus, getragen von Persönlichkeiten wie Albert Schultz-Lupitz (1831–1899), der sich nach eigenen intensiven und erfolgreichen Düngungsversuchen als Mentor der Kainit-Düngung (ein Kali-Salz) hervortut und sich in den kommen-

Justus von Liebig lieferte die Grundlage für das neue Düngungsmanagement. Albert Schultz-Lupitz entwickelte dessen Lehre weiter.

Albrecht Thaer gründete Anfang des 19. Jahrhunderts auf Gut Möglin eine Lehranstalt für Landbau. Er gab auch Empfehlungen über den richtigen Einsatz von Landmaschinen, die er zum Teil selbst entwarf. (ganz rechts)

den Jahren als Leiter der Düngeabteilung der DLG Verdienste mit der Verbreitung moderner Düngeverfahren und des Zwischenfruchtanbaus erwirbt.

Im November 1884 kann das Provisorium der DLG das tausendste Mitglied werben. Andere Vereine von nationaler Bedeutung haben weitaus weniger. Und so wird das Murren der anderen Vereine, die das Entstehen der Deutschen Landwirtschafts-Gesellschaft misstrauisch verfolgen, allmählich lauter. Eyth beschreibt die Situation so: „In den Kreisen der reinblütigen Agrarier, der Wirtschaftreformer und der Kongressleute wird das Widerstreben lauter und zorniger. Es ist jetzt nicht mehr mit der Sache zu spaßen, heißt es dort, man muß den irregeleiteten Berufsgenossen, die ihr Heil in den kleinlichen Mitteln der Selbsthilfe suchen, klarmachen, dass sie im Begriff stehen, die wichtigsten Interessen ihres Standes preiszugeben. Wer dies nicht einsieht, ist unser Feind oder ein Verräter."[13]

Solche Sticheleien können jedoch die DLG in ihrer schon weit fortgeschrittenen Entstehungsphase nicht mehr bremsen. Auch als Provisorium ist sie bereits handlungsfähig – mehr als anderen lieb ist. Allerdings beschäftigt sich der junge Verein – vor allem Schultz-Lupitz und bald darauf auch Eyth – mit der Frage um Rabatte beim Kainit-Bezug, die ab einer bestimmten Abnahmemenge (im Sammelbezug für alle Vereinsmitglieder) von den Kali-

werken gewährt werden. Die Verhandlungen dauern Monate. Schließlich erkennen die Kaliwerke doch an, dass hinter der Deutschen Landwirtschafts-Gesellschaft große und vor allem fortschrittliche Betriebe stehen, die größere Mengen abnehmen – und so wird der Rabatt schließlich gewährt. Für die Mitglieder ist das eine wichtige Sache und für Eyth bedeutet der Erfolg, dass es sich für die Mitglieder auch finanziell auszahlt, der DLG anzugehören.

Derweil wächst die provisorische Deutsche Landwirtschafts-Gesellschaft weiter und weiter. Im Februar 1885 sind es bereits 1.400 Mitglieder. Bemerkenswert ist auch, dass sich Angehörige der verschiedenen politischen Lager einfinden, wie Max Eyth zu seiner großen Zufriedenheit feststellt. So kann die Gesellschaft nicht politisch festgelegt werden – sofern die Mitglieder sich an die Satzung halten und die DLG nicht als politische Plattform für ihre jeweilige Haltung missbrauchen.

Und noch eine Genugtuung erfährt Eyth, als der Congress deutscher Landwirthe die feindliche Haltung gegenüber der künftigen Deutschen Landwirtschafts-Gesellschaft aufgibt. Man habe die Ziele und Grundsätze der werdenden DLG anfänglich missverstanden, heißt es in einem Schreiben. Vielleicht hat sich aber auch die Einsicht durchgesetzt, dass es wenig Zweck hatte, gegen eine Organisation zu kämpfen, die jetzt schon mehr Mitglieder hatte als der Congress und die angesichts des Renommees der Mitglieder nicht weiter als Gegner gesehen werden durfte, wenn man sich nicht selbst ins Abseits stellen wollte.

Für Max Eyth geht einstweilen das Werben neuer Mitglieder weiter. Und hier ist er durchaus erfinderisch. Er fragt bei den Hochschulen nach den Namen der Absolventen der letzten zwanzig Jahre und erhält fast ausnahmslos positive Antworten – und viele Namen, die er persönlich anschreiben kann. Außerdem teilt er dem Präsidenten des Provinzialvereins der Rheinprovinz seinen Vorschlag mit, alle noch lebenden Mitglieder der früheren Ackerbaugesellschaft beitragsfrei als Mitglieder in die DLG aufzunehmen. Dafür solle das noch vorhandene Vermögen der Ackerbaugesellschaft, 22.000 Mark, an die DLG übergehen. Ein Vorschlag, der nach längeren Verhandlungen angenommen wird.

Im Mai 1885 erhält Max Eyth Besuch und ein Angebot, das – unabhängig von den Angelegenheiten der DLG – Eyth in die Lage versetzen konnte, Kolonialgeschichte zu schreiben. Der Besucher, Dr. Kohn-Martinikenfelde, hatte Eyths Wanderbücher gelesen und offenbar in ihm einen Mann gefunden, der für ein besonderes Vorhaben geeignet sei. Er solle sich mit seinem Freund, dem Justitiar des Hauses Bleichroth, in einer wichtigen Anlegenheit treffen. Aus reiner Neugierde sagte Eyth zu. Der Justitiar machte Eyth ein recht ungewöhnliches Angebot. Es gebe seit sechs Wochen eine Gesellschaft, die Lüderitzland, einen Küstenstreifen im afrikanischen Namibia, gekauft habe. Das Gebiet habe die Größe Deutschlands und die Gesellschaft verfüge über ein Vermögen von 800.000 Mark. Die Gesellschaft brauche eine kompetente Leitung, bestehend aus einem Finanzmann, einem Justitiar und einem Techniker. Letzterer könne Max Eyth werden. Diese drei sollten das neue „Königreich" von Berlin aus regieren und „seine Schätze flüssig machen". Diese Schätze sind unter anderem, wie aber erst einige Jahrzehnte später entdeckt wird, Diamanten. Doch das ahnte seinerzeit niemand. Eyth sagte dankend ab, da ein Techniker kaum aus der Entfernung von tausenden Kilometern ernsthaft arbeiten könnte. Gereizt hat Max Eyth die Aufgabe aber trotzdem, da er schreibt, dass er mit der Absage an die „Lüderitz-Gesellschaft" der DLG ein kleines, vielleicht sogar ein großes Opfer bereitet habe.

Erst später stellt sich dieses Angebot in einem ganz anderen Licht dar. Eyths früherer Besucher Dr. Kohn-Martinikenfelde ist nämlich ein bedeutender Düngerhändler in Berlin. Er betrachtet die Arbeit des DLG-Provisoriums recht skeptisch, da sie mit ihrer Einkaufspraxis die Preise drücke und an-

dere Kunden verärgere. Das Angebot, in die Leitung der Lüderitz-Gesellschaft einzutreten, hätte seinen Einfluss in der DLG schmälern können, vermutet Eyth. „Es wäre wirklich hübsch, wenn dies des Pudels Kern gewesen wäre", so sein Resümee.

Die Gründung der DLG in Berlin

Im September 1885 sind bereits mehr als die geforderten 2.500 Mitglieder für die offizielle Gründung der Deutschen Landwirtschafts-Gesellschaft beisammen und auch das finanzielle Polster von 54.000 Mark ist beruhigend. Für Max Eyth heißt es nun, sich zu entscheiden, wie er seine weitere Arbeit für die DLG ordnen will. Eines ist jedoch sicher: Von Bonn aus wird er die organisatorischen Aufgaben, die letztlich in Berlin zusammenlaufen, kaum erledigen können. Darum überlegt er auch nicht lange, als er vor der Entscheidung steht, nach Berlin zu ziehen. „Noch nie bin ich so nachdenklich in Bonn umhergelaufen wie in den letzten Tagen. Bis nach der Waldeinsamkeit von Heisterbach trieben mich die miteinanderringenden Gedanken. [...] Berlin; die Millionenstadt mit ihrem ertötendem Menschengewühl, mit ihren flachen, sandigen Hintergrund, mit der größeren Entfernung von meinen Schwaben [...]! Je näher mir der Gedanke rückt, um so weniger will er mir behagen."[14]

Lange kann sich Eyth diesen Gedanken jedoch nicht hingeben, weil ihn die Arbeit voll beansprucht. Auch vor der eigentlichen Gründung, die für Dezember 1885 geplant ist, ist die DLG bereits geschäftsmäßig aktiv – auch ohne Eyths Zutun. Die einzelnen Abteilungen wie die Düngeabteilung haben bereits wichtige Erfolge erzielt. Andere wollen diesem Beispiel folgen und rufen nach einer Saatgutabteilung, die den Landwirten reines Saatgut zur Verfügung stellen will. Er selbst, bekennt Eyth, verstehe von der Sache nichts. Aber das braucht er auch nicht. Denn sein Ziel ist die Organisation regelmäßiger Wanderausstellungen, die er als „Geschäftsführendes Mitglied des Direktoriums" ins Leben rufen will.

Eine solche Ausstellung ist für eine junge DLG ein Wagnis. Zunächst geht Eyth von Kosten in Höhe von 200.000 Mark aus, die in fünf Tagen wieder eingenommen werden müssen. Schon ein mehrtägiger Regen kann die Besucherzahlen so stark drücken, dass die Ausstellung ein finanzielles Desaster wird, wovon sie sich gerade in den Anfängen möglicherweise nicht erholen wird.

Dass solche Ausstellungen stattfinden sollen, steht jedoch außer Frage. Für weitaus mehr Er-

» Taten, keine Tinte! «

DLG-Ausstellung in Berlin im Jahr 1894. Die neue Ausstellungsordnung der DLG wurde von anderen Ländern übernommen.

Die Orte der ersten DLG-Ausstellungen

1887	Frankfurt/Main (49.900 Besucher)
1888	Breslau (49.300)
1889	Magdeburg (75.300)
1890	Straßburg/Elsass (102.000)
1891	Bremen (72.700)
1892	Königsberg (44.300)
1893	München (106.700)
1894	Berlin (156.000)
1895	Köln (56.100)
1896	Stuttgart-Cannstatt (114.700)
1897	Hamburg (168.500)
1898	Dresden (111.600)

(Besucherzahlen auf Hunderterstelle auf- oder abgerundet, Angaben nach Hansen/Fischer 1936)

staunen wird bei den zukünftigen Ausstellern und Besuchern das neue, moderne Ausstellungskonzept sorgen, das das Ausstellungswesen in Deutschland und im Ausland geradezu revolutionieren und viele Nachahmer finden sollte.

Max Eyth grenzte die DLG-Ausstellungen von den bisher bekannten Ausstellungen scharf ab. Das wahllose Allerlei, das sich den Besuchern auf den regionalen Ausstellungen darbot und eher an Märkte erinnerte, sollte ein Ende haben. Gerade bei den Maschinen war das Ausstellungswesen bisher unübersichtlich und das Niveau war eher niedrig.

Hier ist allerdings zu bedenken, dass die Landmaschinenindustrie als solche in Deutschland erst in den Anfängen begriffen war. Es gab zwar einige bekannte Hersteller, zum Beispiel von Bodenbearbeitungsgeräten, Drillmaschinen oder Dreschmaschinen, die Maschinen in Großserien bauten. Doch die Mehrzahl der Hersteller waren Kleinbetriebe und sogar Landwirte, die die Maschinen und Geräte einzeln fertigten.

Mit den neuen Maschinen- und Geräteprüfungen, die nach einem zuvor definierten Anforderungsprofil von geschulten Preisrichtern durchgeführt wurden, und der stark begrenzten Zahl von Preisen änderte sich das Niveau recht schnell.

Außerdem führte Eyth eine Schauordnung ein, die bestimmte, welche Geräte auf der Ausstellung präsentiert werden konnten. Dazu zählten in erster Linie die landwirtschaftlichen Geräte und Maschinen im engeren Sinn. Aber auch die nachgelagerte Technik, zum Beispiel für Brennereien, Mühlen, Tischlereien, konnte ausgestellt werden. Für diese Maschinen musste jedoch ein höheres Standgeld entrichtet werden.

Außerdem durften auf der Ausstellung keine Ma-

schinen vom Platz weg verkauft werden. Die Maschinen mussten vom ersten bis zum letzten Ausstellungstag auch dort verbleiben, um die Ausstellung nicht zu einem Markt verkommen zu lassen.

Weitaus schwieriger war die Tierschau zu organisieren, denn das Aufkommen war weit größer. Zudem war eine Infrastruktur notwendig, die Wasser und Futter bereitstellte, den anfallenden Dung täglich abtransportierte und Abnehmer für die Milch der Kühe sicherte. Die Milch einfach wegzukippen kam nicht in Frage.

Neben der peniblen Organisation der Ausstellung galt es, auch den Ort der ersten Ausstellung sorgfältig auszuwählen. Berlin sollte es nicht sein, weil nicht der Eindruck erweckt werden sollte, dass sich die DLG ganz auf die Hauptstadt konzentrierte („verberlinisiert") und dass andere Regionen Deutschlands abgekoppelt wären.

Derweil naht der Gründungstag der Deutschen Landwirtschafts-Gesellschaft. Kurz zuvor kann Max Eyth aber noch einen – nicht kleinen – Triumph für sich verbuchen, denn der Reichskanzler Otto von Bismarck ist Mitglied der DLG geworden. Und Eyth lernt weitere interessante Menschen kennen. So hat ihm bereits vor Monaten ein ihm unbekannter Sebastian Hensel aus Berlin geschrieben, der Sohn von Fanny Hensel, die wiederum die Schwester von Felix Mendelssohn Bartholdy war. Hensel habe Eyths Wanderbuch gelesen und wolle ihn unbedingt kennen lernen. Aus Zeitmangel ergibt sich aber von Eyths Seite keine Möglichkeit. Erst im November besucht er Hensel, „einen liebenswürdigen, in geistreichen Sprüngchen sich fast

Die Ausstellungen der DLG waren zwar meistens gut besucht, doch die Kosten wurden in den ersten Jahren kaum gedeckt (Berlin 1894).

Die Maschinen auf der DLG-Ausstellung entwickelten sich schnell zu Publikumsmagneten (Berlin 1894).

überstürzenden Herrn", der nur wenige Jahre älter als Eyth ist.

Bei dieser einen Begegnung bleibt es nicht. Vielmehr entwickelt sich daraus eine lebenslange Freundschaft, die nach dem Tod Hensels von dessen Tochter Lili (1864–1948) weitergepflegt wird.

Schließlich ist der Tag der DLG-Gründung da: der 11. Dezember 1885. Ganz ohne Irritationen und Diskussionen geht die konstituierende Versammlung der DLG jedoch nicht vonstatten. Als Präsident wurde, wie schon beim Provisorium der DLG, Graf Stolberg-Wernigerode gewählt, der sich aber Tage zuvor noch standhaft weigerte, für die Präsidentschaft erneut zur Verfügung zu stehen. Vorsitzender des Direktoriums wird Ökonomierat Kiepert, Noodt wird Schatzmeister. Max Eyth erhält die Position eines Geschäftsführenden Mitglieds des Direktoriums, ist aber auch stellvertretender Vorsitzender. Die Bezeichnung verschleiert allerdings, dass bei Eyth alle Fäden zusammenlaufen und er die maßgebende Persönlichkeit des Direktoriums ist – faktisch der Vorsitzende.

Außerdem steht die Frage an, ob die DLG eine eigene Zeitschrift gründet oder ob sie sich auf die Herausgabe eines Jahrbuchs beschränkt. Max Eyth ist vehement gegen eine Zeitschrift, die nur Papier produziere. Die „Vielschreiber", so Eyth, unter den DLG-Mitgliedern setzen sich für die Zeitung ein. Letztlich setzt sich Eyth

durch, allerdings mit einem Kompromiss. Es soll bei den Jahrbüchern bleiben. Daneben wird es die „zwanglosen Mitteilungen" geben, die sich aber ausschließlich mit der Arbeit der DLG befassen sollen. Später entwickelte sich aus den „Mitteilungen" dann doch eine regelmäßig erscheinende Zeitschrift, die bis heute existiert.

Für Diskussionen sorgte auch die Wahl des ostpreußischen Gutsbesitzers Rickert in den Ausschuss der DLG. Rickert zählte zu den „freisinnigen Politikern", die im Gegensatz zu den Konservativen standen. Was würde Bismarck denken oder Freunde, wenn ein Rickert im Ausschuss sitzt? Weil die Wahl aber abgeschlossen und ein

Von Max Eyth entworfenes Logo der Deutschen Landwirtschafts-Gesellschaft. Die Peitsche formt die Buchstaben DLG.

» Haben zündende Reden je etwas anderes gemacht als Strohfeuer angezündet? «

Sebastian Hensel – ein Freund

Der Bekanntenkreis von Max Eyth ist kaum überschaubar, doch die Zahl der Freunde ist klein. Einer von ihnen ist Sebastian Hensel (1830–1898). Eyth besucht ihn während seiner Berliner Zeit häufig in dessen Haus im Grunewald und pflegt mit ihm einen angeregten Briefwechsel.

Nach dessen Tod hält er den Kontakt zur jüngsten Tochter Lili, geboren 1864, aufrecht. Lili ist verheiratet mit dem Patentanwalt Alard Du Bois-Reymond (1860–1922), einen Sohn des berühmten Berliner Physiologen Emil Du Bois-Reymond (1818–1896). Sie ist Schriftstellerin und gibt später Eyths Bücher „Im Strom unserer Zeit" heraus. 25 Jahre nach Eyths Tod schreibt sie die Biografie „Max Eyth – Ingenieur, Landwirt, Dichter". Sebastian Hensel entstammt einer berühmten Familie. Der Vater Wilhelm Hensel war ein angesehener Hofmaler an der Akademie der Künste zu Berlin und war wegen seiner Porträts ein gefragter Künstler. Die Mutter Fanny Hensel (1805–1847) war die Schwester von Felix Mendelssohn Bartholdy. Ihr Großvater wiederum war der berühmte jüdische Philosoph Moses Mendelssohn. Wie ihr Bruder war Fanny musikalisch hochbegabt. Sie komponierte Klavierstücke, vertonte Lieder und spielte hervorragend Klavier. Ein Jahr nach der Heirat mit Wilhelm Hensel wird Sebastian geboren. Im Jahr 1847 stirbt Fanny Hensel überraschend an einem Gehirnschlag.

Wilhelm Hensel, der sich bisher nicht um den Verkauf seiner Bilder zu kümmern brauchte und auch die Erziehung Sebastians seiner vielbeschäftigten Frau überlassen hatte, ist mit der neuen Situation überfordert. Vier Jahre nach Fannys Tod verkauft er das Haus in Berlin und erwirbt ein landwirtschaftliches Gut in Groß-Barthen bei Königsberg. Sein Sohn Sebastian studiert Landwirtschaft und bewirtschaftet das Gut mit seinem Vater, der im Jahr 1861 stirbt. Sebastians Frau bringt in wenigen Jahren fünf Kinder auf die Welt: Fanny, Cecilie, Hugo Wilhelm, Kurt und die Jüngste: Lili.

1872 muss Sebastian Hensel den Hof jedoch aufgeben, da seine Frau das Klima nicht verträgt. Sie ziehen nach Berlin, wo er für eine Baugesellschaft arbeitet und dann sogar Direktor einer Hotelkette wird, zu denen der seinerzeit berühmte Kaiserhof zählt, in dem Max Eyth oft Gast war. Außerdem schreibt er eine sehr erfolgreiche Biografie über die Familie Mendelssohn. Sebastian Hensel stirbt in Berlin im Jahr 1898 im Alter von 68 Jahren.

Ausschluss kaum möglich war, wurde die Wahl auch von den Gegnern Rickerts akzeptiert und von Einzelnen sogar begrüßt, weil nun die ganze politische Bandbreite im DLG-Ausschuss vertreten sei. Das würde das Misstrauen gegenüber der DLG eher vermindern und der Sache der deutschen Landwirtschaft, um die es allen geht, fördern.

Viel Zeit zur Schriftstellerei blieb Eyth während der vergangenen Monate nicht. Aber ein Gedicht über die Gründung der DLG konnte er doch verfassen. Er trug es auf der Gründungsversammlung öffentlich vor. Die ersten Zeilen in freiem Vortrag, dann las er es aber aufgrund seiner Aufregung vor – er war, wie bereits erwähnt, kein großer Redner.

Sein oder nicht sein, das war die gewagte
Uralte Frage, die uns täglich nah.
Fast wie man einst das Eichenrauschen fragte,
So fragten wir, und unser Gott sprach: ja!
Gegründet ist's! Als Lohn für unser Wagen
Liegt heute Stein an Stein, dreitausend fast.
Gegründet ist es und bereit zu tragen
Der künftigen Jahrzehnte schwere Last.

Die Zeit ist ernst. Man spürt's wie Hagelschauer;
Aus Ost und Westen zieht es schwarz heran,
Und düster folgt der treue, deutsche Bauer
Der alten Furche, hinter dem Gespann.
Gewehr im Arm, sobald sich Trommeln rühren,
Stehst du wie eine Mauer, stolz und stramm;
Du weißt das Schwert so meisterlich zu führen,
Willst du den Pflug verlassen, deutscher Stamm?

Gegründet ist's! Geduld, es wird wohl steigen,
Ein wackrer Bau, der Heimat Schutz und Wehr.
Von seinen Zinnen wollen wir uns zeigen
Der bessern Zeiten frohe Wiederkehr.

Geboren ist's! Der Junge ist geboren!
Er kostete manch kleines Stoßgebet.
Fünftausend Augen hat, fünftausend Ohren
Er heute schon; er hört, er sieht, er steht!
So kommt heran, in frohen, hellen Hausen;
Er wird Euch dienen einst, Herrn und Gesind',
Geboren ist er! Auf denn, laßt uns taufen!
Der Himmel segne dieses Tages Kind!

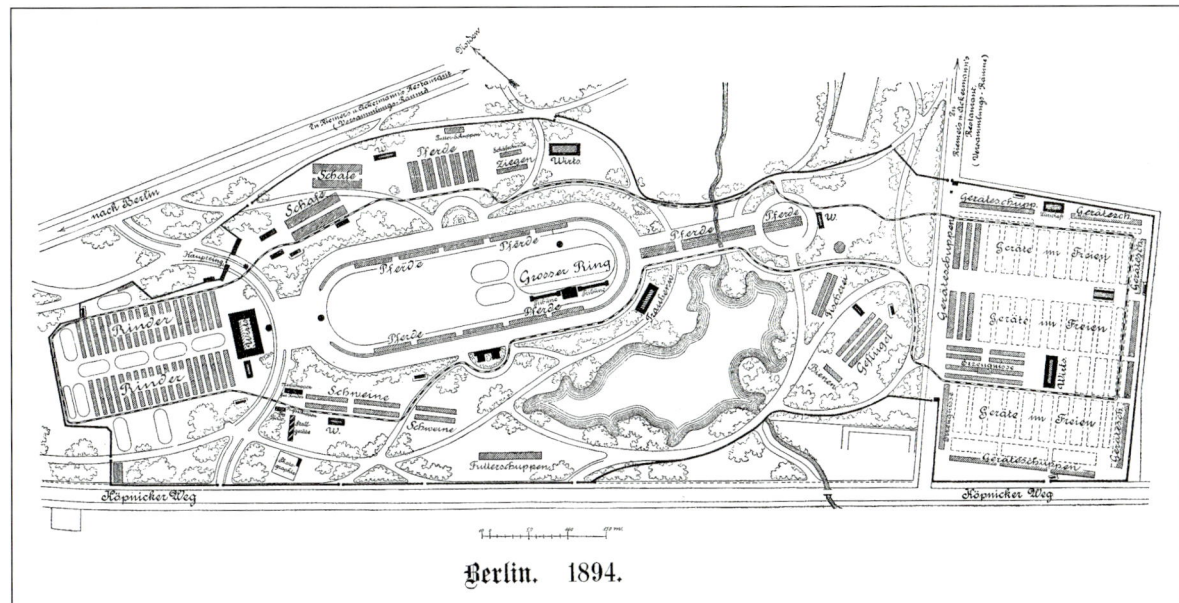

Berlin. 1894.

Die Wanderausstellungen werden geplant

Weil die Vorbereitung einer größeren Ausstellung, auf der in größerem Umfang Tiere und Maschinen gezeigt werden sollen, sehr aufwändig ist und viel Vorlauf benötigt, ist für das Jahr 1886 zunächst nur eine Versammlung nach dem Vorbild der Wanderversammlungen der Land- und Forstwirte geplant, die zuletzt 1872 stattgefunden hatte. Die nächste Versammlung soll im Juli in 1886 in Dresden stattfinden.

Die erste Versammlung der DLG ist ein gesellschaftliches Ereignis, das mit einem großen Empfang auf den Brühlschen Terrassen am Elbufer eingeleitet wird. Eingeladen sind Adjutanten des Königs, Minister, Bürgermeister und Vertreter städtischer Behörden und Vertreter landwirtschaftlicher Organisationen aus dem ganzen Reich.

An den Versammlungen selbst, die im Wesentlichen aus zahlreichen Fachvorträgen bestehen, nehmen fast 700 Besucher teil. Abends gibt es wieder Empfänge, zu denen dieses Mal die DLG-Mitglieder zu den Geladenen gehören. Es werden Festreden gehalten, Glückwünsche verteilt, Feuerwerke abgeschossen, Festlieder gesungen und viel getrunken. Die erste Wanderversammlung der DLG war ein voller Erfolg geworden – gute Voraussetzungen

für die nächste Versammlung in Frankfurt, die aber schon eher eine richtige Ausstellung werden soll.

Zunächst aber kann Max Eyth Urlaub machen. Von seinem alten Freund Schwarz aus Ruhrort wird er nach Schruns im Montafon (Österreich) eingeladen. Er macht lange Wanderungen und genießt die Ruhe und die Berglandschaft, nachdem er sich Monate davor körperlich und geistig verausgabt hatte. „Wie dort oben mit jedem Schritt die Brust weiter wird und die Seele freier, so dass sie zerfließen möchte in der großen Gotteswelt, hoch über der dunstigen Enge zu unsern Füßen."[15]

Max Eyth in den achtziger Jahren des 19. Jahrhunderts, während der Anfangsphase der DLG.

Die erste DLG-Ausstellung

Zurück in Berlin erwartet Max Eyth viel Arbeit zur Vorbereitung der DLG-Ausstellung in Frankfurt/Main. Bei mehreren Reisen nach Frankfurt überzeugte er zuvor die Vorsitzenden der örtlichen landwirtschaftlichen Vereine und auch den Oberbürgermeister Johannes Miquel.

Bei den weiteren Vorbereitungen wird Eyth auch vorgeschlagen, einen andern Namen für die Ausstellung zu suchen, etwa Landwirtschaftliches Fest. Aber das ist, so Eyth, das Gegenteil von dem, was er von der Ausstellung erwartet: „... harte, ehrliche Arbeit aller Beteiligten vom ersten bis zum letzten Tag."

Potsdamer Straße, Berlin (Max Eyth, 1893).

Der praktische Landwirt Wölbling war Geschäftsführer der DLG bis 1908.

Das Ausstellungswesen ist nach Eyths Meinung „gründlich verfault". Auf einer landwirtschaftlichen Ausstellung soll kein „Bilderrahmenhersteller seine Waren ausbreiten". Ausschließlich Nutzvieh, Landmaschinen und Geräte sollen auf der Ausstellung zu sehen sein. Im Maschinenwesen kennt Eyth sich zweifellos aus. Von Tieren aber hat er wenig Ahnung. Ein Glück für Eyth, dass sich Heinrich von Nathusius, der sich so lange geweigert hatte, der DLG beizutreten, nun tatkräftig mitarbeitet und alsbald sogar der erste Vorsitzende der Tierabteilung der DLG wird. Diese Position behält er bis zu seinem Tod im Jahr 1890 bei. Eyth ist auch fest entschlossen, eine weitere Position in der Leitung der DLG zu schaffen: die eines Geschäftsführers. Diese Position hat Eyth faktisch selbst inne, aber um sich von den alltäglichen, geschäftsmäßigen Tätigkeiten des Vereins zu entlasten, sucht er nach einer geeigneten Persönlichkeit, die diese Position übernehmen könnte. Auf einen Wink hin wird er auf den praktischen Landwirt Wölbling aufmerksam, der schon einen landwirtschaftlichen Verein geleitet hat und kürzlich nach Berlin gezogen ist. Zwar hat er bereits eine gut dotierte Stellung als Aufsichtsrat bei einer Hagelversicherung inne. Aber trotzdem kommt es zwischen Eyth und Wölbling zu einem ersten Gespräch. Eyth teilt ihm mit, dass er ihn zwar als Geschäftsführer der DLG gerne beschäftigen würde. Dafür müsse er allerdings den Aufsichtsratsposten bei der Versicherung aufgeben. Es dauert zwei Tage, dann sagt Wölbling zu, und er wird der erste Geschäftsführer der Deutschen Landwirtschafts-Gesellschaft – und bleibt es bis 1908.

Die Organisation der DLG-Ausstellung in Frankfurt tritt Ende des Jahres 1886 bereits in die entscheidende Phase, da der Ausstellungsplan ausgearbeitet werden muss. Die Ausarbeitung der Infrastruktur auf der Ausstellung gestaltet sich schwierig, da es bisher keine Erfahrung mit Ausstellungen dieser Art gibt. Müssen 100 oder 500 Pferde auf der Ausstellung versorgt werden, 300 oder 1.000 Rinder?

Wichtig ist Max Eyth auch, dass die Ausstellung am Abend vor der Eröffnung „bis auf den letzten

Nagel" fertig sein muss. Zu oft hat er auf den verschiedenen landwirtschaftlichen Ausstellungen und sogar auf Weltausstellungen gesehen, dass noch in den ersten Tagen nach der Eröffnung gehämmert und gezimmert wurde. Das soll auf einer DLG-Ausstellung nicht passieren.

Zwar erreicht Eyth mitten in der Organisation der Ausstellung aus Württemberg das Angebot für eine Reichstagskandidatur, doch Eyth entscheidet sich dagegen. Reichstagsabgeordnete sind, so Eyth, leicht zu finden, aber niemand, der „für die erste Ausstellung der D.L.G. [...] Rinderställe ausstecken würde".

Und damit hat Eyth zweifellos genug zu tun. Die Anmeldungen für die erste DLG-Ausstellung übertreffen seine Erwartungen. Auf der Tierschau hat er Platz für 900 Tiere, 1.300 sind bereits gemeldet. Auch Nathusius weiß keinen Rat, außer: „Ich bin neugierig, zu sehen, wie Sie aus dieser Fatalität herauskommen."

Und es treffen immer mehr Anmeldungen ein – auch noch nach dem Anmeldeschluss am 1. März, „unbekümmert darum, dass jeder Nachzügler meine schöne Platzordnung über den Haufen zu werfen droht. [...] Am schlimmsten: vorgestern beglückte uns das preußische Ministerium mit einer ‚Zuwendung' von 1200 Mark zu Preisen für gewisse Schafrassen, vierzehn Tage nachdem die Tür für dieselben schlossen worden war. Ein unerschütterliches Schlafhaubenvolk, meine lieben Landsleute! Drei Jahre lang haben wir ihnen auf den Schädel geklopft. Jetzt greifen sie da und dort nach dem Kopf und überlegen sich, was denn da oben schon wieder los sei."[16]

Für die erste Ausstellung zählt Ausstellungsleiter Eyth 180 Pferde, 800 Rinder, 500 Schafe und 300 Schweine. 97 Firmen wollen 2.000 Maschinen ausstellen. Weitere 100 wollen mit „noch ungezählten landwirtschaftlichen Erzeugnissen aller Art antreten".

Aber auch mit kleinsten Kleinigkeiten, die einem Außenstehenden nie einfallen würden, wird Eyth konfrontiert. Wie soll der Mist der Tiere, der an jedem der fünf Tage anfällt, täglich bis acht Uhr morgens fortgeschafft werden? Eyth stellt Anzeigen in die Zeitung, dass der Zentner Dung für einen Preis von dreißig Pfennig abgeholt werden könne. Die Reaktion ist allerdings, dass die dreißig Pfennig nicht der Abnehmer des Dungs, sondern die DLG zu zahlen habe. Eyth, einigermaßen fassungslos, kann die Entscheidung dieser Frage allerdings an Mitarbeiter delegieren.

Die Frage des Eintrittspreises ist dagegen schnell geklärt. Eyth schlägt vor, an den fünf Ausstellungs-

Verlustgeschäft DLG-Ausstellungen

Zur Überraschung aller erwirtschaftet die erste DLG-Ausstellung statt eines Verlusts einen Geldüberschuss – wenn auch nur die kleine Summe von 1.347 Reichsmark. Damit schien das hohe Eintrittsgeld für die DLG-Ausstellung im Nachhinein seine Rechtfertigung erhalten zu haben. Die Hoffnung, dass sich mit Ausstellungen Geld verdienen lasse, sollte in den nächsten Jahren jedoch nicht Wirklichkeit werden. Im Gegenteil: Bis zu Max Eyths letzter Ausstellung in Cannstatt 1896 hatte nur noch die Ausstellung in Magdeburg 1889 einen Gewinn von etwas über 10.000 Reichsmark eingebracht. In München 1893 kam die DLG mit einem leichten Minus von rund 1.900 Reichsmark davon. Alle anderen Ausstellungen waren große Verlustgeschäfte. Dabei reichte die Spanne der Kosten zwischen 34.500 Reichsmark (Straßburg 1890) und knapp 74.000 Reichsmark (Königsberg 1892).

In den nächsten Jahren und Jahrzehnten wurden zwar auch Ausstellungen mit Gewinn abgeschlossen. Bis 1933, als die letzte Ausstellung der DLG vor ihrer Auflösung stattfand, errechneten Hansen und Fischer jedoch, dass von 40 stattgefundenen Ausstellungen 24 mit einem Verlust abgeschlossen hatten.

tagen gestaffelte Eintrittpreise von drei, zwei und einer Mark zu nehmen. Der Finanzausschuss sieht das ganz anders. Wenn viele Besucher kommen sollen, dann dürfe der Einlass am ersten Tag allenfalls eine Mark betragen und an den folgenden Tagen fünfzig und dreißig Pfennige. Auf die Frage Eyths, wie viel Überschuss denn mit solchen Eintrittspreisen auf den vergangenen Ausstellungen erzielt wurde, kam heraus, dass nur Verluste eingefahren wurden. Damit erledigte sich dieser Punkt von selbst und Eyth konnte zufrieden sein.

Am 9. Juni 1887 öffnet die erste DLG-Ausstellung ihre Tore. Bei der Eröffnungsfeier hält zunächst der Präsident der DLG eine Rede über die Aufgaben der Ausstellung, „die landwirtschaftliche Arbeit in allen Gauen des Reichs durch das Zusammenführen und Vergleichen ihrer Leistungen zu fördern". Auch die Rede des Oberbürgermeisters fällt noch in das Prozedere des allbekannten Ausstellungszeremoniells, so Eyth. Aber trotzdem hat sich einiges geändert, zum Beispiel die Tierschau. Die Tiere werden nicht mehr als Gruppe eines einzelnen Betriebs vor-

>> Der Mensch gibt sich selbst auf, der die Hoffnung sinken lässt. <<

geführt, sondern jeweils in einheitlichen, vergleichbaren Gruppen mit Tieren verschiedener Besitzer. Auch die Bewertung der Tiere ist weitaus strenger, als es die Aussteller bislang gewohnt waren, was zu einigem Unmut und sogar zu Tumulten unter den Teilnehmern führt. Trotz alldem gehen die fünf Tage geordnet vorüber.

Die erste DLG-Ausstellung in Frankfurt hatte in den landwirtschaftlichen Kreisen nachhaltigen Eindruck hinterlassen. Mittlerweile hatte sich die Deutsche Landwirtschafts-Gesellschaft etabliert.

„Auch die allgemeine Organisation der Gesellschaft gewann an Festigkeit", so Max Eyth. „Es wurde bald eine nicht mehr schwierige Aufgabe unsre Jahrespräsidenten zu finden, und wir durften unbedenklich nach denjenigen greifen, deren Einfluß und Stellung in dem Gau der kommenden Ausstellung von höchster Bedeutung war. Der Großherzog von Oldenburg, Prinz Heinrich von Preußen, Prinz Ludwig von Bayern, Herzog Wilhelm von Württemberg, die Großherzöge von Baden und Hessen ehrten uns und sich mit der Übernahme der Vertretung der D.L.G. vor dem deutschen Volke."[17]

Obwohl Max Eyth ehrenamtlich tätig ist, ist sein Arbeitstag vollkommen ausgefüllt. Allerdings stellt sich doch mittlerweile eine gewisse Ordnung ein. Die Überbeanspruchung der ersten Jahre hat etwas abgenommen und er kann sein Leben in Berlin allmählich auch genießen. Er hält Kontakt zu Freunden, darunter zu Sebastian Hensel, dessen Familie er jetzt häufiger besucht. Im Herbst 1887 unternimmt Eyth jeden Morgen Spaziergänge im Tiergarten. „Es lässt sich mancherlei gegen Berlin sagen, aber Luft ist in seiner Umgebung noch zu finden, und in den Frühstunden da und dort ein Plätzchen, wo man nicht überfahren wird."[18]

Hier darf nicht vergessen werden, dass das Berlin der achtziger Jahre des 19. Jahrhunderts noch von Pferdedroschken bestimmt wird. Zwar hatte Carl Benz bereits 1886 sein erstes dreirädriges Automobil mit einem Zweitaktmotor der Öffentlichkeit vorgestellt. Und Gottlieb Daimler präsentierte im Frühjahr 1887 in Cannstatt erstmals seine Motorkutsche. Aber bis zur fabrikmäßigen Produktion von Automobilen mit vier Rädern sollte es noch einige Jahre dauern.

Obwohl Eyth der Großstadt gegenüber abgeneigt ist, nimmt er doch dankbar das kulturelle Angebot an. Er besucht Konzerte und das Theater, wobei ihm Letzteres allerdings weniger gefällt. Zu oft wird „kläglicher Blödsinn" gespielt. Und allgemein sei das Theater in Berlin harmloser als in London oder Paris. Alsbald arbeitet Eyth an der Ausstellung in Breslau. Einige Male hat er Breslau schon

besucht und die ersten Vorbereitungen getroffen. Im Frühjahr 1888 stellen sich jedoch Schwierigkeiten ein. Das ursprünglich geplante Ausstellungsgelände wird abgelehnt. Eyth sucht und findet ein neues. Dann schießt der Vorsitzende des örtlichen landwirtschaftlichen Vereins, Ökonomierat Korn, quer und macht gegen die DLG-Ausstellung Stimmung – eine gefährliche Situation, erkennt Eyth. Und fast schlimmer als alles andere: Das Anmeldeaufkommen ist nach Ablauf der Frist wesentlich schlechter als in Frankfurt. Nach einem klärenden Gespräch mit Ökonomierat Korn und dem Hinweis, dass eine Blamage der DLG-Ausstellung auch ein schlechtes Licht auf den landwirtschaftlichen Verein in Schlesien werfe, kann die Situation bereinigt werden. Und kaum acht Tage später ist die DLG-Ausstellung „von der größten Rinderausstellung bedroht, die Deutschland je gesehen hat". Insgesamt wird die Ausstellungsfläche fast doppelt so groß wie in Frankfurt. Allerdings muss Max Eyth auch einen Kompromiss eingehen, der ihm schwer fällt. Aus Rücksicht auf den Breslauer Maschinenmarkt verzichtet Eyth auf eine eigene Ausstellung von Maschinen und Geräten.

Dafür arbeitet er aber intensiv an den Vorbereitungen von Prüfungen, die während der Ausstellung stattfinden sollen, darunter eine Prüfung von „Düngerstreumaschinen". Die letzten Wochen werden dann trotz der Erfahrungen aus der DLG-Ausstellung in Frankfurt sehr anstrengend.

Die Breslauer Ausstellung wird längst nicht von der positiven Stimmung getragen wie in Frankfurt – und auch in der Kasse steht am Ende ein Minus.

Dennoch gehen die Arbeiten der Deutschen Landwirtschafts-Gesellschaft stetig voran. Max Eyth ist zwar im praktischen Sinne wesentlich mit der Organisation der DLG-Ausstellungen befasst. Auch nach den Schwierigkeiten in Magdeburg (vor allem wegen des Regens) kann die Ausstellung noch erfolgreich abgeschlossen werden. Allerdings sieht es Eyth auch als seine Aufgabe an, die Aktivitäten der DLG in Bewegung zu halten. Es gibt sogar Stimmen, die gegen die Weiterführung der Ausstellungen sind, die Eyth jedoch abwehren kann.

Eigentlich will er sich allmählich aus dem aktiven Geschäft zurückziehen. Doch immer noch gibt es innerhalb der DLG Stimmen, die für eine andere Ausrichtung der DLG plädieren. Auch außerhalb, in den Regionen der einzelnen Länder, gibt es noch landwirtschaftliche Vereine, die mit der Art der Prüfungen der DLG nicht einverstanden sind. Eyth hat reichlich damit zu tun, immer wieder das Selbstverständnis der DLG zu verdeutlichen – auch in Bezug auf die Preisrichter. Eyth zeigt sich hier keinesfalls immer kompromissbereit, vielmehr vertritt er seinen Standpunkt, wenn es sein muss, auch mit „starken Worten".

Bezogen auf die ersten Ausstellungen äußert sich Eyth kaum zu den ausgestellten Maschinen, die zwar vertreten sind (auch Fowlers Dampfpflüge), aber sie nehmen im Vergleich zur Tierschau einen eher geringen Platz ein.

Eine Daueraufgabe ist dagegen die Düngerfrage, die sich letztlich immer um den Preis dreht. Schultz-Lupitz hat wegen des Kalidüngers schon reichlich Erfahrung in der Diskussion mit den „Kalibaronen". 1889/90 beginnt die gleiche Auseinandersetzung um die phosphorhaltige Thomasschlacke, ein Abfallprodukt aus der Gussstahlherstellung. Hier haben sich die Hersteller des Thomasmehls zu einer Art Kartell verbunden, um sich gegen sinkende Preise für Thomasmehl zu wehren.

Die DLG verjüngt sich

Die weiteren Ausstellungen (Straßburg und Bremen) laufen schon nach gewohntem Muster ab, wenn auch jeweils mit ihren eigenen Schwierigkeiten. 1892, fast sieben Jahre nach Gründung der DLG, ergeben sich allerdings auch Änderungen in der Leitung der DLG. Nachdem Heinrich von Nathusius als Leiter der Tierabteilung bereits zwei Jahre zuvor einem Schlaganfall erlegen war, stirbt Anfang 1892 der Vorsitzende Adolf Kiepert nach langer Krankheit im Alter von siebzig Jahren.

Max Eyth sucht einen Nachfolger für den Vorsitz der Maschinenabteilung, den er „nebenbei" innegehabt hat. „Frisches Blut" brauche die Leitung der DLG. Das heißt vor allem, dass nach jüngeren Persönlichkeiten gesucht wird, die in die Arbeit der DLG hineinwachsen. Eyth sucht schon lange nach Entlastung und will auch seinen Abschied aus der Leitung der DLG einleiten. Doch dies wird noch einige Jahre dauern.

Nachdem enge Mitarbeiter aus den Anfängen der DLG gestorben waren, bahnt sich ein Streit mit einem anderen an. Albert Schultz-Lupitz, der stets engagierte Vorsitzende der Düngerabteilung, strebt allmählich eine selbstständige Düngergesellschaft an. Größere Eigenständigkeit sucht er bereits in der freien Verfügbarkeit der finanziellen Mittel zu erlangen. Hier gerät er allerdings in Konflikt mit seinem Freund Max Eyth. In einer gemeinsamen Sitzung des Direktoriums der DLG und des Ausschusses der Düngeabteilung kann Eyth die Separationsbemühungen der Düngeabteilung gegen Schultz-Lupitz abwehren. Allerdings ist das Verhältnis zwischen Eyth und Schultz-Lupitz von da

Als Nachfolger von Ökonomierat Adolf Kiepert wurde Bernd von Arnim im Jahr 1892 zum DLG-Vorsitzenden gewählt.

an getrübt. Aber Eyth kann schon einige Früchte seiner Arbeit ernten. Akademisches Gehabe ist ihm zwar ein Gräuel, aber er freut sich über öffentliche Anerkennung. Der Großherzog von Baden hatte ihm bereits den Zähringer-Orden verliehen, der Kaiser den Preußischen Kronenorden dritter Klasse – und das waren nur zwei Orden von vielen anderen. Jetzt, 1892, wird ihm auch ein Titel verliehen: Geheimer Hofrat. Der Titel erfüllt ihn zweifellos mit Stolz, wenn auch mit bescheidenem. Sein Kommentar: „Noch heute, nach vierzehn Tagen, kämpft in meinem Innern edler Stolz mit peinlicher Verlegenheit: das Gefühl des kleinen Jungen, der zum erstenmal in Hosen spazieren geht."[19]

Doch der neue Titel hält ihn nicht von der täglichen Arbeit ab. 1882 und 1893 finden die DLG-Ausstellungen in Königsberg und München statt. 1894 folgt die Ausstellung in Berlin, bei deren Vorbereitung Eyth durch die Querelen mit dem Kali-Syndikat abgelenkt wird, was umso ungünstiger ist, da Schultz-Lupitz aufgrund einer Lebererkrankung kaum noch arbeitsfähig ist. Es kommt schließlich doch noch zu einer Einigung, die den Kali-Preis für die DLG-Mitglieder für die nächsten fünf Jahre festlegen soll.

Die Berliner DLG-Ausstellung, bislang die größte, verregnet leider, was sich auf eine solche Veranstaltung immer negativ auswirkt. Aber das sind die nicht eigentlichen Bedenken, die Eyth umtreiben. Sein Assistent, der sich um die technischen Prüfungen auf der Ausstellung kümmern sollte, erweist sich als immer unzuverlässiger, sodass Eyth die Auf-

Eröffnung der Wanderausstellung in Berlin 1894. Neben Max Eyth befindet sich Prinz Heinrich von Preußen, der damalige DLG-Präsident, auf dem Podium.

Andenken an den verstorbenen Max Eyth auf einer DLG-Ausstellung.

Motortragpflüge sind im zweiten Jahrzehnt des 20. Jahrhunderts auf den DLG-Ausstellungen ebenso präsent wie Dampfpflüge.

gaben selbst übernehmen muss. Die zusätzliche Belastung veranlasst ihn dazu, einen Rückzugsplan zu entwerfen. Drei Jahre noch, bis zur Stuttgarter Ausstellung, will er der DLG dienen. Danach will er in aller Stille ausscheiden.

Dass es immer noch nicht selbstverständlich ist, dass die DLG in ganz Deutschland angenommen wird, zeigt sich auf der nächsten Ausstellung in Köln 1895. „Der schwärzere, katholische Teil der ländlichen Bevölkerung weigerte sich, mitzumachen", so Eyth. Seine Vermutung ist, dass sie die DLG-Ausstellung, die von Berlin aus organisiert wird, für eine „liberal-protestantisch-preußische" Veranstaltung halten. Möglich ist aber auch, dass sich der Kulturkampf zwischen der katholischen Kirche und der Reichsregierung noch ausgewirkt haben mag, der, obwohl offiziell beendet, noch im Bewusstsein der katholischen Bevölkerung vorhanden war. Wie auch immer – Tatsache ist, dass nur 56.000 Besucher zur Ausstellung nach Köln kamen und – wieder einmal – ein saftiger Fehlbetrag in der Kasse zu verzeichnen war.

Der Abschied kündigt sich an

Im Herbst 1895 ergeben sich weitere Änderungen. Die Mitglieder des Direktoriums plädieren in der Mehrzahl für den Umzug in ein eigenes Haus. Zu einem Neubau, den Eyth missbilligt, kommt es zwar nicht. Doch der Umzug von der Zimmerstraße in ein neues, aber gemietetes Haus in der Kochstraße, in der Mitte Berlins, wird beschlossen und bis zum Herbst vollzogen. Auch nach langer Suche findet sich wider Erwarten kein neuer Assistent für Max Eyth. Nun wollen die übrigen Direktoriumsmitglieder Eyth diese Aufgaben abnehmen. Der Geschäftsführer Wölbling übernimmt zusätzlich das Ausstellungswesen. Und Eyths bisheriger „technischer Hilfsarbeiter" Schilling ist für den Aufbau der Ausstellungen zuständig. Aber auch eine Persönlichkeit für die „repräsentative Seite der Ausstellungsvorbereitungen" wird gesucht. Die Wahl fällt auf den 56-jährigen Generalmajor von Holleben. Allmählich nimmt der Abschied Eyths von der DLG Form an.

Im März 1896 hält Eyth bei einer der Direktoriumssitzungen bereits seine Abschiedrede und im Juni ist die letzte DLG-Ausstellung in Cannstatt bei Stuttgart unter Mitwirkung Eyths zu Ende gegangen. „Nun ist's vorbei, und ein heißes, sonniges, glänzendes Ende ist es gewesen, trotz allem Vorangehenden. Sicher ist auch, dass ich die letzten vierzehn Jahre meines Lebens nicht verloren habe."[20]

Max Eyth plant nun, bevor er offiziell Abschied von der Deutschen Landwirtschafts-Gesellschaft nimmt, einen Urlaub im Engadin. Doch es kommt anders. Am 1. August wird er von der Familie nach Herrenalb im Schwarzwald gerufen. Der gesundheitliche Zustand seiner Schwester Julie hatte sich während einer Kur so sehr verschlechtert, dass mit ihrem Tod zu rechnen sei. Julie Eyth stirbt zwölf Tage später und wird auch in Herrenalb begraben.

Für Max Eyth beginnt im September der Abschiedsmarathon. Das Direktorium der DLG lädt ihn zu einem Abschiedsessen ins Savoyhotel ein, an dem rund fünfzig Persönlichkeiten der DLG aus ganz Deutschland teilnehmen. Der Vorsitzende der DLG Bernd von Arnim hält eine „Trauer- und Festrede". Von überall her kommen freundliche Abschiedsworte. Während der letzten Direktoriumssitzung erhält Max Eyth die goldene Denkmünze der DLG. Für Eyth sind es auch die letzten Tage in Berlin. Er wird zurück nach Württemberg ziehen, in die Nähe seiner Mutter.

Er kann sich auch noch von seinem schwerkranken Freund Sebastian Hensel verabschieden, ein Abschied „auf Leben und Tod". In den letzten Septembertagen tragen Möbelpacker 36 Holzkisten aus Eyths Wohnung hinunter und verstauen sie zusammen mit dem Flügel, den Eyth von der DLG im Andenken an den zehnjährigen Stiftungstag der DLG 1894 geschenkt erhielt, in drei Möbelwagen.

Mit einem Abschiedsessen, das Max Eyth in einem Restaurant Unter den Linden seinen engen Mitarbeitern und Freunden gibt, nimmt er endgültig Abschied von der DLG und von Berlin.

Max Eyth (dritter von links) auf einer Sitzung des Direktoriums der DLG.

DLG-Stand der Firma R. Wolf aus Buckau bei Magdeburg.

Im Hintergrund der Messestand der Motorenfabrik Deutz. Verbrennungsmotoren lösen die Dampftechnik allmählich ab.

Literarische Ernte – Die letzten Jahre

Rückkehr in die schwäbische Heimat

Über zwölf Jahre hat Max Eyth in Berlin gelebt und gearbeitet. Aber nie stand für ihn in Frage, dass er nach dem Abschied von der DLG im Oktober 1896 in seine schwäbische Heimat zurückkehren würde. So findet er Abstand von der 14-jährigen Tätigkeit für die Deutsche Landwirtschafts-Gesellschaft – und er genießt es, die Stätten seiner Kindheit und Jugend zu besuchen.

Ein wichtiger Grund für den Umzug ist auch, dass er in die Nähe seiner 80-jährigen Mutter Julie will, die mittlerweile in Neu-Ulm wohnt. Ihr Sohn Max und die Kinder ihrer Tochter Julie sind ihre nächsten noch lebenden Familienangehörigen.

Max Eyth ist 60 Jahre alt, als er in seinen letzten Lebensabschnitt eintritt. Hat er schon wieder Pläne? So wie vor über 14 Jahren, als er fest entschlossen war, ein „Experiment" zu wagen: die Gründung einer landwirtschaftlichen Gesellschaft?

Damals legte er die 22 Skizzenbücher, die er in 30 Jahren gefüllt hatte, an die Seite. Zur Ausführung einiger Bilder, die es lohnten, fehlte ihm während der DLG-Zeit die Muße. Und den Gedanken, „ein großes Werk über landwirtschaftlichen Maschinenbau" zu schreiben, hat er ebenfalls nicht wieder aufgegriffen. Jetzt aber haben sich die Voraussetzungen geändert. Er wird wieder mehr schreiben und malen. Aber er will sich auch um seine Mutter kümmern, die von einer Hauswirtschafterin in ihrer Wohnung in Neu-Ulm betreut wird.

Max Eyth arrangiert sich. Er richtet sich selbst eine Wohnung in Ulm ein. Dort, auf dem Michelsberg, kann er gen Süden auf das mittelalterliche Zentrum der Stadt hinabsehen, das von dem mächtigen Münster beherrscht wird. Die Wohnung auf dem Michelsberg nennt er seinen „Athos", seinen „Heiligen Berg", angelehnt an den über 2.000 Meter hohen Berg Athos mit dem Kloster auf der Chalkidike-Halbinsel in Griechenland. In dieser Wohnung richtet er – in gewollter klösterlicher Abgeschiedenheit – sein Arbeitszimmer mit zahlreichen, prall gefüllten Bücherregalen ein. Auch der Flügel, den er von der Deutschen Landwirtschafts-Gesellschaft geschenkt erhielt, findet hier seinen Platz.

Der Tagesablauf ist straff geordnet, obwohl (oder gerade weil?) er alleinstehend ist. Er steht um sechs Uhr in der Frühe auf, beschäftigt sich mit Bibel und

Mit 60 Jahren nahm Max Eyth Abschied von Berlin und zog nach Ulm in die Nähe seiner Mutter.

Tagebuch; Frühstück gibt es um acht. Den „Athos", sein Arbeitszimmer, besteigt er um neun. Von zwölf bis zwei ist Mittagspause. Das Mittagessen nimmt er mit der Mutter ein. Dazu verlässt Max Eyth sein Haus, um zur Wohnung der Mutter nach Neu-Ulm zu gehen. Von zwei bis sechs (oder sieben Uhr) arbeitet er wieder in seiner Wohnung. Danach geht er zurück zur Wohnung der Mutter zum Abendessen. Auch den Abend verbringt er oft zusammen mit der Mutter und ihrer Pflegerin Emma Heintzeler, wobei zur Unterhaltung vorgelesen wird. Gelegentlich geht Eyth auch abends in die Wirtschaft.

Acht Jahre, bis zum Tod der Mutter, wird sich dieser Tagesrhythmus nicht ändern – sofern Max Eyth in Ulm weilt und nicht auf Reisen ist. Der Gesundheitszustand der Mutter verschlechtert sich mit den Jahren weiter. Doch ernsthafte Krisen, die Max Eyth schon Jahre früher ihren Tod befürchten ließen, übersteht sie immer wieder und lebt noch Jahre weiter.

Das Verhältnis zwischen Mutter und Sohn war über alle Jahrzehnte hinweg durchaus herzlich. Zwar gibt es keine direkten Äußerungen Eyths über das Verhältnis zur Mutter, aber der Inhalt der Briefe lässt keinen anderen Schluss zu. Gelegenheit zu Auseinandersetzungen haben die beiden auch kaum gehabt. Denn seit der Schüler Max das Kloster Schöntal verließ und zur Polytechnischen Schule nach Stuttgart wechselte, war er ihrer Obhut entrissen und fortan bestand ihr Kontakt aus einem regelmäßigen Briefwechsel.

Die Briefe der Jugendzeit wirken besonders herzlich und in ihrem Gestus rückhaltlos offen. Die Mitteilsamkeit des jungen Eyth gegenüber den Eltern ist geradezu erstaunlich. Die Briefe lesen sich überaus unterhaltsam. Sie sind nicht selten in Inhalt und Form von romantischem Überschwang getragen, der aber immer wieder durch ironische Bemerkungen über die eigene Kühnheit des Formulierungsrauschs relativiert wird. Es scheint, als sei der junge Eyth noch von der künstlich erregten Briefsprache des Sturm und Drangs und den Romantikern beeinflusst. Emotionen werden hier oft durch Sprache und Wortwahl verstärkt. Zudem haben wir es schon bei dem jungen Eyth mit einem besonders gewandten Briefschreiber zu tun. So erscheint das Verhältnis zu den Eltern zwar von Respekt getragen, aber auch geradezu übernatürlich herzlich zu sein. Berücksichtigt man aber den Briefstil jener Epoche und die Fabulierlust des Schülers Max, dürfen wir von einer „normalen" Zuneigung zu den Eltern ausgehen. Schließlich ist Max Eyth nach der Schulzeit kein Nesthocker, der in der Nähe der Eltern bleiben möchte. Im Gegenteil – es zieht ihn in die Welt. Dass Max Eyth, sobald er die Eltern verlassen hat, nun mit großer Regelmäßigkeit Briefkontakt zu ihnen hält (und der von beiden Seiten gepflegt wird), ist durchaus ungewöhnlich. Aber hier ist natürlich auch festzustellen, dass sich der Briefstil sehr schnell wandelt. Der emotionale Drang und die kecken Formulierungen werden abgelöst von einem eher nüchternen Erzählen, das aber regelmäßig – wenn die erzählte Situation danach ist – von trockenem Humor und Ironie durchbrochen wird.

Das Verhältnis zu den Eltern, speziell zur Mutter, ist nicht das Thema der Briefe, so wie sie im „Wanderbuch eines Ingenieurs" in den siebziger Jahren des 19. Jahrhunderts und später in dem dreiteiligen Band „Im Strom unserer Zeit" herausgebracht werden. Und so erfahren wir nichts mehr über die Beziehung von Max zu seinen Eltern. Erst spät, in seinen Tagebucheintragungen der neunziger Jahre, sind knappe Formulierungen zur Mutter zu finden, die aber meist nur ihren körperlichen Zustand beschreiben. Einmal nur schreibt Eyth über die „krankhafte Anhänglichkeit" der Mutter an ihn, die ihn offensichtlich belastet. Vielleicht drückt sich darin die Liebe der Mutter aus, die ihren Sohn nach über 40 Jahren wieder in ihrer Nähe weiß und ihn auch nicht mehr verlieren will, nachdem der Ehemann und zwei ihrer Kinder bereits gestorben sind.

Das Rathaus von Ulm wird in Eyths Roman „Der Schneider von Ulm" häufig erwähnt.

Das Ulmer Münster hatte Max Eyth von seiner Wohnung auf dem Michelsberg im Blick.

Bereits in den siebziger Jahren des 19. Jahrhunderts erschienen die redigierten Briefe von Max Eyth an seine Eltern in einer Buchreihe.

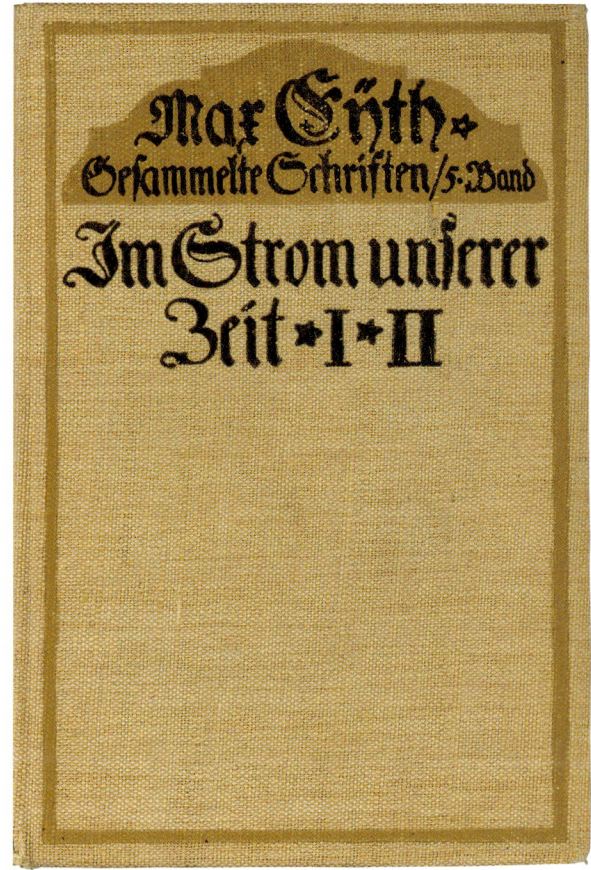

Max Eyth kürzte das „Wanderbuch eines Ingenieurs" selbst ein und brachte es in dem dreibändigen Buch „Im Strom unserer Zeit" neu heraus.

Im Wald

Maienluft, wie fröhlich dringst
Du durch Tal und Schluchten wieder!
Lerche, o wie jauchzend singst
Du mir deine alten Lieder!

„Wachet auf, ihr Blättlein all!"
Und sie regen sich im Keimen,
Lauschend halb der Nachtigall,
Halb noch tiefen Winterträumen.

Und die Äuglein öffnen sich,
Neckisch in die Welt zu schauen,
Äuglein schon so inniglich
Mit des Tales grünen Auen –

Kosen mit dem lieben Wind,
Der sie fächelt und sie kühlet; –
Keines ahnt noch, wie geschwind
Er das gelbe Laub zerwühlet.

(aus: Max Eyth „Feilspäne", Gedichtzyklus)

Der Dichteringenieur

Beschäftigt ist Max Eyth auch im Ruhestand allemal. Er ordnet seine über 1.000 Skizzen, die akkurat in Mappen und Schränken untergebracht sind. Aber weit mehr noch sind seine Arbeitsstunden von nun an ausgefüllt mit dem Verfassen von Vorträgen und mit schriftstellerischer Arbeit.

Teilt man Eyths Leben in grobe Abschnitte ein, liegt man nicht ganz falsch, wenn man nach der Jugend- und Ausbildungszeit die Arbeit für Kuhn und Fowler anführt, dann die Ära der DLG-Gründung und ihrer Konsolidierung und schließlich den letzten Lebensabschnitt als Schriftsteller. Doch beim letzten Punkt dürfen Zweifel angemeldet werden. Denn Max Eyth war stets Ingenieur und Schriftsteller.

Seine Neigung zur Technik mag mit dem „Tapp tapp" des Eisenhammers in Ernsbach, den er als knapp Zehnjähriger gehört hatte, geweckt worden sein. Aber er hat auch schon früh Gedichte geschrieben. Und während seines Studiums an der Polytechnischen Schule schrieb er die umfangreiche Erzählung „Mönch und Landsknecht", die erst 30 Jahre später gedruckt und veröffentlicht wurde. Da war bereits das mehrbändige Werk „Wanderbuch eines Ingenieurs" erschienen, eine Sammlung seiner Briefe an die Eltern, die sein Vater bereits in den siebziger Jahren sukzessive herausgab.

Wie schwer ihm das Schreiben fiel, wie mühsam er das Dichten fand, teilt Max Eyth nicht mit. Fest steht jedoch, dass ihm die Poesie ein Bedürfnis war. Seine Lust am Fabulieren ist deutlich in seinen Briefen an die Eltern und in seinen Schulaufsätzen zu erkennen. Und er selber bekennt, dass ihm das Dichten nach dem Antritt seiner ersten Arbeitsstelle bei der Firma Göbel ein Trost war und dass ihm das Dichten über die harte Arbeit hinweghalf. Sogar während der Arbeit „schmiedete" er Verse, die in dem Zyklus „Lieder am Schraubstock" zusammengefasst sind. Diese Gedichte thematisieren die Welt des Handwerks und die Veränderung der Welt durch die Industrialisierung und weisen auf die Mühsal der Arbeit hin.

Die Technik in der Literatur

Zu den frühen Werken Max Eyths gehören unter anderem die Erzählungen „Die ersten Tanzschuhe" (1855), „Schlehen" und „Der Invalide" (1859), „Madonna", das Lustspiel „Der Waldteufel" und das historisch-romantische Gedicht „Volkmar". Doch diese Werke thematisieren noch nicht die Welt der Technik, der Max Eyth, wie er später sagte, einen Platz in der Literatur sichern will. Als junger Mann konnte er sich diese Aufgabe noch gar nicht stellen, weil er selbst erst kaum mit der rauen Wirklichkeit des Arbeitslebens und mit der Industrie in Kontakt gekommen war. Bemerkenswert ist jedoch, dass er, als er in die neue Welt eingetreten war, sie auch gleich literarisch verarbeitet. Das ist durchaus ungewöhnlich, denn Technik und Wissenschaft waren bis weit in das 19. Jahrhundert hinein kein Gegenstand der Literatur. Technik war, obwohl unübersehbar, für die Literatur etwas Nebensächliches, das keinen literarischen Stoff hergab. Weder die Erfindung des Buchdrucks im 15. Jahrhundert noch die ersten Erfolge in der Ballonfahrt mit der Montgolfiere im 18. Jahrhundert fanden literarischen Niederschlag. Selbst Goethe und Schiller, die das Zeitalter der Dampfmaschine erlebten, nähern sich dem Fortschritt mit mystischer Befangenheit. Schiller: „Wohltätig ist des Feuers Macht, Wenn sie der Mensch bezähmt, bewacht." Gerade bei Goethe ist die Distanz erstaunlich, da er an den Naturwissenschaften so interessiert war und selbst wichtige Beiträge dazu lieferte.

In Ansätzen geändert hat sich die Sicht auf die neue Technik in der ersten Hälfte des 19. Jahrhun-

derts, als die ersten Dampfschiffe auf den Flüssen unterwegs waren und in den dreißiger Jahren die Eisenbahn in Deutschland eingeführt wurde. Vor allem die Eisenbahn war es, die die Gedanken der Schriftsteller bewegte, fuhr sie doch – schwarz aus dem hohen Schornstein qualmend – weit sichtbar durch die Landschaft, die sonst nur von Pferden und Kutschen durchquert wurde.

Und der Fortschritt kommt bei den Dichtern keineswegs immer gut weg. Oft herrscht Skepsis vor; zum Beispiel, wenn Justinus Kerner dichtet: „Dampfschnaubend Tier! Seit du geboren, die Poesie des Reisens flieht …" In Lyrik und Prosa ist bildreich die Rede vom Dampfross, dem Feuerdrachen und der Eisenschlange. Christian Dietrich Grabbe beschreibt Dampfschiffe als schwarze Schwäne und schwimmende Vulkane.

Aber auch positiv gestimmte Beispiele gibt es, unter anderem von Anastasius Grün:

„… Ihr sollt nicht rasten,
Daß fürder Mensch nicht Menschen knechten möge,
Geh', Feuer du, und trage deine Lasten!
Leb', Eisen du, und wandle deine Wege …"

In diesen Versen deutet sich ein Wandel bei der Beurteilung des Fortschritts an, dem Max Eyth sich später gedanklich anschließt, als er behauptet, der

Eyths Skizze des Zeppelin-Luftschiff-Hangars am Bodensee.

In einem Brief an Ferdinand Graf von Zeppelin äußerte sich Max Eyth skeptisch über den Erfolg des Luftschiffs.

Dampfpflug befreie Millionen Ochsen und Menschen von der schweren Arbeit des Pflügens. Weitergehende Gedanken zu sozialem Fortschritt in der Gesellschaft finden wir bei Eyth kaum. Aber dass der Fortschritt dem Menschen dient, davon ist Max Eyth überzeugt, und dies gibt seiner Arbeit als Ingenieur einen Sinn.

Als Max Eyth geboren wurde, gab die Neuromantik in der Literatur noch den Ton an. Es galt das „subjektive Bildungsideal der harmonischen Ausbildung aller Fähigkeiten". Das änderte sich ab der Mitte des 19. Jahrhunderts. Nun wandelte sich die Haltung zu einem „Ideal der Tat, des Dienstes am Ganzen einer größeren Gemeinschaft" (Heege, 1928). Dieser Wandel ist im schriftstellerischen Werk Max Eyths geradezu exemplarisch nachvollziehbar.

Wanderbuch eines Ingenieurs

Der Wandel von der Romantik zum Realismus vollzog sich bei Max Eyth sehr schnell und war mit dem Abschluss seiner Ausbildung als Ingenieur praktisch schon beendet. Gleichwohl ist bei Eyth nach wie vor eine „romantische Ader" (Heege) vorhanden, die bis in die Lyrik und Prosa seines Spätwerks erkennbar bleibt.

Eyths Leben in England hat zweifellos auch Einfluss auf seine schriftstellerische Arbeit. Vor allem kommt er in Kontakt mit englischer Literatur, bei der Charles Dickens („Oliver Twist") zu seinen Favoriten zählt. Die Darstellung sozialen Elends in englischen Industriezentren mag ihn vom Stoff her interessiert haben. Wichtig aber ist ihm vor allem die Darstellungsweise.

Im Verlauf der über zwanzig Jahre, die Max Eyth für den Dampfpflughersteller Fowler tätig ist und in denen viele Länder der Welt bereist, entstehen zahl-

Am Neckar

Von Max Eyth

Wie es blinkt im Sonnenlicht!
Wie es blitzt zu meinen Füßen!
Lust'ge Wellen, könnt ihr nicht
Meines Klosters Stille grüßen?

Doch ihr würdet solchen Gruß
Nicht behalten, munt're Wellen –
Würdest ihn, du loser Fluß,
Wohl am nächsten Stein zerschellen! ...

reiche Gedichte und Erzählungen, in denen eigene Erlebnisse verarbeitet, aber auch technische Vorgänge in Gedichtform geschildert werden. In dem Gedicht „Die Schmiede" heißt es:
„Jetzt regt sich das stille Ungetüm,
Ein Riese inmitten der Leute,
Es hebt den Kopf, in schwarzem Grimm,
Dann plötzlich mit wütendem Ungestüm,
Stürzt's auf die stöhnende Beute ..."

Durch die „Beseelung" des Schmiedehammers wird die Dramatik der Situation hervorgerufen und verdichtet. Die Gewalt, mit welcher der Schmiedehammer auf das glühende Eisen schlägt, wird geradezu fühlbar.

Die Erzählungen, die Max Eyth zwischen 1862 und 1882 schreibt, werden in den neunziger Jahren zu dem Band „Hinter Pflug und Schraubstock" zusammengefasst. Grundlage dieser Erzählungen bilden selbst erlebte Situationen, die Eyth in Briefen an seine Eltern geschildert hat. Die Geschichten haben daher eine autobiografische Grundlage, und wer als Leser die Basis dieser Erzählungen nicht kennt, kann sie leicht für wirklich erlebte Geschichten halten. Gleich die erste Erzählung aus „Hinter Pflug und Schraubstock" mit dem Titel „Der blinde Passagier" schildert Eyths Abreise von Antwerpen nach London. In London angekommen, versäumt er, die Schiffsfahrt über den Kanal zu bezahlen und macht sich auf die Suche nach dem Kapitän, um dies nachzuholen. Tatsächlich ist die Geschichte so nie passiert. Die Erzählung ist zweifellos amüsant. In der Kraft der Darstellung hat jedoch die Schilderung des Antwerpener Hafens im Wanderbuch ihre Vorzüge. Auch die melancholische Beschreibung des eigenen Empfindens wirkt im Wanderbuch unmittelbarer und wirklicher als in der Erzählung.

Das Buch „Hinter Pflug und Schraubstock" war sogar noch Jahre nach Eyths Tod sehr populär und in der ersten Hälfte des 20. Jahrhunderts sogar ein obligatorisches Konfirmationsgeschenk der evangelischen Christen.

Das „Wanderbuch eines Ingenieurs – In Briefen" wurde in fünf Teilen von Eyths Vater herausgegeben. Inwieweit sie die originalen Briefe enthalten, ist kaum nachprüfbar. Persönliche Angelegenheiten, die Eyth und seine Familie betreffen, werden nicht wiedergegeben. Das Wanderbuch liest sich daher wie ein detaillierter Reisebericht, der gespickt ist mit Darstellungen komischer Situationen, ironischen Beurteilungen und Beschreibungen vieler Personen, mit denen Eyth in England, Ägypten, Amerika und Russland zusammengetroffen ist. Wer in den Bänden jedoch technische Beschreibungen sucht, wird enttäuscht. Dieses Buch hat kein Mann geschrieben, der in die Technik vernarrt war (es mochte die eigentlichen Adressaten auch nicht so sehr interessiert haben).

Das Wanderbuch eines Ingenieurs wurde für Max Eyth ein schöner Erfolg. Als er 1882 aus England nach Deutschland zurückkehrt und wegen der Gründung der Deutschen Landwirtschafts-Gesellschaft aktiv wird, sprechen ihn viele auf dieses Buch an. Durch das Wanderbuch eines Ingenieurs

In Eyths Buch „Der Kampf um die Cheopspyramide" treffen die unterschiedlichen Weltanschauungen zweier Brüder aufeinander.

konnten sie den Mann, der so Großes plante, kennen lernen, ohne ihn persönlich getroffen zu haben. Max Eyth hat das Wanderbuch gerade in den ersten Jahren, die er wieder in Deutschland war, viele Türen geöffnet.

Als Max Eyth aus dem Direktorium der DLG ausscheidet und sich der Schriftstellerei widmet, kürzt er das Wanderbuch, schreibt es an vielen Stellen um und bringt das Buch schließlich in drei Teilen unter dem neuen Titel „Im Strom unserer Zeit" heraus.

Gegensätzliche Weltanschauungen – Der Kampf um die Cheopspyramide

Eyths Leben ist ein Kampf mit den vier Elementen Feuer, Luft, Wasser und Erde. Der Kampf wird auf technischem und auf literarischem Gebiet ausgetragen. Der Kampf mit dem Feuer bezieht sich auf die Dampfmaschine, das Wasser auf seine Bewässerungsprojekte und die Seilschleppschifffahrt. Mit den Dampfpflügen rückt er dem Element Erde zu Leibe. Und dem Element Luft (wenn auch hier die Luft zum Atmen gemeint ist) widmet er sich in seinem letzten Roman „Der Schneider von Ulm", der

*Nilbarrage bei
Kaliub/Ägypten
(Max Eyth, 1880).*

Tempel, Sphinx und Cheopspyramide, Gizeh (Max Eyth, 1880).

sich zumindest in die Luft erheben will. Die vier Elemente bilden aber auch die Struktur von Eyths bislang umfangreichstem Roman „Der Kampf um die Cheopspyramide", den Eyth vor der Jahrhundertwende beginnt. Der Roman erzählt die Geschichte der beiden Brüder Joe und Ben Thinker, die in Ägypten darum streiten, ob die Cheopspyramide eine toter Steinhaufen oder ein Symbol der letzten Wahrheit sei, das heißt, ob das Gewicht und die Maße der Pyramide in einem Verhältnis zur Erde und zu den Planeten stehen. Ben ist besessen von der Idee, ein neues Stauwerk für den Nil zu bauen und damit dem Land zu Wohlstand zu verhelfen. Weil die Steine für dieses Bauwerk von weit her beschafft werden müssten, was logistisch kaum möglich wäre, will er die Steine der Cheopspyramide verwenden, was natürlich ihre Zerstörung bedeuten würde.

Joe dagegen ist gefangen von der Idee, der Cheopspyramide die letzten mathematischen Rätsel zu entlocken, wobei der Zahl Pi (3,14159...) eine

besondere Bedeutung zukommt. So verhält sich der Umfang der Pyramide zur doppelten Höhe wie 1 : 3,14159.

Im Kampf der beiden Brüder treffen exemplarisch zwei Weltanschauungen aufeinander, wie sie unterschiedlicher nicht sein können.

In seinem Vortrag über die Mathematik und Naturwissenschaft der Cheopspyramide, den Max Eyth am 14. Januar 1901 vor dem Verein für Mathematik und Naturwissenschaft in Ulm hält, gibt er weitere Beispiele zum Besten: „Nach unserer heutigen Wissenschaft hat das Sonnenjahr 365,2422 Tage. Teilt man die doppelte Seitenlänge der Pyramide oder den Umfang des Kreises, dessen Durchmesser gleich der Höhe der Pyramide ist, in 365,2422 Teile, d.h. in genau so viele Teile als unser Jahr Tage zählt, so erhält man eine Länge, die Smyth den Pyramidenmeter nennt. Es ist kaum möglich, daran zu zweifeln, meint er, daß diese Länge dem Baumeister bei der Festlegung aller Hauptdimensionen seines Werkes als Maßeinheit diente, denn alle Maße der Gänge und Kammern ergeben die merkwürdigsten Verhältnisse und Beziehungen, wenn sie mit diesem Maße gemessen werden."

Kein Zweifel – Max Eyth ist selbst zum Pyramiden-Spezialist geworden. Als Schüler hat er Pyramiden in seine Hefte gezeichnet, als junger Mann und auch später hat er sie mehrere Male bestiegen. Bezogen auf den Besuch der Stufenpyramide von Sakkara im Januar 1881 schreibt er: „Ich glaube, man fühlt, daß man hier näher an der Wiege der Menschheit steht als anderswo."

Und die Pyramide fesselt ihn noch immer. Dass er nun einen Roman über die Pyramide schreibt und zu Vorträgen geladen wird, darf man die Erfüllung eines lange gehegten Traums nennen.

In dem Roman geht es allerdings um mehr als nur um den Streit zweier Brüder. Vielmehr geht es um Weltanschauungen des Abendlands und des Orients. Pläne für einen Roman mit diesem Thema hat Eyth bereits im März 1863, als er auf seinem Esel die Sykomoren-Allee von Kairo nach Schubra reitet. Der Grundgedanke des Romans, notiert er, „ist der Sieg der Ideen des Westens, der Humanität, der Civilisation über die fanatisch-finstere, poetische Kraft des Orients. Der Kampf dieser zwei Richtungen ist im Augenblick wohl nirgends so frappant als gerade hier, und wenn auch Alles noch in trübem, verworrenem Ringen begriffen scheint: – der Sieg ist unzweifelhaft und einer der ersten Vorkämpfer ist mein Halim Pascha."

Nach etwa einem Jahr in Diensten Halim Paschas hat Max Eyth die Auswirkungen der absoluten Herrschaft des Vizekönigs Ismail Pascha kennen gelernt. Der Despotie und der Unfreiheit setzt Eyth die Idee der Freiheit und Humanität entgegen. Und die sieht er damals noch ausschließlich im Abendland verwirklicht. Allerdings relativiert er diesen Standpunkt später und lässt gelten, dass die Idee der Humanität sowohl von der Kultur des Abendlandes als auch der des Orients verwirklicht werden kann. „Jeder Mensch ist mit seiner Feder geboren, und jedes Volk, jede Rasse ist mit der einen oder anderen versehen und formuliert demnach ihre Ideen von Lebensglück, ihre Gesetze und ihre Moral." Hier werden nicht mehr die Werte der einen Kultur über diejenigen der andern gestellt, vielmehr werden beide toleriert. Und dies ist auch das Ergebnis des „Kampfs um die Cheopspyramide". Zwar bleibt die Pyramide erhalten, und der idealistische Joe hat gegenüber seinem Bruder Ben, der eher dem Nützlichkeitsdenken zuneigt, den Sieg errungen. Er kostet diesen Sieg jedoch nicht aus. Gesiegt hat am Ende die Toleranz gegenüber beiden Anschauungen.

Wille und Freiheit – Der Schneider von Ulm

Mit seinem Buch über Albrecht Berblinger, den Schneider von Ulm, der bei seinem spektakulären Flugversuch in die Donau stürzte, kehrt Max Eyth wieder zu seinem Thema der Technik und des Erfindens zurück. Berblinger (1770–1829) ist eine historische Figur und wagte tatsächlich mit einem halbstarren Hängegleiter am 31. Mai 1811 in Ulm den Flug von einem Podest am Donauufer aus, scheiterte aber.

Beschäftigt hat Eyth die Figur des Schneiders schon 25 Jahre, bevor er schließlich den Roman niederschrieb. Im Jahr 1880 mochte die Zeit für diesen Stoff vielleicht noch nicht reif sein. In Otto Lilienthal fand Albrecht Berblinger jedoch einen

Für die Recherche zu seinem Roman „Der Schneider von Ulm" lernte Max Eyth mit 68 Jahren noch die Grundlagen des Schneiderhandwerks.

Nachfolger. Der Ingenieur Lilienthal (1848–1896) ging seine Flugversuche, die er 1891 begann, weitaus professioneller an und erkannte auch bereits die Vorteile des gewölbten Flügels, der dem Fluggerät Auftrieb verlieh. Gleichwohl stürzte Lilienthal 1896 in Berlin mit seinem Gleiter ab, nachdem er bereits Flugversuche über Strecken von dreihundert Metern absolviert hatte. Eyth hatte von diesen Versuchen durchaus Kenntnis. Und der Gedanke, dass es Menschen tatsächlich gelingen könnte zu fliegen, beschäftigte ihn. Aber er blieb lange skeptisch.

Zur gleichen Zeit, als Otto Lilienthal seine Flugversuche durchführte, experimentierte der altgediente Offizier Ferdinand Graf von Zeppelin (1838–1917) mit Starrluftschiffen. Max Eyth bewunderte den Elan des nur zwei Jahre jüngeren Zeppelin, blieb jedoch auch gegenüber dessen Flugexperimenten reserviert. Eyth hatte im März 1896 (er war zu dieser Zeit noch mit seiner letzten DLG-Ausstellung in Stuttgart-Cannstatt beschäftigt) sogar Gelegenheit, die Pläne von Zeppelins Luftschiffen einzusehen. Dennoch schrieb er Zeppelin Briefe, in denen er ihm seine Gründe darlegte, warum die Luftschifffahrt wegen der verschiedenen Luftströmungen vor unlösbaren Aufgaben stehe. Nicht zuletzt sah Eyth auch ein finanzielles Problem, da ein „Versuchsfahrzeug" enorme Geldsummen verschlingen würde. Mit der Einschätzung der finanzi-

Dem tatsächlichen Einsturz der Tay-Brücke in Schottland widmete Eyth seine Novelle „Die Brücke über der Ennobucht".

Hohenzollern, Bastei (Max Eyth, 1896).

ellen Herausforderung lag Eyth zwar richtig. Aber Zeppelin hatte, da ihm staatliche Hilfe verweigert wurde, eine Aktiengesellschaft gegründet und zusammen mit eigenen Mitteln rund 800.000 Mark aufgebracht. Auf einem schwimmenden Ponton auf dem Bodensee, den Eyth auch besichtigt und skizziert hatte, wurde das erste Luftschiff gebaut, und am 2. Juli 1900 stieg es tatsächlich auf. Und bereits drei Jahre später absolvierten die Gebrüder Wright den ersten (öffentlich beobachteten) Motorflug.

Als Max Eyth seinen Roman über den Schneider von Ulm plante, war der Traum vom Fliegen also bereits Wirklichkeit geworden, auch wenn die Entwicklung mit vielen Rückschlägen verbunden gewesen war.

Doch gerade diese Rückschläge, die mit jedem Erfinden und Konstruieren verbunden sind, interessieren Eyth, weiß er doch aus eigener Erfahrung, dass das Konstruieren stets von Fehlschlägen begleitet ist. Und Eyth greift hier wieder das Thema des Scheiterns auf, das er bereits in seiner Erzählung „Berufstragik" (Die Brücke über der Ennobucht) mit dem Einsturz der Eisenbahnbrücke über den Taye bei Dundee (Schottland) behandelt hatte.

Der Stoff des Schneiders von Ulm lag Max Eyth zudem vor den Füßen. Den Turm des Münsters vor Augen, die Donau nur rund 1.000 Meter entfernt: Die Recherche über die geschichtlichen Verhältnisse in Ulm, die nur hundert Jahre zurücklagen, kann nicht allzu schwer gewesen sein.

Doch geht es Eyth keineswegs um die exakte Darstellung des historischen Schneiders Berblinger. Er nimmt vielmehr nur die Figur, um mit seiner Hilfe die Gedanken und Nöte eines Erfinders darzustellen. Er will zeigen, „wie er gefühlt, gedacht und gelebt haben müsste".

Max Eyth bettet die Geschichte in die Ereignisse der Französischen Revolution 1789 und der Jahre bis 1812 nach dem Russlandfeldzug Napoleons ein. Einer der zentralen Begriffe des Romans „Der Schneider von Ulm" ist die Freiheit – ein Wert, den er noch über die Humanität stellt. Die Idee der Freiheit verarbeitet Max Eyth in einem Entwicklungsroman, der den Werdegang des Schneiders Berblinger von Kind an bis zu seinem Tod nachzeichnet. Eyth stellt die Idee der Freiheit in vielen Nuancen, vor allem auch in ihrer Zwiespältigkeit, dar und mit welchen Opfern Freiheit erkämpft werden muss.

In seinem Roman beschreibt er zunächst die Kindheit des Albrecht Berblinger, der der Sohn eines Lehrers ist. Der Vater ist ein besessener Erfinder, der ein Perpetuum mobile bauen will. Der kleine Albrecht wird von dem Erfindergeist seines Vaters angesteckt.

Im Zuge der Französischen Revolution (die unter dem Banner der Freiheit geführt wird) überschreiten französische Truppen die Grenze zu Deutschland und marschieren in Württemberg ein. Marodierende Soldaten erreichen auch den kleinen Ort Ochsenwang, wo sie auf Albrecht Berblinger und seine Mutter treffen. Die Soldaten drohen, die Mutter zu vergewaltigen. Albrechts Vater, der zufällig eintrifft, kann die Vergewaltigung zwar verhindern, wird aber von den Soldaten getötet. Mit der Mutter reist der kleine Albrecht zum Onkel nach Ulm. Von dort wird er dem Kloster Blaubeuren übergeben. In der strengen Klosterschule träumt Albrecht davon, ein Fluggerät zu bauen. Die Umstände sind sehr schwierig. Aber es gelingt ihm unter anderem mit Hilfe theoretischer Kenntnisse, einen Papierballon zu bauen, eine Montgolfiere. Er kann sie tatsächlich heimlich aufsteigen lassen, erzeugt dabei jedoch einen Brand in einer Kirchenruine. Albrecht wird wegen dieses Vergehens von der Klosterschule verwiesen und gezwungen, in Ulm eine Schneiderlehre zu beginnen. Er absolviert die Lehrzeit zu aller Zufriedenheit und wird von der Schneiderzunft nach mehreren Wanderjahren zum Meister ernannt. Damit erlangt er die Freiheit, von der er lange geträumt hat. Nun kann er ungehindert seinem Plan, ein Fluggerät zu bauen, nachgehen. Nachdem er viele dieser Flügel gebaut und erprobt hat, vernachlässigt er sein Geschäft und ist finanziell ruiniert. Erst als ein Ratsmitglied der Stadt Ulm den Rat darauf aufmerksam macht, dass ein Ulmer Bürger die Stadt mit einem erfolgreichen Flugversuch berühmt machen würde, wird Berblinger ein Geldbetrag übergeben, sodass er sein Fluggerät bauen kann. Allerdings wird er genötigt, seinen Flugversuch während eines Festspektakels vor den Bürgern der Stadt und vor dem König zu wagen. Der erste Versuch kann jedoch nicht durchgeführt werden, da Saboteure Riemen an den Flügeln zerschnitten hatten. Dann der zweite Versuch einige Tage später: Er endet, wie allseits bekannt, damit, dass Berblinger mit dem Fluggerät in die Donau stürzt. Berblinger flieht aus der Stadt und wird zum Landstreicher. Er trifft jedoch auf württembergische Soldaten und wird angeworben. Die politischen Umstände sind aber so, dass diese Soldaten am Russlandfeldzug Napoleons teilnehmen. Berblinger zieht in den Krieg und bringt es bis zum Leutnant. Verwundet kehrt er nach Ulm zurück. Dort trifft er, bevor er die Stadt erreicht hat, auf seinen Jugendfreund, den Pfarrer Fischer, der ihn ins Spital bringt. Berblinger stirbt zwei Wochen später in seinen Armen.

Max Eyth zeigt mit der Figur des Schneiders von Ulm, wie ein Erfinder mit hoher Energie und kompromisslosem Einsatz dem Fortschrittsgedanken folgt, aber mit der praktischen Durchführung am Ende scheitert. Der Erfolg bleibt ihm versagt. Doch dieser Aspekt ist gar nicht entscheidend. Viel wichtiger ist, dass Berblinger die Freiheit und den Willen hatte, etwas Neues zu schaffen. Schon in der Klosterschule sagt der kleine Berblinger: „Schaffen möchte' ich, nicht altes Stroh dreschen … Feuermaschinen bauen und dergleichen, das heiß ich Poetica."

Allerdings setzt Eyth seinem Schneider Berblinger den Pfarrer und Poeten Fischer entgegen: „Manchmal dachte der Pfarrer darüber nach, wer von ihnen der wirklichere Poet war, ob mehr Poesie in Taten oder Worten stecke. Er mußte sich aber doch schließlich für das Wort entscheiden; denn er hatte nicht umsonst eine humanistische Erziehung genossen und war nebenbei ein geborener Romantiker."

Keine Frage, dass Max Eyth sich in beiden Positionen wiederfand.

Poesie und Technik

Der Aufsatz „Poesie und Technik", den Max Eyth im Juni 1904 auf der Hauptversammlung des Vereins Deutscher Ingenieure in Frankfurt vorträgt, zählt zu den herausragenden theoretischen Arbeiten Eyths über das Verhältnis zwischen Literatur und Technik. Seinen eigenen Anspruch formulierte er bereits als junger Mann: „Es gilt einmal dem Fabrik- und Maschinenwesen eine poetische Stellung zu erkämpfen. Das will ich." Dies hat er ohne Zweifel erreicht – zusammen mit anderen Schriftstellern, die die Technik und die Welt der Fabrikarbeiter zu ihrem Thema gemacht haben. Wir haben bereits an früherer Stelle erwähnt, dass die soziale Frage in Eyths Überlegungen nicht im Vordergrund stand. Eyth war keineswegs blind für die sozialen Zustände, die in der Arbeiterwelt herrschten. Er hatte sie während seiner Ingenieurstätigkeit in England und anderen Ländern täglich vor Augen. Eyth ging es

Max Eyth gefiel die Darstellung der Bergleute im Roman „Germinal" von Emile Zola.

> ❯❯ Das Leben wird um so genußreicher, je kleiner die Gesellschaft ist, in der wir es genießen. Heimlich gehe ich in diesem Sinn bis zur Einheit herunter. ❮❮

> **»** Gute Freihandskizzen hatten von jeher für mich einen unwiderstehlichen Reiz gehabt. Es ist unglaublich, wieviel Seele in einem Strich liegen kann. **«**

aber nicht um die Arbeiter (dann hätte er vielleicht Romane im Stile Emile Zolas geschrieben), sondern um die handgreifliche Technik und wie sich die Menschen ihrer bedienten.

Was für ihn Technik bedeutet, definiert er gleich am Anfang seines Aufsatzes: „Technik ist alles, was dem menschlichen Wollen eine körperliche Form gibt. Und da das menschliche Wollen mit dem menschlichen Geist fast zusammenfällt und dieser eine Unendlichkeit von Lebensäußerungen und Lebensmöglichkeiten einschließt, so hat auch die Technik, trotz ihres Gebundenseins an die stoffliche Welt, etwas von der Grenzenlosigkeit des reinen Geisteslebens überkommen."[1]

Gleich darauf folgt Eyths Definition von Poesie: „Was uns erhebt über das Alltagsleben, was uns wie eine Kraft aus einer anderen, im Geistesleben wurzelnden Welt erfaßt und unser ganzes Wesen fühlbar aus sich herausreißt, das ist Poesie. [...] Poetisch ist, was unser Gemütsleben in Übereinstimmung bringt mit den Erscheinungen der Außenwelt; Poesie ist, was uns den geistigen Gehalt der uns umgebenden Körperwelt offenbart."[2]

Eyth führt als Erläuterungen an, dass technische Vorgänge beim Menschen ähnliche Emotionen auslösen können wie natürliche, sei es das Brausen einer Brandung oder das Rascheln des Herbstlaubes. So kann die Arbeit des Bauern, der hinter dem Pflug geht, ebenso anrühren wie das erhabene Bild eines Gebirgszuges.

Ob diese Bilder jemanden berühren und ob man sie als poetisch empfindet, hängt vom Betrachter ab. „Das ist allerdings das Wesentliche der Sache. Man sollte sie nicht einmal suchen; man muß sie finden, ungesucht. Dazu aber gehört ein angeborenes Organ, das wenigen ganz versagt ist, das aber viele in verschiedenem Grade der Vollkommenheit besitzen."[3]

Eyth macht darauf aufmerksam, dass keineswegs nur Schönheit, Harmonie und Vollkommenheit poetischen Gehalt haben, sondern auch das Hässliche, das Schreckliche und das Scheitern. Zu Letzterem führt er, wie er selbst schreibt, ein merkwürdiges Beispiel an: „... die Schönheit eines alles zermalmenden Schlachtschiffes." Hier können durchaus Verbindungen zur Ästhetik Ernst Jüngers gezogen werden.

Poesie zeigt sich Eyth zufolge auch im dramatischen Gehalt der Situation. Das können Schilderungen von Unglücken sein, etwa ein verunglückter Schnellzug, oder die Beschreibungen von gefährlichen Situationen in Bergwerken wie im bereits genannten Beispiel von Zolas „Germinal". Als Beispiele aus Eyths Werk sind die Novelle

„Berufstragik" (Der Einsturz der Ennobrücke) und der Roman „Der Schneider von Ulm" zu nennen.

In seiner Definition des Begriffs Technik nimmt das „Wollen" eine wichtige Stellung ein: Technik als körperlicher Ausdruck des menschlichen Willens. Diese Formulierung wirkt sehr kraftvoll und vorwärtsstrebend und sie fügt sich ein in die Geisteshaltung des Voluntarismus, die sich im 19. Jahrhundert im Anschluss an die Romantik bildete.

Der Dichter der Tat

Tatkraft und Schaffensdrang prägten das Leben Max Eyths und er stattete auch die Figuren in seinen Erzählungen und Romanen immer wieder mit diesen Charaktereigenschaften aus. Damit hebt er sich von der Literatur der Romantik ab. Die Gründe für dieses Vorgehen sind vielschichtig. Der Schaffensdrang bei Eyth mag ein angelegter Wesenszug sein. Aber er stimmt auch mit der sich verändernden Geisteshaltung seiner Zeit überein.

Die zunehmende Industrialisierung stellte ganz neue Anforderungen an die Menschen. Der Existenzkampf wuchs, da Arbeit nicht mehr allein im Handwerk in den Dörfern zu finden war. Viele Menschen mussten flexibler werden, um ihren Lebensunterhalt zu sichern, und zogen in die entstehenden Industriezentren der Städte. Wer sich in dieser sich verändernden Welt behaupten wollte, musste mit einem entsprechenden Lebenswillen ausgestattet sein.

Auch im Geistesleben setzte ein Wandel ein, der letztlich die sozialen und politischen Folgen der wirtschaftlichen Veränderung widerspiegelte. Nicht mehr der Intellektualismus Hegels prägte die Geisteshaltung, sondern der Voluntarismus Schopenhauers (Heege, 1928). Der Willens- und Tatmensch, der zu Anfang des 19. Jahrhunderts noch angefeindet worden war, trat in den Vordergrund. Darum war auch ein Politiker vom Schlage Otto von Bismarcks in der Bevölkerung akzeptiert und geschätzt. „Das Volk der Dichter und Denker entwickelte sich zu einem Volk der Tat" (Scherer-Malzel, 1917).

Auch Max Eyth bewegt sich in diesem Strom. Schon als Knabe steht für ihn fest, dass ihm die Beschäftigung mit klassischer Literatur nicht genügt. Er will aufbauen und helfen, den technischen Fortschritt, den die neue Zeit der Technisierung ermöglicht, voranzubringen. Und diese Geisteshaltung bringt er auch in seine Erzählungen und Romanen ein – als Dichter der Tat.

Max Eyth und die Philosophie

Nur selten macht Max Eyth Angaben über seine Lektüre. In der Jugendzeit las er die Klassiker oder den Romantiker Nikolaus Lenau, im reifen Alter Charles Dickens oder Emile Zola. Bei Zolas Buch „Germinal" (deutsch 1885) würdigt Eyth vor allem die realistische Darstellung der Gefahr, in die sich die Bergleute beim Einfahren in einen Schacht mit Wassereinbruch begeben.

Im Januar 1875 beschäftigt sich Eyth mit der deutschen Philosophie und liest eine englische Abhandlung über Kant (1724–1804), Fichte (1762–1814), Schelling (1775–1854) und Hegel (1770–1831). Während in England die erste Stufe der industriellen Revolution in vollem Gange war und die Technikbegeisterung die Wissenschaft und die Gesellschaft erfasste, huldigte das Bildungsbürgertum in Deutschland den Geisteswissenschaften. Und diese standen der Technik eher skeptisch gegenüber – allen voran Hegel: „In der Maschine", schreibt Hegel in seiner Jenenser Realphilosophie, „hebt der Mensch selbst seine formale Tätigkeit auf und lässt sie ganz für sich arbeiten. Aber jener Betrug, den er gegen die Natur ausübt, rächt sich gegen ihn selbst." Das ist nicht gerade ein Plädoyer für die moderne Zeit. So hat denn auch Max Eyth wenig Verständnis für Ideen dieser Art: „Die Übertragung der abstrusen Gedanken unsrer großen Träumer ins einsilbige praktische Englisch ist wohl eine nahe-zu unlösliche Aufgabe, aber überaus wertvoll für einen, der den Kern aus der Schale gehoben sehen möchte. Und was ist der Kern? Ein verzweifelter Versuch, das Undenkbare zu denken. Daß diese genialen Geister den Mut nicht hatten, sich das zu sagen, denn sie mußten es ja sehen! Aber natürlich – hätten sie sich's gesagt, wo wäre ihre Philosophie geblieben? Es ist vielleicht gut, daß sie die Gedankenarbeit bis auf die letzte Spitze getrieben haben. Die Welt hat in jener wunderlichen Zeit, die schließlich Hegel beherrschte, erfahren, wie weit man in dieser Richtung gehen kann, nachdem man den Boden unter den Füßen verloren hat und jeder Schritt weiter ins Bodenlose führt. Das ist viel wert und wohl der Grund, weshalb wir jetzt mit so emsiger Geschäftigkeit bei den Steinen und Pflanzen, bei den Aszidien und Affen nach Wahrheit suchen. Herunter vom absoluten Ich – und wäre es bis zum Menschen Darwins!"

(aus: Max Eyth „Im Strom unserer Zeit", Band I+II)

Hallstatter See. Aus einem der letzten Skizzenhefte.

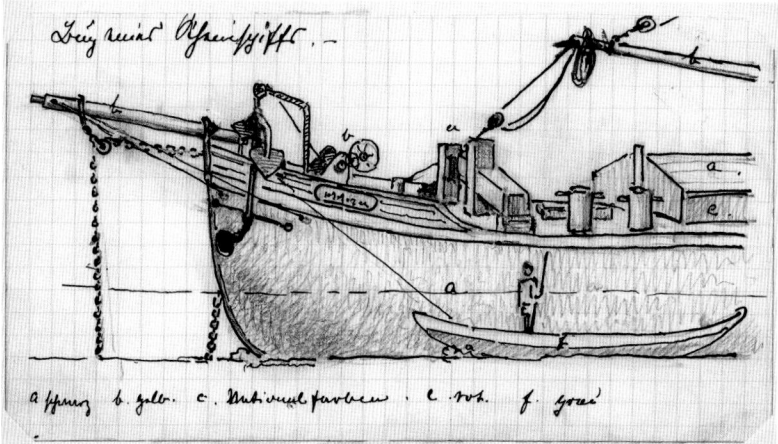

In seinen Skizzenbüchern notierte Max Eyth bereits die Farben, in welchen die Skizzen koloriert werden sollten.

Der Zeichner Max Eyth

Stifte, Aquarellfarben und ein Skizzenbuch gehörten zur Grundausstattung Max Eyths. Wann immer er auf Reisen war, skizzierte Landschaften und Städte, sodass das gesammelte zeichnerische Werk wie ein Reisetagebuch seines Lebens betrachtet werden kann. Er selber schenkte der Stadt Ulm eine Sammlung mit über 1.000 Werken, die er als „Ein Leben in Skizzen" bezeichnete.

Bereits in der Schule hatte sich der junge Eyth als talentierter Zeichner erwiesen. Das technische Zeichnen lag ihm sehr und für die geometrische Gestaltung und Ausführung seiner Bilder waren diese Kenntnisse sehr nützlich. Zum allgemeinen Kunstunterricht gehörte auch das Fach Freihandzeichnen, also das Zeichnen ohne Lineal und Zirkel. Auch in diesem Fach erhielt Max Eyth gute Noten. Außerdem erlernte er den Umgang mit Tusche und Sepia und die Technik des Kolorierens.

Auffallend ist, dass Eyth keine Menschen porträ-

Liebenfels. Skizze von Max Eyth aus dem Jahr 1902.

tierte. Es mag sein, dass sein Talent dafür nicht reichte. Aber dass Eyth nicht einmal Versuche hinterlassen hat, erstaunt dennoch. Auf den meisten seiner Bilder sind Menschen in Alltagssituationen oder in Straßenszenen zu sehen, die die Bilder lebendig machen. Die Gesichter sind jedoch meist nur schemenhaft ausgeführt. Auf vielen Bildern wenden die Menschen dem Betrachter den Rücken zu und scheinen selbst bei der Betrachtung der vor ihnen ausgebreiteten Landschaft in Gedanken versunken zu sein. Dies verleiht der Stimmung der Bilder einen melancholischen Charakter, der an die Romantik erinnert.

Sehr oft zeichnet Eyth Häuser und Straßen. Besonders angetan haben es ihm die ornamentreichen Gebäude in Ägypten. Die Perspektiven der Mauerfluchten geben den Bildern Tiefe. Schattenfall auf den von der Sonne beschienenen hellen Mauern verstärkt die räumliche Wirkung.

Technische Motive mit Maschinen sind eher selten, aber offenbar liebte Max Eyth Brücken, die er auf zahlreichen Skizzen und Aquarellen abbildete. In seinen Skizzenbüchern gibt es zahlreiche Studien über Brückenkonstruktionen, die er später exakter in seinen Zeichnungen ausführte. Auch Schiffsmotive und Häfen kommen häufiger vor. Interessanterweise finden sich viele der Motive in den Tagebüchern und Briefen Eyths, sodass der Betrachter auch einiges über die Hintergründe der Bilder erfahren kann, sei es über das Chaos der Kisten im Hafen von Alexandria oder über die gefährliche Streckenführung der

Eisenbahn in Peru. Die Ausführung der Bilder ist meist sehr detailliert. Zweifellos hat Max Eyth seine Maltechnik mit den Jahren perfektioniert. Aber mit zunehmendem Alter ist auch eine Veränderung in der Ausführung festzustellen: „... der Fluß der Linien, das Spiel der Farben sind ruhiger geworden, an die Stelle des unsteten Flimmerns der mannigfaltig kleinen Farbenflecken treten nun weiche und große Flächen" (Schefold, 1927).

Letzte Jahre

Bevor sich Max Eyth mit der Niederschrift seines Romans „Der Schneider von Ulm" befasst, ändert sich sein Leben grundlegend. Im April 1904 stirbt die Mutter und bereits im Mai trägt er sich mit Umzugsplänen. Er erwägt sogar, nach Stuttgart zu ziehen, wird aber von Ulmer Bürgern davon abgehalten. Seine Wohnung wird ihm jedoch zu eng und so ist ein Umzug kaum vermeidbar. Weit haben es die Möbelpacker nicht. Denn Eyth bleibt auf dem Michelsberg und zieht in sein erstes eigenes Haus, eine geräumige Villa mit einem großen Garten. Auch einen Hund schafft er sich an – genug Platz hat er jetzt für das Haustier.

Max Eyth arbeitet täglich am Schreibtisch. Die Arbeit fällt ihm mittlerweile durchaus nicht mehr leicht. Vor allem hat er Augenbeschwerden und auch der Magen macht ihm zu schaffen. Seine Pläne für den „Schneider von Ulm" sind gereift. Und er befasst sich intensiv mit der Recherche für sei-

Brücken waren bevorzugte Motive seiner Zeichnungen.

Details der Brücken wurden grob skizziert, um sie später genauer auszuführen.

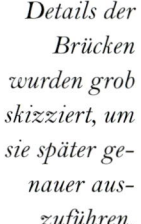

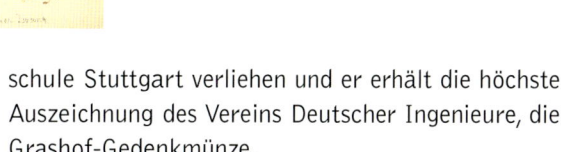

nen großen Roman. Für Erstaunen sorgt er, als er beim Schneider Glöcklen in Ulm in die „Lehre" geht. Der Geheime Hofrat Max von Eyth eignet sich im Laufe mehrerer Wochen ganz praktisch die Grundkenntnisse des Schneiderhandwerks an, lernt den Knopflochstich und das Einfassen. Für weitere Recherchen wälzt er Ulmer Chroniken zur Geschichte der Stadt. Aus alter Schneiderliteratur lernt er die gespreizte Sprache der Schneiderzunft.

Im Frühjahr 1905 unternimmt Eyth eine mehrwöchige Reise nach Rom. Im Juni fährt er mit der Niederschrift des Schneiderromans fort. Zu dieser Zeit weiß er noch nicht, dass ihm nur noch ein Jahr für die Fertigstellung des Romans bleibt. Im Frühjahr 1906 bietet er sein Manuskript verschiedenen Verlegern an. Sie reißen sich um die Veröffentlichung, obwohl es noch nicht fertig gestellt ist. Dann naht der 6. Mai, Eyths 70. Geburtstag. Auf seinem Schreibtisch häufen sich die Glückwunschtelegramme. „Vierhundert", zählt er seinem Freund Poggendorf vor. Der Geburtstag findet zunächst in kleinem Kreise statt. Doch dann empfängt Eyth auch offizielle Vertreter der Stadt und der Vereine, angeführt vom Oberbürgermeister. In Eyths letztem Lebensjahr werden ihm noch höchste Ehrungen zuteil. Ihm wird der erste Ehrendoktortitel der Technischen Hoch-schule Stuttgart verliehen und er erhält die höchste Auszeichnung des Vereins Deutscher Ingenieure, die Grashof-Gedenkmünze.

Im Juni 1906 reist Eyth zur DLG-Ausstellung nach Berlin, zu der sogar Kaiser Wilhelm II. kommt. Auch Eyth wird ihm bei der Eröffnung besonders vorgestellt. Zurück in Ulm erwarten ihn die Umbruchbögen seines Schneiderromans. Bei den Korrekturen hilft ihm Emma Heintzeler, die schon Eyths Mutter betreut hatte. Eyths Gesundheitszustand ist Anfang August zwar nicht besorgniserregend, aber er hat Gichtbeschwerden an Armen und Füßen. Der Arzt verordnet ihm Massagen. Die Arbeit am Schneiderroman ist beendet. Und Eyth beschäftigt sich bereits mit neuen Projekten, die er in sein Tagebuch einträgt: „Ernstlich über die Schmiedefeuerfunken nachgedacht. [...] Alles noch Chaos in nebelnder Dämmerung."

Am Sonntag, dem 19. August, schreibt er seine letzten Zeilen in sein Tagebuch: „Kirche. Kleiner Spaziergang. Ruhetag. – Ordne Zeitungsabschnitte bezüglich meines Geburtstags alphabetisch."

Am 25. August 1906 stirbt Max Eyth in seinem Haus auf dem Michelsberg nach kurzer Krankheit. Ursache war nach Auskunft der Ärzte eine akute Darmverschlingung.

Nach dem Tod der Mutter kaufte Max Eyth eine geräumige Villa in Ulm – sein erstes eigenes Haus.

Den Flügel erhielt Max Eyth als Geschenk der DLG zum zehnjährigen Stiftungstag 1894.

Träumerei, Zigeuner. Eine Skizze von Max Eyth aus dem Jahr 1855.

Ehrungen

1892	Ernennung zum Geheimen Hofrat
1896	Erhebung in den Adelsstand (Max von Eyth)
1896	Überreichung des Ehrenbriefes der DLG und der großen goldenen Denkmünze, Stiftung des Eyth-Preises
1905	Verleihung des Ehrendoktortitels durch die Technische Hochschule Stuttgart
1906	Verleihung der Grashof-Gedenkmünze durch den VDI
1908	Enthüllung des Max-Eyth-Denkmals

Hat Max Eyth in seinem Leben das erreicht, was er wollte? Hat er sein Leben ganz nach seinen Vorstellungen gelebt? Schon als Kind wünschte er sich nichts mehr, als zu reisen. Am Ende seines Lebens hatte er mehr Länder der Welt gesehen als manch andere Ingenieure in der zweiten Hälfte des 19. Jahrhunderts. Er hatte über 20 Jahre an der technischen Entwicklung der Dampfpflugtechnik gearbeitet, der modernsten Technik in der Landwirtschaft ihrer Zeit. Er gab den Anstoß für die Gründung der Deutschen Landwirtschafts-Gesellschaft, die den technischen Fortschritt in der Landwirtschaft entscheidend förderte. Und Max Eyth hinterließ ein schriftstellerisches Werk, das der modernen Technik schon in der frühen Phase eine Stellung in der Literatur sicherte. Als Eyth 43 Jahre alt war, schwärmte er von dem englischen Afrikaforscher David Livingstone, der nach den Nilquellen suchte und

Phantasie, Zigeuner. Skizze aus dem Jahr 1855.

Eine der letzten Fotoaufnahmen Max Eyths.

Ehrengrab Max Eyths auf dem Ulmer Hauptfriedhof.

Mein Leben

Ich habe durchfurcht manch nasse Bahn
Im Drachenschiff, dem stahlgerippten;
Ich war ein Pilger in Kanaan
Und habe gepflügt das Land Ägypten.

Im Sonnenbrande, heiß und hell,
Bin ich durch Syriens Berge geritten,
Und spürte nach tiefverborgenem Quell
Bei Drusen und bei Maroniten.

Dem Mississippi jagt' ich zu
Vom gelben Saume der Sahara;
Mein Schlepper dampfte ohne Ruh'
Am Katarakt des Niagara.

Gold sucht' ich im arab'schen Sand,
Wie in Kentuckys Kohlenschichte;
Im lieben deutschen Vaterland,
Da schrieb ich Bücher und Gedichte.

(aus: Max Eyth „Feilspäne", Gedichtzyklus)

Forum vom Paladin aus. Skizze von der Romreise im Frühjahr 1905.

1873 während einer Forschungsexpedition an Entkräftung starb. Eyth schätzte nicht nur dessen Forscherdrang, sondern auch dessen Menschlichkeit.

„Wir können nicht alle Livingstones sein, schon weil der Stoff, aus dem solche Leute gemacht sind, ziemlich rar ist in der Welt. Aber wir können – die meisten unter uns – und sollten alle unsern holperigen Lebensweg suchen, wo er uns Arbeit verspricht, ohne allzu sehr an die eigne kostbare Haut zu denken; denn diese ist, bei Licht betrachtet, blutwenig wert."

Brücke bei Spoleto (Italien).

Wirkung und Nachwirkung

UNTER DER REGIERUNG

SEINER MAJESTÄT DES KÖNIGS

WILHELM II.

VON WÜRTTEMBERG

VERLEIHT DURCH DIESE URKUNDE

DIE KÖNIGLICHE TECHNISCHE HOCHSCHULE
ZU STUTTGART

UNTER DEM REKTORAT DES PROFESSORS DR. FÜNFSTÜCK

AUF DEN EINSTIMMIGEN ANTRAG DER ABTEILUNG FÜR MASCHINEN-INGENIEURWESEN

HERRN

MAX VON EYTH

GEHEIMEM HOFRAT

IN ULM

DIE WÜRDE EINES DOKTOR-INGENIEURS

— EHRENHALBER —

in Anerkennung seiner hervorragenden Verdienste um Bau und Einführung landwirtschaftlicher Maschinen, in Anerkennung seiner grossen Leistungen im nationalen
Interesse durch die Gründung und Ausgestaltung der Deutschen Landwirtschafts-
Gesellschaft und in Anerkennung seiner schriftstellerischen Arbeiten mit dem Ziele,
das Verständnis in den gebildeten Kreisen unseres Volkes für das Ingenieurwesen
und damit dieses selbst zu fördern.

STUTTGART, DEN 22. FEBRUAR 1905

REKTOR UND SENAT
DER KÖNIGLICHEN TECHNISCHEN HOCHSCHULE.

*Urkunde über die Verleihung der Ehrendoktorwürde
durch die Königliche Technische Hochschule zu Stuttgart.*

Abschied von Max Eyth

„Ein heller Sommertag zog über der alten Stadt Ulm und seinem ehrwürdigen Münster auf, als sie sich am 28. August anschickte, ihrem berühmten Mitbürger Max von Eyth den letzten Dienst zu erweisen." So leiten die DLG-Mitteilungen den Bericht über die Beerdigung Max Eyths auf dem Ulmer Hauptfriedhof ein. Nachdem Repräsentanten der Deutschen Landwirtschafts-Gesellschaft und der Stadt Ulm den Familienmitgliedern, darunter den Nichten und Neffen, kondolierten, begann am frühen Nachmittag die Trauerfeier in der Friedhofskapelle. Die Leistung von Max Eyth beim Aufbau der DLG wurde gewürdigt, aber auch seine menschlichen Eigenschaften. „Wir betrauern in dem teuren Entschlafenen einen Mann, der durch seine wahre Herzensgüte und Liebenswürdigkeit sich alle Herzen eroberte und durch seinen lauteren, wirklich vornehmen Charakter und seine hohen Geistesgaben veredelnd einwirkte auf jeden, der das Glück hatte, ihm näher zu treten."

Die Trauer war sicher nicht aufgesetzt. Auch die anwesenden Freunde Thiel und von Dieffenbach werden ihren Freund aufrichtig betrauert haben. Allerdings darf auch daran erinnert werden, dass Max

>> Wir vergessen unglaublich schnell, nachdem sich eine große Erfindung Bahn gebrochen, welche Verhältnisse sie umgaben, als sie das Licht der Welt erblickte. <<

Eyth die Liebenswürdigkeit schnell ablegen und grob werden konnte, wenn Mitarbeiter nicht nach seinen Anweisungen handelten. Auch in Stresssituationen konnte er aus der Haut fahren. Und wenn es darum ging, eigene Grundsätze zu verteidigen, zeigte er sich keineswegs kompromissbereit. Diese Standhaftigkeit bewahrte er auch in den Gründerjahren der DLG, selbst wenn er durch diese Kompromisslosigkeit treue Weggefährten vor den Kopf stieß.

Ingenieur und Intellektueller

In Erinnerung bleibt der Mensch Max Eyth vor allem durch seine Bücher. Die mehrbändige Ausgabe des „Wanderbuchs eines Ingenieurs" liest sich heute noch so lebendig wie vor 130 Jahren. Die bildreiche, humorvolle und (selbst-)ironische Erzählweise bringt dem Leser nicht nur die Erlebnisse Max Eyths aus den Jahren von 1859 bis 1882 in vielen Ländern der Welt nah. Eyth schildert auch eigene Stimmungen, seien sie melancholisch oder zornig. Wo er seine Empfindungen nicht direkt mitteilt, sind sie zwischen den Zeilen zu erahnen.

100 Jahre lang haben sich Kommentatoren mit Eyths Lebenswerk befasst. Wann zum ersten Mal

Max Eyths patentierte Erfindungen 1859–1892

1859	Daumensteuerung für Dampfmaschinen
1860	Rotierende Steuerung
1860	Selbsttätige Kontrollrübenwaage
1862	Selbsttätige Seilträger für Dampfpflüge
1862	Wickelapparat für horizontale Seiltrommeln
1863	Baumwollpflug
1864	Bewegliche Dampfpumpen für Sakijen (Schöpfwerke zur Bewässerung der Felder in Ägypten)
1864	Pflugartiger Schollenbrecher
1864	Diagonalaufstellung von Zentrifugalpumpen
1866	Baumwollsägeräte
1866	Ägyptische Dreschmaschine mit Dampfbetrieb
1867	Drahtseilschiffe mit Lokomobilbetrieb und andere Formen
1873	Zuckerrohrkultivator für bergiges Land
1874	Untergrunddampfpflug
1875	Kondensationsapparat für Straßenlokomotiven
1876	Drainagegrubenschneidmaschine für Dampfkultur
1877	Umsteuerung ohne Kulissen; Straßenlokomotiven
1881	Dampfmaschinenregulator für Elektrizitätswerke
1886	Straßenlokomotive mit vier Meter hohen Rädern
1887	Wellenlager mit dreiteiligen, konzentrisch verstellbaren Lagerschalen
1890	Kühltische für Butterausstellungen
1891	Kühlzelte für Weinkosthallen
1892	Dynamometer für schwere Lastwagen

*Quelle: Adolf Reitz „Hinter Buch und Schreibtisch",
Gerhard Hess Verlag, Ulm 1961*

*Max-Eyth-
Denkmünze*

bach hörte. In Veröffentlichungen über Max Eyth wird über seine Leistungen als Ingenieur oft angemerkt, dass er der Nachwelt keine Erfindungen von nachhaltiger Wirkung hinterlassen habe. In Hinsicht der öffentlichen Wahrnehmung kann dem nicht widersprochen werden, denn Eyth war letztlich in einem Spezialbereich der Landtechnik tätig, den man auch als Nische bezeichnen könnte. Wer sich jedoch mit der Technik des Dampfpflügens befasst, die über 100 Jahre in der Landwirtschaft bestand hatte, kommt an Max Eyth nicht vorbei. Zwar hat er den Dampfpflug nicht erfunden, aber er hat an der Entwicklung und der Perfektionierung der Lokomotiven und der Geräte für die Dampfpflugtechnik erheblichen Anteil gehabt. Nicht jeder Ingenieur kann am Ende seines Berufslebens eine so lange Liste von Patenten aufweisen wie Max Eyth.

Max Eyth war keine „Erfindernatur", die sich auf die Lösung eines ganz speziellen Problems konzentrierte. Dazu war er zu sehr Intellektueller, der über seine eigene Position als Ingenieur und Schriftsteller reflektierte (siehe die Aufsätze „Wort und Werkzeug" und „Technik und Poesie").

Der etwas holprige Doppelbegriff „Dichteringenieur" deckt aber immer noch nicht das ganze Schaffen Eyths ab. Als Initiator für die Gründung der Deutschen Landwirtschafts-Gesellschaft hat Max Eyth einen – in der Tat nachhaltigen – Beitrag für den Fortschritt in der landwirtschaftlichen Produktionstechnik geleistet. Sicher wäre dies nicht ohne die tatkräftige Hilfe zahlreicher Persönlichkeiten möglich gewesen, die im Gegensatz zu Eyth in der Landwirtschaft verwurzelt waren. Doch die Fäden beim Aufbau der DLG liefen bei Max Eyth zusammen. Und auch im Spitzengremium der DLG hörte Max Eyth nie auf, Schriftsteller zu sein, und war als solcher allenthalben anerkannt.

die Bezeichnung „Dichteringenieur" auf ihn angewendet wurde, ist heute nicht mehr nachzuvollziehen. Es gab auch andere Ingenieure, deren Verdienste, die Technik zum Thema von Literatur zu machen, nicht geringer sind als die von Max Eyth. Zu nennen ist hier Max Maria von Weber.

Zweifellos war Max Eyth zeitlebens Dichter und Ingenieur. Folgt man Eyths eigener – etwas anekdotenhafter – Darstellung, dann wurde er bereits als Knabe Ingenieur, als er den Eisenhammer in Erns-

Die Deutsche Landwirtschafts-Gesellschaft nach Max Eyth

Bereits in der Anfangsphase der DLG haben sich sehr schnell die einzelnen Spezialbereiche gebildet. Dazu zählen die Abteilungen für Ackerbau, Dünger, Saatgut sowie Obst- und Weinbau. Der Tierbereich war aufgeteilt in die Abteilungen für die Pferde-, Rinder-, Schaf- und Schweinezucht sowie Kleintierzucht. 1905 wurde die Betriebsabteilung (Betriebswirtschaft) gegründet. Ihr folgten 1909 die

Friedrichshafen (Max Eyth, 1901).

Durch den Verein Deutscher Ingenieure verliehene Grashof-Gedenkmünze.

Kolonialabteilung und 1917 die Futterabteilung. Nicht zu vergessen ist die Geräteabteilung, der Max Eyth von 1887 bis 1889 als Vorsitzender vorstand. Die Art und Weise, wie das landwirtschaftliche Maschinenwesen von der Royal Agricultural Society in England mit ihren Ausstellungen und Prüfungen gefördert wurde, war für Max Eyth beispielhaft, und so wurde das Vorbild letztlich der Auslöser für die Gründung der DLG.

Er wollte „den Bauern Maschinen in die Hand zwingen" – vor allem moderne und leistungsfähige Maschinen, denn im Vergleich zur technischen Ausstattung der englischen Betriebe empfand Eyth die landtechnische Ausstattung der deutschen Landwirtschaft als rückständig. Der Vorsprung der englischen Landmaschinenindustrie war eklatant, sei es in der Innovationskraft oder in der Produktionsleistung. Deutsche Hersteller reisten nach England, um sich über den Stand der Technik zu informieren oder Kooperationen mit englischen Firmen einzugehen. So hatte zum Beispiel die Firma Lanz in Mannheim zunächst mit dem Import englischer Maschinen begonnen, ehe eine eigene Produktion aufgebaut wurde.

» Jeder Nerv des Menschen ist Egoismus. «

Max Eyth sah dringenden Handlungsbedarf, um das Niveau der deutschen Landmaschinenindustrie zu verbessern und die deutschen Landwirte dazu anzuregen, verstärkt moderne Maschinen einzusetzen.

Entscheidende Fortschritte konnten nach Eyths Erfahrungen aus England die Ausstellungen und Maschinenprüfungen bringen. Die Maschinenprüfungen waren eine der wichtigsten Aufgaben der Geräteabteilung der DLG, und zwei Jahre nach ihrer Gründung waren die Prüfungsbestimmungen für die wichtigsten Maschinen festgelegt. Zum Prüfprogramm zählten unter anderem die Haltbarkeit, die Bedienung, die Leistung und die Unfallsicherheit. Die Anforderungen an die Prüfkommissionen waren sehr hoch, da der technische Fortschritt immer neue Bewertungsmaßstäbe nötig machte. Es ging nicht nur um leistungsfähigere Maschinen, sondern auch um völlige Neuentwicklungen, zum Beispiel Motoren, Tragpflüge oder elektrische Geräte, für die jeweils neue Prüfmethoden entwickelt werden mussten. Die Maschinenprüfungen zeigten Wirkung, denn sie verstärkten den Wettbewerb unter den Herstellern und beschleunigten den technischen Fortschritt.

1934 wurde die DLG gemäß einer Verfügung des nationalsozialistischen Reichsernährungsministers Walther Darré in den Reichsnährstand eingegliedert. 1947 wurde die DLG wiedergegründet. Aufgrund der hohen technischen Anforderungen und der großen Zahl der Maschinenprüfungen baute die DLG nach dem Zweiten Weltkrieg eigene Prüfzentren: 1954/55 in Völkenrode bei Braunschweig und 1963/65 in Groß-Umstadt. Um deutlich auf die geprüften Maschinen aufmerksam zu machen, wurde 1957 das Prüfsiegel „DLG anerkannt" eingeführt.

Die Wanderausstellungen in der Anfangszeit der DLG entwickeln sich schnell zu großen Publikumsmagneten. Die Besucherzahlen der Ausstellungen von 1899 bis 1910 haben sich gegenüber den Ausstellungen bis 1898 mehr als verdoppelt und sie nehmen weiter kräftig zu. Die Maschinenausstellung und die Tierschau zählen bald zu den Schwerpunkten der DLG-Ausstellungen.

Der Strukturwandel in der Landwirtschaft nach dem Zweiten Weltkrieg, besonders ab den sechziger Jahren, zwingt die DLG auch zu Veränderungen bei der Durchführung der DLG-Ausstellungen. Sie führt 1973 die Spezialausstellung „Huhn & Schwein" ein. Für einige Jahre wurde sie in „Tier und Technik" umbenannt, bis sie schließlich den heutigen Namen „EuroTier" erhielt. Auch die Maschinenausstellung wurde selbstständig. 1985 veranstaltete die DLG die erste „Agritechnica", eine reine Maschinenausstellung und heute die größte ihrer Art weltweit. Die „klassische" DLG-Ausstellung wurde bald darauf eingestellt. Heute finden die beiden Messen „Agritechnica" und „EuroTier" im jährlichen Wechsel statt.

Die Organisationsstruktur der Deutschen Landwirtschafts-Gesellschaft hat sich stets den neuen Bedingungen in der Landwirtschaft angepasst. Die früheren Abteilungen wurden zu den so genannten Fachbereichen und Fach- und Testzentren mit verschiedenen Ausschüssen umgewandelt. Hier hat sich die Zahl noch deutlich erweitert, zum Beispiel um einen Ausschuss „Urlaub auf dem Bauernhof" – undenkbar zu Eyths Zeit.

Heute versteht sich die DLG als „neutrales, offenes Forum des Wissensaustausches und der Meinungsbildung". Einbezogen sind darin neben der Landwirtschaft die Ernährungswirtschaft, der Handel, die Zulieferindustrie und die Verbraucher. Mit dem Testzentrum für Lebensmittel und der Verbraucherberatung zeigt die DLG, dass sie sich auch in besonderer Weise an die Kunden der Landwirtschaft und der Ernährungsindustrie wendet. Die Deutsche Landwirtschafts-Gesellschaft, seit Ende des Krieges mit Sitz in Frankfurt am Main, beschäftigt rund 200 Mitarbeiter. Etwa 3.000 ehrenamtliche Experten unterstützen die Arbeit der DLG, die heute rund 17.000 Mitglieder zählt.

Als Auszeichnung und zur Erinnerung an das Werk Max Eyths verleiht die Deutsche Landwirtschafts-Gesellschaft Persönlichkeiten, die besondere Leistungen in der Landtechnik, der Landwirtschaft und der Ernährungswirtschaft erbracht haben, die Max-Eyth-Denkmünze.

Von Mutta gegen Süden / Schweiz (Max Eyth, 1893).

Die Max-Eyth-Gesellschaft im VDI

Es gibt heute mehrere Vereine und Verbindungen, die den Namen Max Eyth tragen. Die zweifellos wichtigste ist die Max-Eyth-Gesellschaft Agrartechnik im VDI. Max Eyth selbst war seit 1869 Mitglied im Verein Deutscher Ingenieure (VDI). Doch erst im August 1883 nimmt er erstmals an einer Versammlung des VDI teil, auf der er einen Vortrag über den englischen Lokomobilbau hält. „Man hätte während voller fünfzig Minuten eine Stecknadel fallen hören, ohne dass jemand zu schnarchen angefangen habe", sagten ihm Freunde nach dem Vortrag. Ein schönes Kompliment für Eyth, der ungern vor Versammlungen sprach. Er mag sich bei jener Rede im Jahr 1883 kaum vorgestellt haben, dass er 22 Jahre später die höchste Auszeichnung des VDI, die Grashof-Gedenkmünze, erhalten sollte.

Denkmal für Max Eyth auf der Adlerbastei in Ulm, eingeweiht 1936.

Eingelassene Gussplatte am Ort des ersten Flugversuchs des „echten" Schneiders von Ulm Albrecht Berblinger – direkt gegenüber dem Denkmal Max Eyths auf der Adlerbastei in Ulm.

1883 war Max Eyth mit der Gründung der DLG beschäftigt. Verbindungen zwischen der DLG und dem VDI sollten erst nach dem Ersten Weltkrieg entstehen. Zu dieser Zeit wurden die „Ausschüsse für Technik und Landwirtschaft", die in den Bezirks- und Ortsvereinen des VDI entstanden waren, zur „Arbeitsgemeinschaft Technik in der Landwirtschaft" zusammengefasst. Diese Arbeitsgemeinschaft mit dem Kurznamen ATL wurde gemeinsam vom VDI und der DLG getragen. Die ATL organisierte Vortragsveranstaltungen, Tagungen und Fortbildungseinrichtungen. 1929 wurden die Aufgaben auf das „Reichskuratorium für Technik in der Landwirtschaft" (RKTL) übertragen und die ATL aufgelöst.

1932 wurde die Max-Eyth-Gesellschaft gegründet. Die neue Gesellschaft hatte allerdings einen Vorläufer: den Verband Landwirtschaftlicher Maschinen-Prüfungsanstalten, der 1906 gegründet wurde. Das war ein außerordentlich exklusiver Klub, denn ordentliche Mitglieder des Verbandes konnten nur die Leiter der Maschinenprüfungsämter werden. Hinzu kamen bis zu 90 außerordentliche Mitglieder (Eichhorn, 1973). Über diese Mitglieder gab es wiederum Kontakte zum RKTL.

1932 wurde die Satzung des Verbandes auf Antrag Professor Denckers geändert und der Name in Max-Eyth-Gesellschaft (MEG) umgewandelt. Mitglied konnte auf Antrag nun jeder werden. Professor Dencker formulierte die Ziele des Verbandes so: „Der Verband wird zu einer landtechnisch-wissen-

schaftlichen Vereinigung ausgebaut, die alle an der Förderung der Landtechnik mitarbeitenden Kräfte umfasst. Sie dient der Pflege der Landtechnik als Wissenschaft und soll ihr durch repräsentative Veranstaltungen nach außen die ihr gebührende Anerkennung verschaffen. – Die Betreuung des Prüfungswesens verbleibt als Teilaufgabe einem Ausschuß."

Kurz nach ihrer Gründung musste die Max-Eyth-Gesellschaft aber bereits wieder „untertauchen". Sie wurde 1935 während der nationalsozialistischen Herrschaft „aus Gründen politischer Gleichschaltung beim VDI untergebracht und mit der Bezeichnung ‚Arbeitsgemeinschaft Landtechnik im VDI (MEG)' gedeckt" (Eichhorn, 1973).

1948 wurde die Max-Eyth-Gesellschaft neu gegründet und damit wieder die Trennung vom VDI vollzogen.

Die Max-Eyth-Gesellschaft zur Förderung der Landtechnik sollte von nun an als Plattform für alle in der Landtechnik Tätigen dienen, das heißt Ingenieuren, Landmaschinenherstellern und Händlern. Damit wurde die Zielgruppe recht weit gefasst. Und noch eine weitere, einschneidende Änderung wurde vorgenommen. Nach einem Beschluss aus dem Jahr 1949 sollte die Max-Eyth-Gesellschaft „keine landtechnisch-fachlichen Aufgaben übernehmen" (Eichhorn, 1973). Damit hatte die MEG das Prüfwesen ganz abgetreten.

Die Kontakte zwischen der Max-Eyth-Gesellschaft und dem VDI bestanden aber auch nach der

Neugründung der MEG weiter. Sie gab sogar den Anstoß dafür, dass 1958 im VDI die Fachgruppe „VDI-Landtechnik" gegründet wurde. Die enge Zusammenarbeit zwischen der Max-Eyth-Gesellschaft und der Landtechnik-Fachgruppe im VDI führte schließlich 1995 zum Zusammenschluss beider Organisationen zur Max-Eyth-Gesellschaft Agrartechnik im VDI (VDI-MEG).

Der Nachlass von Max Eyth

Der „Vater der modernen Landtechnik", wie Max Eyth auch bezeichnet wird, hätte sicher nichts dagegen gehabt, seinen Namen einer Gesellschaft zu geben, deren Ziel es ist, die Landtechnik in allen Belangen zu fördern. Wie es sich für eine prominente Persönlichkeit gehört, werden auch Straßen nach ihm benannt, eine davon auf dem Michelsberg in Ulm, eine auch in Berlin. In ganz Deutschland sind es aber über zweihundert Straßen, Plätze, Wege und Alleen, die nach Max Eyth benannt sind, ebenso Schulen. Nicht immer erfährt der Interessierte etwas über das Leben Max Eyths.

Doch wer will, kann sich auf die Spurensuche begeben. Der schriftstellerische Nachlass Max Eyths befindet sich im Deutschen Literaturarchiv in Marbach am Neckar. Dokumente, Fotos und der Großteil des zeichnerischen Werks von Max Eyth sind im Stadtarchiv in Ulm und im Museum von Ulm einzusehen.

Handgreiflich wird Eyths Schaffen in den Räumen des Literarischen Museums im Max-Eyth-Haus in Kirchheim unter Teck. Das Modell einer Lokomobile, zahlreiche Dokumente und historische Ausgaben von Max Eyths Büchern sind dort zu sehen. Das Museum ist zudem im Besitz zahlreicher Fotos, Original-Handschriften und ebenso originalen Skizzenbüchern.

Das Museum ist im Geburtshaus Max Eyths untergebracht. In diesem mächtigen Fachwerkhaus mit seinen knarzenden Treppen, in diesen Räumen, das alte Kornhaus nebenan, ist der kleine Max aufgewachsen, während der Vater ein Stockwerk tiefer die Lateinschüler unterrichtete: Plutarch, Horaz, Cornelius Nepos ... genug. Für Max Eyth soll die Reise hier erst beginnen.

Anhang

Kurzbiografie von Max Eyth

1836	6. Mai: Geburt in Kirchheim unter Teck, Württemberg.
1839	Geburt der Schwester Julie.
1841	Umzug nach Schöntal an der Jagst. Der Vater ist Professor am Evangelisch-Theologischen Seminar im Kloster Schöntal.
1842–48	Max Eyth erhält Privatunterricht bei seinem Vater.
1848–52	Schüler des Evangelisch-Theologischen Seminars in Schöntal; 1852 für ein halbes Jahr Schüler an der Realschule in Heilbronn zur Vorbereitung auf das Maschinenbaustudium.
1851	Geburt des Bruders Eduard.
1852–56	Studium an der Polytechnischen Schule in Stuttgart.
1856	Dreimonatige praktische Tätigkeit bei der Maschinenbaufirma Hahn & Göbel in Heilbronn.
1857–61	Anstellung bei der Maschinenfabrik G. Kuhn in Berg bei Stuttgart, Hersteller von Dampfmaschinen. Praktische Tätigkeit sowie Tätigkeit im Zeichenbüro.
1861	Mehrwöchige Reise durch die Industriezentren an Rhein und Ruhr. Reise über Belgien nach England. Mehrmonatiger Aufenthalt in London und Manchester. Kleine Aufträge für technische Zeichnungen für verschiedene Firmen. Über eine Empfehlung Kontakt zu John Fowler, Pionier der Dampfpflügerei. Anstellung bei der Firma Fowler & Hewitson. Nach dem Tode von Hewitson im Jahr 1863 firmiert das Unternehmen unter John Fowler & Co. (Leeds) Ltd.
1863–66	Reise nach Ägypten, Anstellung als Chefingenieur von Halim Pascha, dem Onkel des Vizekönigs, 1865 Reisen nach Jerusalem und Damaskus.
1863	Veröffentlichung des historisch-romantischen Gedichts „Volkmar", Auszüge sind bereits 1861 in der Zeitung erschienen.
1866–82	Reisetätigkeit für die Firma John Fowler & Co. (Leeds) Ltd. Die Reisen führen ihn nach Nordamerika (u.a. New York, Chicago, New Orleans), Österreich, Polen, Ukraine, Russland, Frankreich, Ägypten, Algier, Italien, Ungarn, Rumänien, Türkei, Trinidad, Panama und Peru.
1871	Veröffentlichung des ersten Bandes „Wanderbuch eines Ingenieurs" durch den Vater. Weitere Bände folgen 1876, 1879 und 1884.
1875	Tod des Bruders Eduard auf Kuba.
1882	Rückkehr nach Deutschland, wohnhaft zunächst in Bonn. Beginn der Aktivitäten für die Gründung einer neuen landwirtschaftlichen Gesellschaft, zunächst geplanter Name „Deutscher Reichsverein für Landwirtschaft".
1884	Gründung des Provisoriums der Deutschen Landwirtschafts-Gesellschaft.
1885	Gründung der Deutschen Landwirtschafts-Gesellschaft.
1886	Umzug von Bonn nach Berlin.
1885–96	Tätigkeit im Direktorium der Deutschen Landwirtschafts-Gesellschaft.
1892	Verleihung des Titels „Preußischer Geheimer Hofrat".
1884	Tod des Vaters.
1896	Verleihung des Ehrenkreuzes der Württembergischen Krone und Erhebung in den persönlichen Adelsstand (Max von Eyth); Ende der Tätigkeit für die DLG, Tod der Schwester Julie, Umzug nach Ulm, Beginn der Schriftstellerexistenz.
1899	Veröffentlichung von „Hinter Pflug und Schraubstock".
1902	Veröffentlichung von „Der Kampf um die Cheopspyramide" und „Im Strom unserer Zeit, Band I-III".
1904	Veröffentlichung von „Lebendige Kräfte" (Vortragssammlung); Tod der Mutter.
1905	Verleihung der Ehrendoktorwürde (Dr.-Ing. h.c.) der Königlichen Technischen Hochschule zu Stuttgart.
1906	25. August: gestorben in Ulm, Ehrengrab auf dem Ulmer Hauptfriedhof, postume Veröffentlichung von „Der Schneider von Ulm".

Literaturverzeichnis

Neuerscheinungen

Von Max Eyth

Baumwollfelder unterm Dampfpflug – Als Ingenieur in den Südstaaten Amerikas, 1866 – 1868. Herausgegeben von Dr. Klaus Herrmann, Edition Erdmann, Lenningen 2006

Literatur über Max Eyth

Berman, Nina: Impossible Missions (S. 25–59). University of Nebraska Press, Lincoln (USA) 2004

Harbusch, Ute: Mit Dampf und Phantasie. Max Eyth (1836–1906) – Schriftsteller und Ingenieur. Städtisches Museum Kirchheim unter Teck 2006

Knolmayer, Birgit: Max Eyth: Ein Leben in Skizzen. Böhlau Verlag, Köln 2006

Antiquarische Ausgaben
(zum Teil vergriffen)

Von Max Eyth

Der Dampfpflug im Jahre 1873 (Vortrag). In: Polytechnisches Journal, S. 401–425, Jahrgang 1873, Band 210, herausgegeben von E. M. Dingler, Druck und Verlag der Cotta'schen Buchhandlung, Augsburg 1873

Der Kampf um die Cheopspyramide, Historischer Roman. Bastei-Verlag Gustav H. Lübbe, Bergisch-Gladbach 1999

Der Schneider von Ulm, Historischer Roman, Bastei-Verlag Gustav H. Lübbe, Bergisch-Gladbach 1997

Die Königliche Landwirtschaftliche Gesellschaft von England und ihr Werk. Carl Winter's Universitätsbuchhandlung, Heidelberg 1883

Feierstunden (Gesammelte Schriften Band 4). Carl Winter's Universitätsbuchhandlung, Heidelberg

Geld und Erfahrung. Verlag der Deutschen Dichter-Gedächtnis-Stiftung, Hamburg-Großborstel, 1909

Hinter Pflug und Schraubstock. Deutsche Verlags-Anstalt, Stuttgart 1986

Im Strom unserer Zeit I/II (Gesammelte Schriften Band 5). Carl Winter's Universitätsbuchhandlung, Heidelberg

Im Strom unserer Zeit III (Gesammelte Schriften Band 6). Carl Winter's Universitätsbuchhandlung, Heidelberg

Lebendige Kräfte – Sieben Vorträge aus dem Gebiete der Technik. Verlag Julius Springer, Berlin 1905

Max Eyth – Tagebücher 1882–1896 (Herausgegeben von Rudolf Lais), DLG-Verlag, Frankfurt/Main 1975

Taten nicht Tinte. Ein Aphorismenband, herausgegeben von Adolf Reitz, DLG-Verlag, Frankfurt/Main

Wanderbuch eines Ingenieurs – In Briefen. Band 1: Europa, Afrika und Asien, Carl Winter's Universitätsbuchhandlung, Heidelberg 1886

Literatur über Max Eyth

Du Bois-Reymond, Lili: Max Eyth – Ingenieur, Landwirt, Dichter. Volksverband der Bücherfreunde Wegweiser-Verlag GmbH, Berlin 1931

Ebner, Theodor: Max Eyth – Dichter und Ingenieur. Carl Winter's Universitätsbuchhandlung, Heidelberg 1906

Heege, Rudolf: Max von Eyth – Ein Dichter und Philosoph in Wort und Tat. Deutsche Landwirtschafts-Gesellschaft, Berlin 1928

Lahnstein, Peter: Max Eyth – Das Schönste aus dem zeichnerischen Werk eines welterfahrenen Ingenieurs. Kohlhammer Verlag, Stuttgart 1986

Pröstler, Viktor / Treu, Erwin: Max Eyth 1836–1906 „Mein Leben in Skizzen", Süddeutsche Verlagsgesellschaft, Ulm 1986

Reitz, Adolf: Max Eyth – Ein Ingenieur reist durch die Welt. Energie-Verlag, Heidelberg 1956

Reitz, Adolf: Hinter Buch und Schreibtisch – Vergessene Tagebücher von Max Eyth. Gerhard Hess Verlag, Ulm 1961

Schwiglewski, Katja: Erzählte Technik – Die literarische Selbstdarstellung des Ingenieurs seit dem 19. Jahrhundert. Kölner Germanistische Studien 36, Dissertation, Köln 1995

Stiegele, Anton: Deutsche Furchen in aller Welt – Aus Briefen von Max Eyth, Verlag Ludwig Auer, Donauwörth 1944

Todrowski, Christiane: Bürgerliche Technik-„Utopisten". Dissertation, Münster 1996

Weihe, Carl: Max Eyth – Ein Lebensbild. Deutsche Landwirtschaftsgesellschaft, Frankfurt/Main 1950

Literatur zum Thema
(zum Teil vergriffen)

Bauer, Armin: Veteranen der Scholle.
Landwirtschaftsverlag, Münster-Hiltrup 1991

Dreyer, Klaus: Unvergessene Landtechnik. DLG-
Verlags-GmbH, Frankfurt/Main. 2005

Glaser, Hermann: Industriekultur und
Alltagsleben. Fischer Taschenbuch Verlag,
Frankfurt/Main 1994

Hansen, J. / Fischer, G.: Geschichte der Deutschen
Landwirtschafts-Gesellschaft. Deutsche
Verlagsgesellschaft, Berlin 1936

Haushofer, H.: Die Furche der DLG – 1885 bis
1960. DLG-Verlags-GmbH, Frankfurt/Main 1960

Henning, Friedrich Wilhelm: Landwirtschaft
und ländliche Gesellschaft, Band 1 und 2, Verlag
Ferdinand Schöningh, Paderborn 1978

Krombholz, Klaus: Landmaschinenbau der DDR
– Licht und Schatten. DLG-Verlags-GmbH,
Frankfurt/Main 2005

Kuntz, Andreas: Der Dampfpflug – Bilder
und Geschichte der Mechanisierung und
Industrialisierung von Ackerbau und Landleben im
19. Jahrhundert, Jonas Verlag, Marburg 1979

Lachenmaier, Fritz: 100 Jahre DLG. DLG-
Verlags-GmbH, Frankfurt/Main 1985

Marx, Karl: Das Kapital (Erster Band). Dietz
Verlag, Berlin 1988

Pierenkemper, Toni (Hrsg.): Landwirtschaft und
industrielle Entwicklung. Franz Steiner Verlag,
Wiesbaden 1989

Pückler-Muskau, Hermann Fürst von: Aus
Mehemed Alis Reich: Ägypten und der Sudan um
1840. Manesse Verlag, Zürich 1985

Vollmar, Klaus (Hrsg.): Rheinmetall-
Heißdampfpflug-Apparate. Verlag Podszun-
Motorbücher, Brilon 2003, Reprint eines
Originalkatalogs der 1920er Jahre, WK-Verlag,
Bad Salzuflen

Bildnachweise

Ulrich Bernhardt, Stuttgart: Seite 66, 81, 85

Bildarchiv Preußischer Kulturbesitz, Berlin: 10
(Mitte, unten), 11, 12 (oben), 14 (unten), 15
(Mitte, unten), 18, 29, 31, 33, 37, 40, 42, 43, 45,
46, 51, 138, 154 (rechts), 157, 158 (oben), 159

Deutsche Landwirtschafts-Gesellschaft (DLG),
Frankfurt/Main: 116 (links), 120 (oben), 135,
136, 137, 141 (unten), 143 (oben), 144 (unten),
147, 148, 149

Deutsche Landwirtschafts-Gesellschaft (DLG),
Frankfurt/Main, fotografiert von Stefan Tovornik,
Greven: Titelbild (nach einem Gemälde von Edu-
ard Bauer), 2/3, 47 (unten rechts), 49, 54, 65,
77 (oben), 80, 92, 94, 99, 103, 121 (unten), 164
(Mitte, unten)

Deutsche Presse-Agentur, Bildarchiv, Berlin: 15
(oben)

Deutsches Literaturarchiv, Marbach:
6, 14 (oben), 28, 47 (unten links), 165 (oben
links)

Klaus Lutz, Hohenheim: 105, 107 (Mitte, unten),
108, 114

Landesbildstelle Württemberg: 17

Library of Congress, New York: 53

Literarisches Museum im Max-Eyth-Haus, Kirchheim unter Teck: 7 (oben), 8, 9, 10 (oben), 20, 52
(oben), 140, 141 (oben, Mitte), 143 (unten), 153,
154 (links), 155, 161, 163, 165 (Mitte, unten)

Museum of English Rural Life (MERL), Reading,
England: 34, 35, 39, 41, 50, 52 (unten), 63, 67,
97, 104, 106, 107 (oben), 113 (oben), 118

Ottomeyer, Archiv, Bad Pyrmont: 120 (unten)

Rheinmetall AG, Düsseldorf: 110 (Mitte, unten),
111, 113 (unten), 117

Stadtarchiv Ulm: 7 (unten), 12 (unten), 86, 121
(oben), 150, 164 (oben), 166

Gerd Theißen, Erkelenz: 151, 152, 165 (oben
rechts), 170

Ulmer Museum, fotografiert von Bernd Kegler,
Ulm: 13, 16, 21, 22, 30, 32, 36, 38, 47 (oben),
48, 57, 58 (links), 59, 60, 62, 68, 69, 71, 75, 77
(unten), 78, 82, 87, 88, 89, 91, 95, 96, 97, 98,
102, 107 (oben), 122, 123, 124, 128, 144 (oben),
156, 158 (unten), 162, 168 (oben), 169

Verein Deutscher Ingenieure – Max-Eyth-Gesellschaft (VDI-MEG), Düsseldorf: 167, 168 (unten)

Weltbild-Verlag, Augsburg: 116 (rechts)

Anmerkungen

Aufbruch in die Welt der Technik

Reitz, Adolf: Hinter Buch und Schreibtisch – Vergessene Tagebücher von Max Eyth. Gerhard Hess Verlag, Ulm 1961
[1]S. 252

Eyth, Max: Im Strom unserer Zeit I/II (Gesammelte Schriften Band 5). Carl Winter's Universitätsbuchhandlung, Heidelberg
[2]S. 6, [3]S. 7, [4]S. 9, [5]S. 9, [6]S. 9, [7]S. 12, [8]S. 13, [9]S. 13, [10]S. 13, [15]S. 13, [16]S. 16

[11]Auszug aus einem Brief von Max Eyth vom Oktober 1853, Abschrift von Otto Lau, Originalbrief im Literarischen Museum im Max-Eyth-Haus in Kirchheim/Teck
[12]Klaus Herrmann „Das Leben von Max Eyth" in „Max Eyth 1836 – 1906 – Mein Leben in Skizzen, S. 12
[13, 14, 17]Auszüge aus Briefen von Max Eyth, Abschriften von Otto Lau, Originalbriefe im Literarischen Museum im Max-Eyth-Haus in Kirchheim/Teck
[18]Du Bois-Reymond, Lili: Max Eyth – Ingenieur, Landwirt, Dichter. Volksverband der Bücherfreunde Wegweiser-Verlag GmbH, Berlin 1931, S. 246

England und Ägypten – Im Mekka der Dampfpflüger

Eyth, Max: Im Strom unserer Zeit I/II (Gesammelte Schriften Band 5). Carl Winter's Universitätsbuchhandlung, Heidelberg
[1]S. 40, [2]S. 48, [3]S. 50, [4]S. 52, [5]S. 53, [6]S. 65, [7]S. 70, [8]S. 86, [9]S. 92, [10]S. 96, [11]S. 101, [12]S. 108, [13]S. 111, [14]S. 110, [15]S. 114, [16]S. 119, [17]S. 131, [18]S. 137, [19]S. 149, [20]S. 190, [21]S. 197, [22]S. 214, [23]S. 215

Mit Dampfkraft auf fünf Kontinenten

Max Eyth: Baumwollfelder unterm Dampfpflug – Als Ingenieur in den Südstaaten Amerikas, 1866 – 1868. Herausgegeben von Dr. Klaus Herrmann, Edition Erdmann, Lenningen 2006
[1]S. 55, [4]S. 66, [5]S. 107, [6]S. 107, [7]S. 109, [9]S. 136, [10]S. 152, [13]S. 177

[2, 3]Eyth, Max: Wie ich Weihnachten in der Mammoth-Cave gefeiert habe. www.kliebhan.de/spelhist/eyth.htm

Eyth, Max: Im Strom unserer Zeit I/II (Gesammelte Schriften Band 5). Carl Winter's Universitätsbuchhandlung, Heidelberg
[8]S. 260, [11]S. 263, [12]S. 280, [14]S. 292, [15]S. 298, [16]S. 308, [17]S. 309, [21]S. 330, [22]S. 334, [23]S. 337, [24]S. 349, [25]S. 352, [26]S. 353, [27]S. 353, [28]S. 354, [29]S. 379, [30]S. 392, [31]S. 392, [32]S. 398, [34]S. 399, [35]S. 405, [36]S. 412, [37]S. 413, [38]S. 419, [39]S. 430, [40]S. 440, [41]S. 441, [42]S. 442, [43]S. 444, [44]S. 447, [45]S. 450, [46]S. 457, [47]S. 468, [48]S. 477, [49]S. 482, [50]S. 489, [51]S. 490, [52]S. 503, [53]S. 493, [54]S. 509, [55]S. 512, [56]S. 529, [57]S. 543, [58]S. 558, [59]S. 565, [60]S. 567, [61]S. 573, [62]S. 610, [63]S. 627, [64]S. 636, [65]S. 638, [66]S. 644

Weber, Max: Die protestantische Ethik und der „Geist" des Kapitalismus. Herausgegeben von Klaus Lichtblau und Johannes Weiß, Beltz Athenäum, Weinheim 2000
[33]S. 124/125

Eyth, Max: Lebendige Kräfte – Sieben Vorträge aus dem Gebiete der Technik. Verlag Julius Springer, Berlin 1905
[18]S. 97, [19]S. 100, [20]S. 102

Das Lebenswerk – Die Gründung der Deutschen Landwirtschafts-Gesellschaft

Eyth, Max: Im Strom unserer Zeit III (Gesammelte Schriften Band 6). Carl Winter's Universitätsbuchhandlung, Heidelberg
[1]S. 5, [6]S. 25, [7]S. 39, [8]S. 52, [9]S. 86, [10]S. 94, [11]S. 99, [12]S. 106, [13]S. 131, [14]S. 168, [15]S. 207, [16]S. 225, [17]S. 257, [18]S. 260, [19]S. 332, [20]S. 382

Eyth, Max: Die königliche Landwirtschaftliche Gesellschaft von England und ihr Werk. Carl Winter's Universitätsbuchhandlung, Heidelberg 1883
[2]S. 1, [3]S. 3, [4]S. 12, [5]S. 50

Literarische Ernte – Die letzten Jahre

Max Eyth: „Poesie und Technik" in: Lebendige Kräfte. Verlag Julius Springer, Berlin 1905
[1] S. 3, [2] S. 4, [3] S. 5

Eyth, Max: Im Strom unserer Zeit III (Gesammelte Schriften Band 6). Carl Winter's Universitätsbuchhandlung, Heidelberg
[4] S. 569

Die Zitate an den Seitenrändern stammen von Max Eyth.

Danksagung

Ein Buch über das Leben Max Eyths zu schreiben
ist eine große Herausforderung. An der Planung,
Durchführung und Fertigstellung war naturgemäß
eine ganze Reihe von Personen beteiligt. Danken
möchte ich Reinhard Geissel (Max-Eyth-Verlag),
Hans-Georg Burger (DLG) und Dr. Andreas
Herrmann (MEG) für die Aufgeschlossenheit, das
Projekt in Angriff zu nehmen. Dr. Hans Hasso
Bertram als Kenner der DLG und der historischen
Landtechnik, Manfred Neunaber, Chefredakteur
von „profi – Magazin für professionelle
Agrartechnik", und Dorothea Raspe, Lektorin,
ist für das geduldige Lesen und Korrigieren
des Manuskripts zu danken. Ebenso danke ich
Frank Logemann (Layout) für die Gestaltung
und Martin Stoffers und seinen Mitarbeitern
für die Herstellung des Buchs. Zu Einblicken
in das Dampfpflügen verhalfen mir Bernhard
Klocke, Klaus Lutz und Dr. Klaus Herrmann vom
Deutschen Landwirtschaftsmuseum in Stuttgart-
Hohenheim. Wertvolle Einzelheiten über das Leben
Max Eyths, Fotos und bisher unbekannte Skizzen
von Max Eyth steuerten Rainer Laskowski sowie
dessen Mitarbeiter des Literarischen Museums im
Max-Eyth-Haus in Kirchheim/Teck bei. Ebenso zu
danken ist Dr. Ute Harbusch und Ulrich Bernhardt
für Tipps bzw. Fotos. Freundliche Unterstützung
erhielt ich außerdem von der Pressestelle der
DLG in Frankfurt durch Friedrich W. Rach und
dessen Mitarbeiterinnen, vom Stadtarchiv in Ulm,
vom Deutschen Literaturarchiv Marbach, von
der Rheinmetall AG, Düsseldorf, dem Museum of
English Rural Life (MERL) in Reading (England)
und dem Bildarchiv Preußischer Kulturbesitz in
Berlin. Zahlreiche andere Kenner Max Eyths und
der Dampfpflugtechnik, die ich telefonisch und
per E-Mail befragt habe, gaben mir nützliche
Hinweise. Ganz besonders danke ich meiner
Frau Beate und meinen Kindern Isabel und
Marleen, die über Monate hinweg das zeitweilige
Familienmitglied Max geduldig aufgenommen
haben.   *Gerd Theißen*

Autor

Gerd Theißen M. A., geboren 1960, arbeitet seit
1989 als Redakteur für die Fachzeitschrift „profi
– Magazin für professionelle Agrartechnik" in
Münster. Landbau-Studium an der Fachhochschule
in Soest. Studium der Sozialwissenschaften, der
Neueren deutschen Literaturwissenschaft und der
Philosophie an der Fernuniversität Hagen.